普通高等教育"十一五"规划教材

机械制造工艺学

袁夫彩　编著

陆念力　赵长发　主审

科学出版社

北京

内 容 简 介

全书共分 7 章,主要内容包括:绪论、机械加工精度及其控制、机械加工表面质量及其改善措施、机械加工工艺规程的设计、机器装配工艺、机床夹具设计和先进制造技术。各章后附有习题与思考题,便于读者自学。

全书以机械加工工艺为主线,将制造工艺、装配工艺、加工质量和机床夹具等有机地统一起来,体系完整,简明精炼。本书在内容安排上由浅入深,在体系结构上符合认知规律;注重采用新的国家标准,融入机械制造的新技术;强调对基本概念和基础知识的理解和掌握,突出实际应用,融入计算机应用技术,注重对实际问题的分析和解决,具有一定的科学性和先进性。

本书可作为高等工科院校"机械设计制造及其自动化"专业及相关专业的本科教材,也可作为高职高专学校、职工大学、电视大学、业余大学等学生的教材或参考书,同时还可供从事机械制造的工程技术人员参考。

图书在版编目(CIP)数据

机械制造工艺学/袁夫彩编著. —北京:科学出版社,2008
(普通高等教育"十一五"规划教材)
ISBN 978-7-03-022032-5

Ⅰ. 机… Ⅱ. 袁… Ⅲ. 机械制造工艺 Ⅳ. TH16

中国版本图书馆 CIP 数据核字(2008)第 104546 号

责任编辑:马长芳 毛 莹 / 责任校对:陈玉凤
责任印制:张克忠 / 封面设计:陈 敬

科 学 出 版 社 出版
北京东黄城根北街 16 号
邮政编码:100717
http://www.sciencep.com

源海印刷有限责任公司 印刷
科学出版社发行 各地新华书店经销

*

2008 年 9 月第 一 版 开本:B5(720 × 1000)
2013 年 3 月第四次印刷 印张:13
字数:242 000
定价:32.00 元
(如有印装质量问题,我社负责调换)

前　　言

"机械制造工艺学"是高等工科院校机械类、近机械类各专业机械设计制造及自动化课程体系的一门重要专业课程。随着科学技术的迅猛发展，传统的机械制造技术的内涵正在不断发生变化；由于各院校机械设计制造及自动化课程体系改革的不断展开、深入及对外交流的日益增加，该学科正面临着新的挑战。为了更好地适应机械制造业发展，满足人才培养的需要，本书按照"机械设计制造及其自动化"专业教学指导委员会推荐的指导性教学计划，结合作者多年来的教学实践，并在参考了大量国内外相关文献的基础上编写而成。本书具有如下特点：

（1）在名词术语、符号代号、单位量纲等方面，全书始终贯彻执行新的国家标准，描述规范、科学统一。

（2）将机械加工质量分析和控制、制造工艺、装配工艺和机床夹具等方面理论和知识有机统一，由浅入深介绍，形成了机械制造工艺学知识体系，奠定了制造技术的基础，符合认知规律。

（3）注重对基本概念和基本知识的理解和掌握，突出原理的应用，注重实际问题的分析和解决，贴近生产工艺。

参加本书编写的有袁夫彩（第 1～5 章、第 7 章）、王晓霞（第 6 章）。全书由袁夫彩统稿。哈尔滨工业大学陆念力教授和哈尔滨工程大学赵长发教授担任主审。

教材编写是一项艰巨而又细致的工作。在本书的编写过程中，作者不仅得到了哈尔滨工业大学、哈尔滨工程大学、哈尔滨商业大学、佳木斯大学和科学出版社等单位有关方面的大力支持和帮助，还得到了中国博士后基金的资助（资助编号：20070410257），对此表示衷心的感谢！本书参考了大量的国内外相关文献资料，凝结了众多师长、朋友和亲人的心血，在此向为本书的正式出版提供过无私帮助与支持的各位，表示最真诚的谢意！哈尔滨工业大学陆念力教授和哈尔滨工程大学赵长发教授对本书的编写提出了许多建设性的意见，给予了精心的指导和审阅，在此谨向两位老师表达崇高的敬意！

由于作者水平有限，书中难免存在不足之处，敬请读者批评指正（联系方式：yuanfucai@hrbeu.edu.cn）。

编著者
2008 年 5 月于哈尔滨

目　　录

第1章 绪 论

1.1 机械制造业的现状及发展

起初,制造主要由手工、畜力或极简单的机械来完成,加工方法和工具都比较简单,制造的手段和水平也比较低,主要为个体和小作坊生产方式。

由于经济发展、市场需求,以及科学技术的进步,制造手段和水平有了很大的提高,形成了大工业生产方式。生产发展与社会进步使制造产生了大分工,首先是设计与工艺的分工,单元技术的急速发展又形成了设计、装配、加工、监测、试验、供销、维修、设备、工具和工装等直接生产部门和间接生产部门,加工方法多种多样,除传统加工方法(如车削、钻、刨削、铣削和磨削等)之外,非传统加工方法(如电加工、超声波加工、电子束加工、离子束加工、激光束加工等)也有了很大的发展。同时,出现了以零件为对象的加工流水线和自动生产线,以部件或产品为对象的装配流水线和自动装配线,适应了大批大量生产的需求。

随着人类生活水平不断的提高和科学技术日新月异的发展,产品更新换代的速度不断加快,因此快速响应多品种单件小批生产的市场需求成为一个尖锐的矛盾。要快速响应市场需求,进行高效地单件小批生产,可借助于信息技术、计算机技术、网络技术,采用集成制造、并行工程、计算机仿真、虚拟制造、动态联盟、协同制造、电子商务等举措,将设计与制造高度结合,进行计算机辅助设计、计算机辅助工艺设计和数控加工,使产品在设计阶段就能预见在制造中可能出现的问题,进行协同解决。同时,可集全世界的制造资源来进行全世界范围内的合作生产,缩短了上市时间,提高了产品质量。

当前我国已是一个制造大国,世界制造中心将可能要转移到中国,这对我国制造业是一个机遇和挑战。要成为世界制造中心就必须掌握先进制造技术,控制核心技术,达到极高的制造技术水平,这样才能不受制于人,才能从制造大国转变为制造强国。要想做到这一点,就要把握时机,迎接挑战,变被动为主动,使我国成为真正具有国际水准的制造中心。

1.2 课程导引

1.2.1 课程的特点

机械制造工艺学课程是机械设计制造及其自动化专业的一门重要的专业基础

课程。课程设置的目的是为学生在机械制造技术方面奠定最基本的知识和技能基础。

　　该课程是一门实践性很强的课程,需有相应的实践性教学环节与之配合。

1.2.2　主要内容和要求

　　机械制造工艺学课程的主要内容和要求包括以下几个方面:

　　(1)掌握机械制造工艺的基本理论、工艺过程设计和工序设计的知识,具备制定机械加工工艺规程的能力。

　　(2)掌握夹具设计中的定位原理、典型定位方式和定位元件、定位误差的分析与计算,以及常用的夹紧机构和动力装置;了解机床夹具设计要求、设计方法和具体的设计步骤。

　　(3)理解加工精度的基本概念,掌握影响加工精度的各种原始误差因素及加工误差的统计分析方法,了解保证和提高加工精度的各种工艺措施。

　　(4)了解机械加工表面质量的含义及其对机械使用性能的影响,掌握加工表面几何形状特征及其改善措施,掌握表面物理力学性能变化及其改善措施,了解机械加工中的振动及其控制方法。

　　(5)掌握装配的基本概念、装配精度和影响装配精度的主要因素,学会建立装配尺寸链的方法,了解装配工艺规程的制定内容。

　　(6)了解机械制造技术的新发展。

1.2.3　学习方法

　　结合实践环节,按照生产环节的要求理解、学习理论知识。

　　"优质、高效、低成本"是指导机械制造技术工作的基本原则。机械制造人员的任务就是要在给定的生产条件下,按照预定的供货日期要求,最经济地制造出具有规定质量要求的机器。学习过程中应以此为主线联系各部分内容。

习题与思考题

　　1-1　简述我国制造业的发展现状。

　　1-2　简述制造业的发展趋势。

　　1-3　机械制造工艺学的研究对象有哪些?

第 2 章　机械加工精度及其控制

2.1　概　　述

零件的加工质量是保证机械产品质量的基础。零件的加工质量包括零件的加工精度和加工表面质量两大方面,本章的任务是研究机械加工精度及其控制问题,它是机械制造工艺学的主要研究内容之一。

2.1.1　机械加工精度

机械加工精度是指零件加工后的实际几何参数(尺寸、形状和表面间相互位置)与理想几何参数之间的符合程度。符合程度越高,加工精度越高。在机械加工过程中,由于各种因素的影响,加工出来的零件不可能与理想的要求完全符合。

加工误差是加工后零件的实际几何参数(尺寸、形状和表面间相互位置)与理想几何参数之间的偏离程度。从保证产品的使用性能分析,没有必要将每个零件都加工得绝对精确,可以有一定的加工误差。

加工精度和加工误差是从两个不同的角度来评价加工零件的几何参数,加工精度的高低是通过加工误差的大小来体现的。所谓保证和提高加工精度,实际上就是限制和降低加工误差。

零件的加工精度包含三方面的内容:尺寸精度、形状精度和位置精度,这三者是有机联系的,通常当尺寸精度要求高时,其几何形状精度和相互位置精度也相应地要求高。

一般情况下,零件的加工精度越高,加工成本相对地越高,生产效率则相应地降低。这要求设计人员应根据零件的使用要求,合理地规定零件的加工精度。工艺人员应根据设计要求、生产条件等采取适当的工艺方法,在保证加工误差不超过公差允许范围的前提下,尽量地提高生产效率和降低生产成本。

在机械加工中,零件尺寸、几何形状和表面间相互位置的形成,归结到一点,就是取决于工件和刀具在切削运动过程中的相互位置关系,而工件和刀具又安装在夹具和机床上,并受到机床和夹具的约束,因此在机械加工过程中,机床、夹具、刀具和工件构成了一个完整的系统,称为工艺系统。加工精度的问题涉及整个工艺系统问题。工艺系统中的各种误差,在不同的具体条件下,以不同的方式和程度反映为加工误差。工艺系统误差是"因",加工误差是"果",因此,将工艺系统的误差称为原始误差。

研究加工精度的目的,就是要分析原始误差的物理、力学本质,以及它们对加工精度的影响规律,设法控制加工误差,以获得预期的加工精度,需要时找出进一步提高加工精度的措施。

2.1.2　影响加工精度的因素

影响加工精度的因素,也就是影响工件和刀具相互位置的各种原因,在加工过程中,一般可将它们分为如下几种过程中的误差:

(1) 装夹误差。在装夹过程中,工件需在机床和夹具中正确定位,由于定位不可能绝对准确,则有可能产生定位误差,包括基准不重合误差和基准本身误差;另外,还可能产生因夹紧力过大而引起的夹紧变形误差。这些都是在装夹过程中可能产生的误差,称为装夹误差。

(2) 调整误差。在装夹工件后,需要对刀具进行调整,才能使工件和刀具之间保持正确的相对位置。由于调整不可能绝对准确,因而产生了调整误差(对刀误差)。

装夹误差、调整误差以及机床、刀具、夹具本身的制造误差在加工前已经存在。这类原始误差以及后面将要讲的原理误差统称为工艺系统的几何误差(静态误差)。

(3) 加工误差。由于在加工过程中产生了切削力、切削热和摩擦,它们将引起工艺系统的受力变形、受热变形和刀具的磨损,这些都将会影响在调整时已获得的工件和刀具之间的相对位置,造成各种加工误差,这类在加工过程中产生的原始误差,称为工艺系统的动态误差。

在加工过程中,必须要对工件进行测量,才能确定加工是否合格,工艺系统是否需要重新调整。任何测量方法和量具、量仪也不可能绝对准确。因此,测量误差也是引起加工误差的一种,由于它在加工过程中产生,故把它归为动态误差。

工件在毛坯制造、切削加工和热处理阶段力和热的作用下产生内应力,这将会引起工件的变形而产生加工误差。此外,由于采用了近似的成形加工方法加工,还将产生加工原理误差。

常见的各种原始误差如图 2-1 所示。

2.1.3　误差的敏感方向

切削过程中,由于各种原始误差的影响,刀具和工件的正确几何关系会遭到破坏,从而引起加工误差。通常,各种原始误差的大小和方向是各不相同的,而加工误差必须在工序尺寸方向度量。因此,不同的原始误差对加工精度有不同的影响。当原始误差的方向与工序尺寸方向相同时,其对加工精度的影响最大。

原始误差 {
　与工艺系统初始状态有关的原始误差(几何误差) {
　　{ 原理误差
　　　定位误差
　　　调整误差
　　　刀具误差
　　　夹具误差 } 工件相对于刀具在静止状态下已存在的误差
　　{ 机床主轴回转误差
　　　机床导轨导向误差
　　　机床传动误差 } 工件相对于刀具在运动状态下已存在的误差
　}
　与工艺过程有关的原始误差(动态误差) {
　　工艺系统受力变形(包括夹紧变形)
　　工艺系统受热变形
　　刀具磨损
　　测量误差
　　工件残余应力引起的变形
　}
}

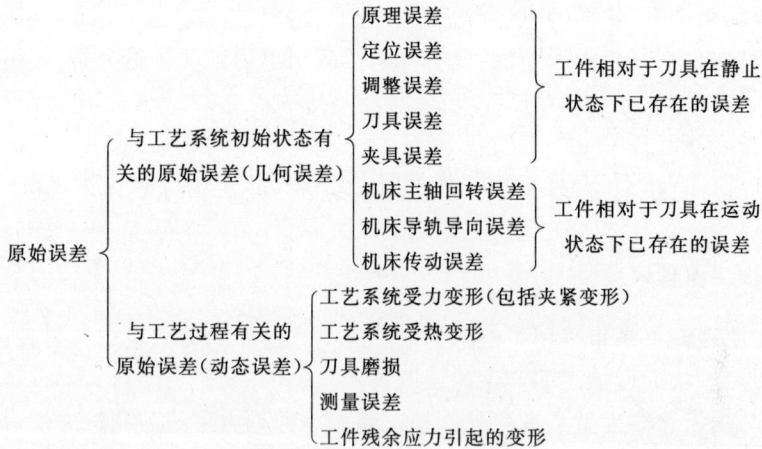

图 2-1　原始误差分类图

如图 2-2 所示车削外圆时,车削工件的回转轴心是 O,刀尖正确位置在 A,设某一瞬时由于各种原始误差的影响,刀尖位移到 A',AA' 即为原始误差 δ,它与 OA 的夹角为 ϕ,由此引起工件加工后的半径由 $R_0 = OA$ 变为 $R = OA'$,故半径上(工序尺寸方向上)的加工误差

$$\Delta R = OA' - OA$$
$$= \sqrt{R_0^2 + \delta^2 + 2R_0\delta\cos\phi} - R_0$$
$$\approx \delta\cos\phi + \frac{\delta^2}{2R_0}$$

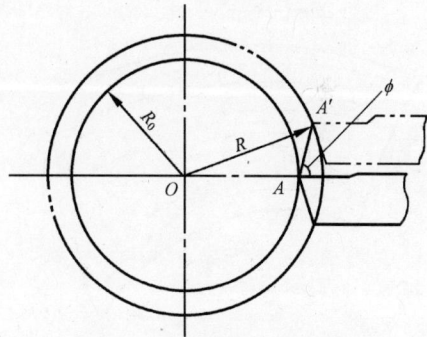

可见,当原始误差的方向为加工表

图 2-2　误差敏感方向示意图

面法线方向时,引起的加工误差最大;当原始误差的方向为加工表面切线方向时,引起的加工误差最小。为了便于分析原始误差对加工精度的影响,将对加工精度影响最大的那个方向(通过刀刃的加工表面的法线方向)称为误差敏感方向。

2.1.4　研究加工精度的方法

研究加工精度的方法有两种:

(1) 单因素法。分析研究某一因素对加工精度的影响,为简单起见,分析时一般不考虑其他因素的同时作用。通过分析和实验,可得出它们的因果关系。

(2) 统计分析法。以生产中一批工件的实测结果为基础,运用数理统计方法进行数据处理。从统计结果的各种图形中,分析判断误差的性质,找出误差规律,以指导我们解决有关的加工精度问题。统计分析法只适用于批量生产。

在实际生产中,这两种方法常常结合起来使用。一般先用统计分析法找出误差的规律,初步判断产生误差的可能原因,然后用单因素法进行分析、实验,以确认或排除。

2.2　工艺系统的几何误差对加工精度的影响

2.2.1　加工原理误差

加工原理误差是指采用了近似的成形运动或近似的刀刃轮廓代替理论的成形运动或刀刃形状进行加工而产生的误差。

例如,用齿轮滚齿就具有两种原理误差。一种是为了滚刀制造方便,采用阿基米德蜗杆或法向直廓蜗杆代替渐开线蜗杆而产生的刀刃齿廓近似形状误差;另一种是拟合误差,即由于滚刀刀齿数有限,实际上加工出来的齿形是一条由微小折线段组成的曲线,而不是一条光滑的渐开线。

再如在曲线或曲面的数控加工中,实际上是刀具连续地将一些小线段加工出来,以一段一段的空间直线去逼近理想空间曲线或曲面,如图 2-3 所示。这说明刀具相对于工件的成形运动是近似的。

采用近似的加工方法或近似的刀刃轮廓,虽然会带来加工原理误差,但往往可以简化工艺过程,简化机床和刀具的设计与制造,提高生产率,降低成本,但由此带来的原理误差必须控制在允许范围之内。

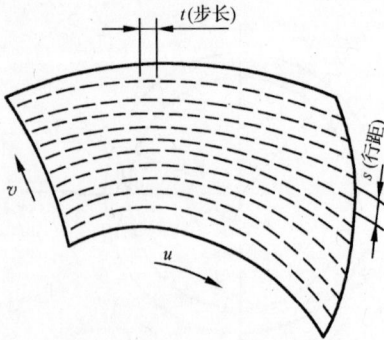

图 2-3　曲面数控加工示意图

2.2.2　调整误差

工艺系统的调整有两种基本方法,不同的调整方法会引起不同的误差。

1. 试切法调整

单件小批生产中普遍采用试切法加工。加工时先在工件上试切,根据测得尺寸与要求尺寸的差值,由进给机构调整刀具与工件之间的相对位置,进行试切、测量、调整,直至符合规定的尺寸要求,再正式切削出整个待加工表面。这时引起的调整误差为:

(1) 测量误差。指量具本身的精度和测量方法、使用条件、测量者的主观因素等造成的误差,它们都影响调整精度,因而产生加工误差。

（2）微量进给误差。加工时刀具与工件的相对位置,是由进给机构来调整的。由于进给机构的传动误差和微量进给时的爬行现象,进给机构产生位移误差,从而造成工件的加工误差。

2. 调整法加工

用调整法加工时,若调整过程本身是以试切法为依据,则上述影响试切法调整精度的因素对调整法加工同样有影响。此外,还有下列调整误差:

（1）定程机构的相关误差。大批量生产中,广泛应用定程机构如行程挡块、靠模凸轮等来保证刀具与工件之间的相对位置,故定程机构的制造和调整误差,以及它们的受力变形和与它们配合使用的电、液、气动元件的灵敏度等,都将成为调整误差的来源。

（2）样件或样板的误差。若采用样件或样板来决定刀具与工件之间的相对位置,则它们的制造误差、安装误差和对刀误差,以及它们的磨损等都对调整精度有影响。

（3）测量有限试件造成的误差。工艺系统调整好以后,一般都要试切几个工件,并以其平均尺寸作为判断调整是否准确的依据。由于试切加工的工件数(称为抽样件数)不可能太多,因此不能把整批工件切削过程中的各种随机误差完全反映出来。故试切加工几个工件的平均尺寸与总体尺寸不可能完全符合,因而造成加工误差。

2.2.3　机床误差的影响

机床的制造误差、安装误差以及使用中的磨损,都直接影响工件的加工精度,其中主要是机床主轴回转运动、机床导轨直线运动和机床传动链的误差。

1. 机床主轴的回转运动误差

1）主轴回转运动误差的概念及分类

机床主轴的回转运动误差,直接影响被加工工件的加工精度,尤其是在精加工时,机床主轴的回转误差往往是影响工件圆度误差的主要因素,如坐标镗床、精密车床和精密磨床,都要求主轴有较高的回转精度。

机床主轴做回转运动时,主轴的各个截面必然有它的回转中心。在主轴的任一截面上,主轴回转时若只有一点速度始终为零,则这一点即为理想回转中心。但在主轴的实际回转过程中,理想的回转中心是不存在的,而存在一个其位置时刻变动的回转中心,此中心称为瞬时回转中心,主轴各截面瞬时回转中心的连线称为瞬时回转轴线。主轴的回转运动误差,是指主轴的瞬时回转轴线相对其平均回转轴线(瞬时回转轴线的对称中心),在规定测量平面内的变动量。变动量越小,主轴回转精度越高;反之越低。

主轴的回转运动误差可分为端面圆跳动、径向圆跳动、角度摆动三种基本形

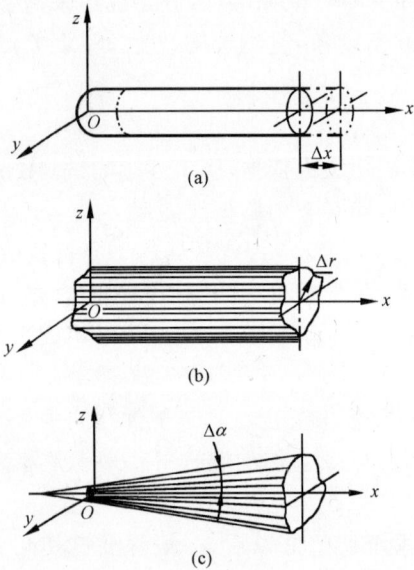

图 2-4　主轴回转误差示意图

(a) 端面圆跳动；(b) 径向圆跳动；(c) 角度摆动

式：①端面圆跳动,是指瞬时回转轴线沿平均回转轴线方向的轴向运动,如图 2-4(a)所示。它主要影响端面形状和轴向尺寸精度。②径向圆跳动,是指瞬时回转轴线始终平行于平均回转轴线方向的径向运动,如图 2-4(b)所示。它主要影响圆柱面的精度。③角度摆动,是指瞬时回转轴线与平均回转轴线成一倾斜角度,但其交点位置固定不变的运动,如图 2-4(c)所示。在不同横截面内,轴心运动误差轨迹相似,它影响圆柱面与端面加工精度。上述是指单纯的主轴回转运动误差,实际中误差常是上述几种运动的合成运动误差。

2) 主轴回转运动误差的影响因素分析

影响主轴回转运动误差的主要因素,包括主轴的误差、轴承的误差、轴承的间隙、与轴承配合零件的误差、主轴系统的径向不等刚度和热变形等。对于不同类型的机床,其影响因素也各不相同。对于工件回转类机床(如车床、外圆磨床),因切削力的方向不变,主轴回转时作用在支承上的作用力方向也不变化。此时,主轴支承轴颈的圆度误差影响较大,而轴承孔圆度误差影响较小,如图 2-5(a)所示。对于刀具回转类机床(如钻床、铣床、镗床),切削力方向随旋转方向而改变。此时,主轴支承轴颈的圆度误差影响较小,而轴承孔的圆度误差影响较大。图 2-5(b)所示为轴颈回转到不同位置时与轴承孔接触的情况。

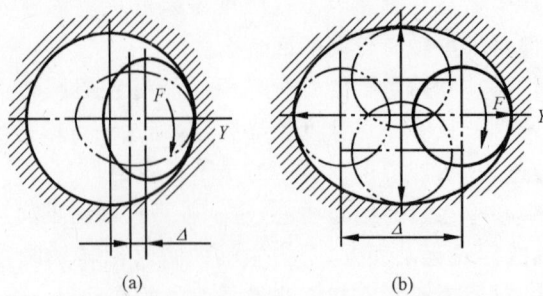

图 2-5　两类主轴回转误差影响示意图

(a) 工件回转类；(b) 刀具回转类

3）主轴回转精度的测量

（1）千分表测量法。生产现场常用的方法是芯棒检测法，将精密芯棒插入主轴锥孔，在其圆周表面和端部用千分表测量，如图 2-6 所示。此法简单易行，但不能反映主轴工作转速下的回转精度，也不能区分产生误差的因素。如在测量的径向圆跳动中，既包含主轴回转轴线的圆跳动，又包含主轴锥孔相对回转轴线的同轴度误差所引起的径向圆跳动。

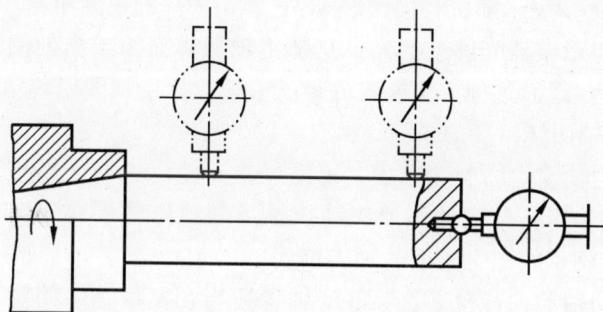

图 2-6　千分表测量法示意图

（2）传感器测量法。图 2-7（a）所示是用于测量铣镗类机床主轴回转精度的装置，在主轴端部黏结一个精密测量球 3，球的中心线与主轴回转轴线的偏心距为 e（由摆动盘 1 进行调整），在球的横向互相垂直的位置上安装两个位移传感器 2、4，并与测量球之间保持一定间隙。当主轴旋转时，轴线的漂移引起测量间隙产生微小的变化，两个传感器发出信号，经放大器 5 分别输入示波器 6 的水平和垂直的偏

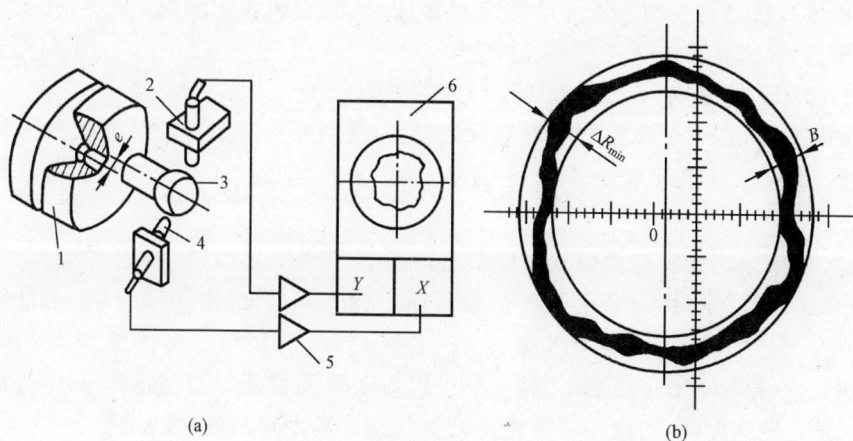

（a）　　　　　　　　　　　　　（b）

图 2-7　传感器测量法示意图

（a）主轴回转精度测量装置示意图；（b）输出的图形

1-摆动盘；2、4-传感器；3-精密测量球；5-放大器；6-示波器

置板上。如果测量球是绝对的圆,主轴的旋转也是正确的,则示波器的光屏将显示出一个以测量球偏心 e 为半径的圆;反之,若主轴的旋转存在径向圆跳动,则传感器输出的信号中,将其跳动量叠加到球心所做的圆周运动上,此时,示波器光屏上的光点将描绘出一个非圆的李沙育图形,如图 2-7(b)所示,它是由不重合的每转回转误差曲线叠加而成的。包容该图形半径差为最小两个同心圆的半径差 $\Delta R_{\min}$,它表示主轴回转轴线径向圆跳动,影响加工工件的圆度误差。图 2-7(b)中轮廓线瞬时宽度 B 表示随机径向圆跳动,它影响工件的表面粗糙度。

由于测量时示波器光屏上的光点是随主轴回转而描绘出的图形,直接反映了镗刀刀尖的轨迹,因而这种方法能准确地反映铣镗床主轴的回转精度。

4) 提高主轴回转精度的措施

(1) 提高主轴部件的制造精度。首先应提高轴承的回转精度,如选用高精度的滚动轴承,或采用高精度的多油楔动压轴承和静压轴承;其次是提高箱体支承孔、主轴颈和与轴承相配合表面的加工精度。

(2) 对滚动轴承进行预紧。对滚动轴承适当预紧以消除间隙,甚至产生微量过盈。轴承内、外圈和滚动体弹性变形的相互制约,既增加了轴承刚度,又对轴承内、外圈滚道和滚动体的误差起均化作用,因而可提高主轴的回转精度。

另外,可采取措施使主轴的回转精度不反映到工件上去,常采用两个固定顶尖支承,主轴只起传动作用。工件的回转精度完全取决于顶尖和中心孔的形状误差和同轴度误差,而提高顶尖和中心孔的精度要比提高主轴部件的精度容易且经济得多。例如,外圆磨床磨削外圆柱面时,就采用固定顶尖支承。

2. 机床导轨误差

机床导轨副是实现直线运动的主要部件,其制造和装配精度是影响直线运动的主要因素,直接影响工件的加工质量。

1) 磨床导轨在水平面内直线度误差的影响

如图 2-8 所示,导轨在 x 方向存在误差 Δ,磨削外圆时工件沿砂轮法线方向产生位移,引起工件在半径方向上的误差 $\Delta R = \Delta$。当磨削长外圆时,造成圆柱度误差。

2) 磨床导轨在垂直面内直线度误差的影响

如图 2-9 所示,由于磨床导轨在垂直面内存在误差 Δ,磨削外圆时,工件沿砂轮切线方向产生位移(误差非敏感方向)。此时工件产生圆柱度误差,$\Delta R \approx \Delta^2/2R$,$\Delta R$ 为半径尺寸误差,其值甚小。但对于平面磨床、龙门刨床、铣床等法向方向(误差敏感方向)的位移将直接反映被加工件表面形成的形状误差。

3) 导轨面间平行度误差的影响

车床两导轨的平行度误差(扭曲)使床鞍产生横向倾斜,刀具产生位移,因而引起工件形状误差,如图 2-10 所示。由几何关系可知

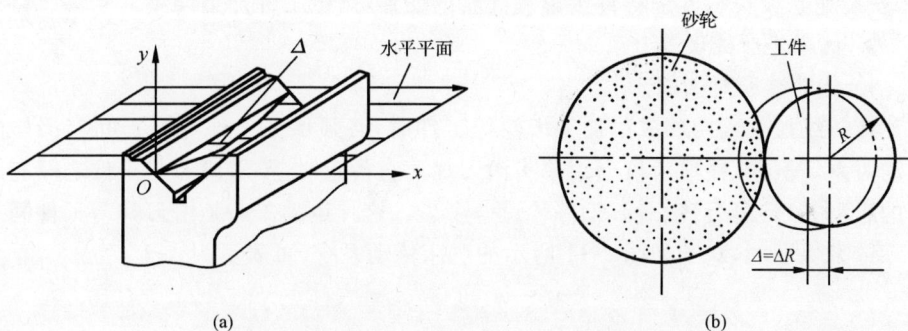

图 2-8　磨床导轨在水平面内的直线度误差示意图

(a) 导轨在水平面内的误差；(b) 工件产生的误差

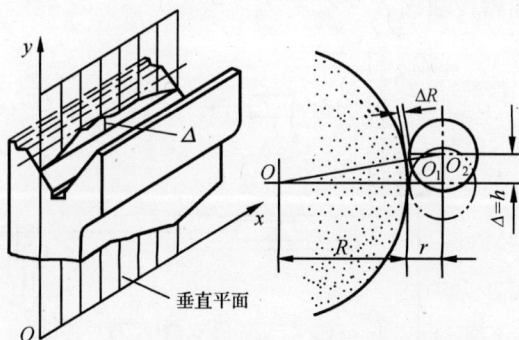

图 2-9　磨床导轨在垂直面内的直线度误差示意图

$$\Delta y = \frac{H\Delta}{B}$$

式中，Δy——工件产生的径向误
差，m；

H——主轴至导轨面的距
离，m；

Δ——导轨在垂直方向的最大
平行度误差，m；

B——导轨宽度，m。

机床的安装对导轨的原有精度影
响也很大，尤其是刚性较差的长床身，
在自重的作用下容易产生变形。因

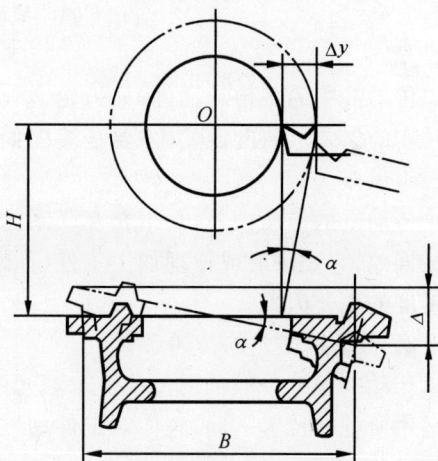

图 2-10　车床导轨平行度误差示意图

此,安装地基和安装方法将直接影响导轨的变形,产生工件加工误差。

3. 机床传动链误差

1) 传动链误差的概念

在螺纹加工或用展成法加工齿轮等工件时,必须保证工件与刀具间有严格的运动关系。例如,在滚齿机上用单头滚刀加工直齿轮时,要求滚刀与工件之间有严格的运动关系:滚刀转一转,工件转过一个齿。这种运动关系是由刀具与工件间的传动链来保证的,对于如图 2-11 所示的机床传动系统,可表示为

$$\phi_n(\phi_g) = \phi_d \times \frac{z_1}{z_2} \times \frac{z_3}{z_4} \times \frac{z_5}{z_6} \times \frac{z_7}{z_8} \times i_c \times i_f \times \frac{z_{n-1}}{z_n}$$

式中,$\phi_n(\phi_g)$——工件转角,rad;

　　ϕ_d——滚刀转角,rad;

　　i_c——差动轮系的传动比,当滚切直齿时,$i_c=1$;

　　i_f——分度挂轮传动比。

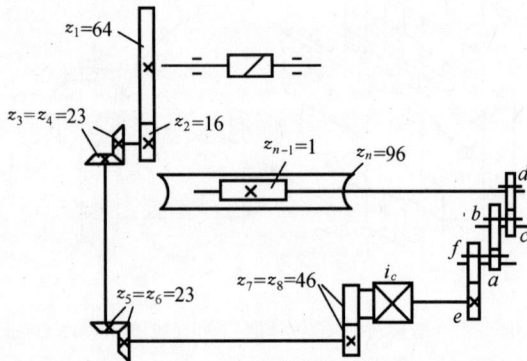

图 2-11　滚齿机传动链图

传动链中的各传动元件,如齿轮、蜗轮、蜗杆等,因有制造误差(主要是影响运动精度的误差)、装配误差(主要是装配偏心)和磨损而破坏正确的运动关系,使工件产生误差。

传动链的传动误差,是指相互联系的传动链中首末两端传动元件之间相对运动的误差,它是按展成原理加工工件(如螺纹、齿轮、蜗轮以及其他零件)时,影响加工精度的主要因素。

2) 传动链误差的传递系数

传动链误差一般可用传动链末端元件的转角误差来衡量。由于各传动件在传动链中所处的位置不同,它们对工件加工精度(末端件的转角误差)的影响程度也是不同的。例如,传动链升速传动,则传动元件的转角误差将被扩大;反之,转角误差将被缩小。假设滚刀轴均匀旋转,若 z_1 有转角误差 $\Delta\phi_1$,而其他各传动件无误

差,则传到末端件(第 n 个传动元件)上所产生的转角误差

$$\phi_{1n} = k_1 \Delta \phi_1$$

式中,k_1——z_1 到末端的传动比。

由于 k_1 反映了 z_1 的转角误差对末端元件传动精度的影响,故称为误差传递系数。

同样,对于分度蜗轮有

$$\phi_{jn} = k_j \Delta \phi_j$$

式中,$k_j (j=1,2\cdots,n)$——第 j 个传动件的误差传递系数。

由于所有的传动件都存在误差,因此,各传动件对工件精度影响的总和 $\Delta \phi_\Sigma$ 为各传动元件所引起末端元件转角误差的叠加,可表示为

$$\Delta \phi_\Sigma = \sum_{j=1}^{n} k_j \Delta \phi_j \tag{2-1}$$

考虑到传动链中各传动元件的转角误差都是独立的随机变量,则传动链末端元件的总转角误差可用概率法进行估算,即

$$\Delta \phi_\Sigma = \sqrt{\sum_{j=1}^{n} k_j^2 \Delta \phi_j^2} \tag{2-2}$$

3) 减少传动链传动误差的措施

(1) 尽可能缩短传动链(减少传动元件数量)。

(2) 减少各传动元件装配时的几何偏心,提高装配精度。

(3) 提高传动链末端元件的制造精度。在一般的降速传动链中,末端元件的误差影响最大,故末端元件(如滚齿机的分度蜗轮、螺纹加工机床的母丝杠等)的精度就应最高。

(4) 在传动链中按降速比递增的原则分配各传动副的传动比。传动链末端传动副的降速比越大,则传动链中其余各传动元件误差的影响就越小,为此,分度蜗轮的齿数应较多,母丝杠的螺距也应较大,这将有利于减少传动链误差。

(5) 采用校正装置。校正装置的实质是在原传动链中人为地加入一误差,其大小与传动链本身的误差相等而方向相反,从而使之相互抵消。

采用机械式的校正装置只能校正机床静态的传动误差。如果要校正机床静态及动态传动误差,则需采用自动控制的传动误差补偿装置。

2.2.4　刀具的误差

刀具误差对加工精度的影响,根据刀具的种类不同而异。

(1) 采用定尺寸刀具(如钻头、铰刀、键槽铣刀、镗刀及圆拉刀等)加工时,刀具的尺寸精度直接影响工件的尺寸精度。

(2) 采用成形刀具(如成形车刀、成形铣刀、成形砂轮等)加工时,刀具的形状

精度将直接影响工件的形状精度。

（3）展成刀具（如齿轮滚刀、花键滚刀、插齿刀等）的刀刃形状,必须是加工表面的共轭曲线,此刀刃的形状误差会影响加工表面的形状精度。

（4）对于一般刀具（如车刀、镗刀、铣刀等）,其制造精度对加工精度无直接影响,但这类刀具的耐用度较低,刀具容易磨损。

任何刀具在切削过程中都不可避免地要产生磨损,并由此引起工件尺寸和形状误差。例如,用成形刀具加工时,刀具刃口的不均匀磨损将直接复映在工件上,造成形状误差;在加工较大表面（一次走刀需较长时间）时,刀具的尺寸磨损会严重影响工件的形状精度;用调整法加工一批工件时,刀具的磨损会扩大工件尺寸的分散范围。

刀具的尺寸磨损是指刀刃在加工表面的法线方向（误差敏感方向）上的磨损量 μ（图 2-12）,它直接反映出刀具磨损对加工精度的影响。

刀具尺寸磨损的过程可分为三个阶段（图 2-13）:初期磨损、正常磨损和急剧磨损。在正常磨损阶段,尺寸磨损与切削路程成正比。在急剧磨损阶段,刀具已不能正常工作,因此,在到达急剧磨损阶段前就必须重新磨刀或更换刀具。

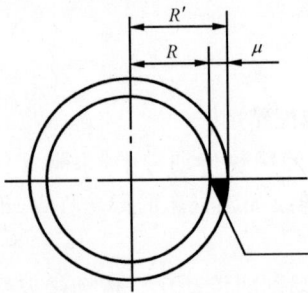

图 2-12　车刀尺寸磨损示意图　　　　图 2-13　车刀磨损曲线图

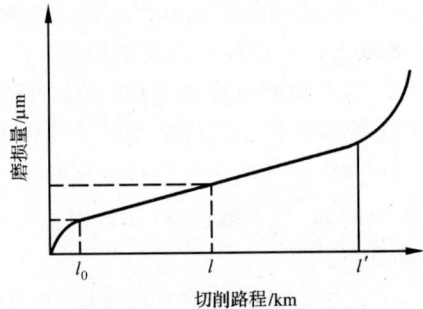

2.2.5　夹具的误差

夹具的误差主要包括以下几种:

（1）定位元件、刀具导向元件、分度机构、夹具体等的制造误差。

（2）夹具装配后,定位元件、刀具导向元件、分度机构、夹具体等工作面间的相对尺寸误差。

（3）夹具在使用过程中工作表面的磨损。

夹具误差将直接影响工件加工表面的位置精度或尺寸精度。图 2-14 所示为一钻孔夹具,钻套中心至夹具体上定位平面间的距离误差,直接影响工件孔至工件底平面的尺寸精度;钻套中心线与夹具体上定位平面间的平行度误差,直接影响工

件孔中心线与工件底平面的平行
度;钻套孔的直径误差也将影响工
件孔至底平面的尺寸精度与平
行度。

　　一般来说,夹具误差对加工表
面的位置误差影响最大。在设计夹
具时,凡影响工件精度的尺寸均应
严格控制其制造误差。粗加工用夹
具误差一般可取为工件上相应尺寸
或位置公差的 $1/2 \sim 1/3$,精加工用
夹具误差可取为尺寸或位置公差的
$1/5 \sim 1/10$。

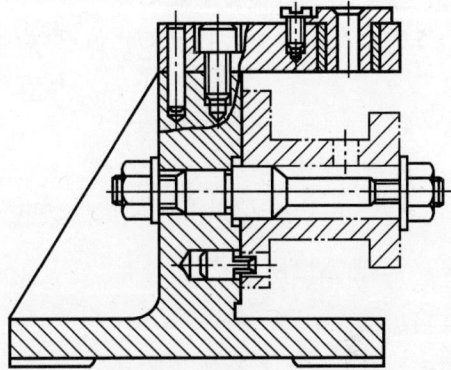

图 2-14　钻孔夹具误差对加工精度的影响

2.3　工艺系统的受力变形

　　由机床、夹具、刀具和工件组成的工艺系统,在切削力、传动力、惯性力、夹紧力
以及重力等作用下,将产生相应的变形。这种变形将破坏切削刃和工件之间已调
整好的正确位置关系,从而产生加工误差。例如,车削细长轴时,工件在切削力作
用下的弯曲变形会导致加工后产生鼓形的圆柱度误差,如图 2-15(a)所示。又如,
在内圆磨床上横向切入磨孔时,磨出的孔会产生带有锥度的圆柱度误差,如图 2-
15(b)所示。

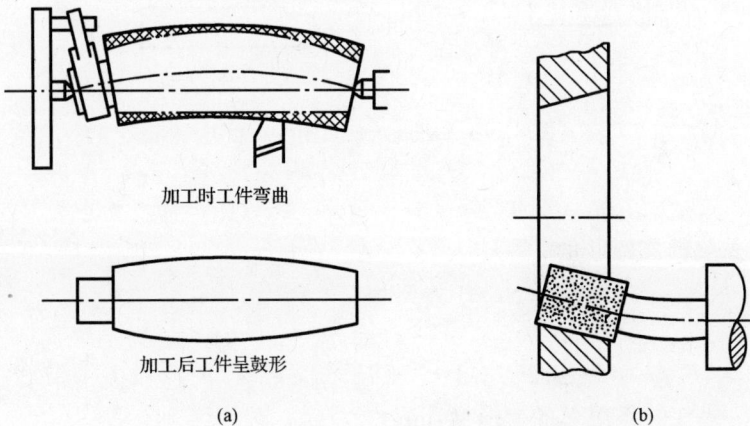

加工时工件弯曲

加工后工件呈鼓形

(a)

(b)

图 2-15　工艺系统受力变形引起的加工误差

(a) 工件变形;(b) 砂轮轴变形

任何一个受力物体总要产生一些变形。作用力 F（静载）与由它所引起的在作用力方向上产生的变形量 y 的比值，称为物体的静刚度 k（简称刚度）。

$$k = F/y$$

式中，k——静刚度，N/mm；

　　　F——作用力，N；

　　　y——沿作用力 F 方向的变形，mm。

2.3.1　工艺系统刚度

切削加工中，在各种外力作用下，工艺系统各部分将在各个受力方向产生相应的变形。对于工艺系统受力变形，主要研究误差敏感方向。因此，工艺系统刚度 k_{xt} 定义为：工件和刀具的法向切削分力 F_y 与在总切削力的作用下工艺系统在该方向上的相对位移 y_{xt} 的比值，即 $k_{xt} = F_y/y_{xt}$。由于法向位移是在总切削力作用下工艺系统综合变形的结果，因此有可能出现变形方向与 F_y 方向不一致的情况。当 F_y 与 y_{xt} 方向相反时，即出现负刚度。负刚度现象对保证加工质量是不利的，应尽量避免，如图 2-16 所示。

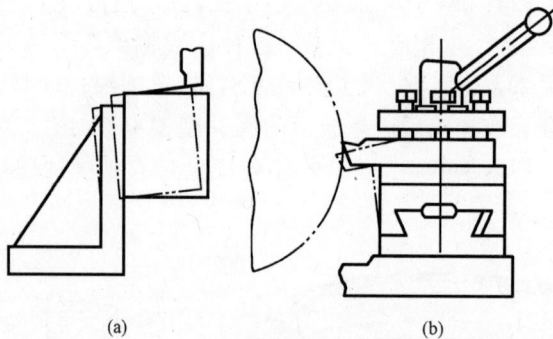

(a)　　　　　　　　　　(b)

图 2-16　工艺系统的负刚度示意图

(a) 刨削；(b) 车削

工艺系统的总变形量

$$y_{xt} = y_{jc} + y_{jj} + y_{dj} + y_g$$

刚度

$$k_{xt} = F_y/y_{xt},\ k_{jc} = F_y/y_{jc},\ k_{jj} = F_y/y_{jj},\ k_{dj} = F_y/y_{dj},\ k_g = F_y/y_g$$

式中，y_{xt}——工艺系统总的变形量，mm；

　　　k_{xt}——工艺系统总的刚度，N/mm；

　　　y_{jc}——机床变形量，mm；

　　　k_{jc}——机床刚度，N/mm；

y_{jj}——夹具变形量,mm;

k_{jj}——夹具刚度,N/mm;

y_{dj}——刀架变形量,mm;

k_{dj}——刀架刚度,N/mm;

y_g——工件变形量,mm;

k_g——工件刚度,N/mm。

工艺系统刚度计算的一般式为

$$k_{xt} = 1/(k_{jc}^{-1} + k_{jj}^{-1} + k_{dj}^{-1} + k_g^{-1}) \qquad (2\text{-}3)$$

因此,已知工艺系统的各个组成部分刚度,即可求出系统刚度。

用刚度一般式求解某一系统刚度时,应针对具体情况进行具体分析。例如,外圆车削时,车刀本身在切削力作用下的变形对加工误差的影响很小,可略去不计;再如,镗孔时,镗杆的受力变形严重地影响加工精度,而工件(如箱体零件)的刚度一般较大,其受力变形很小,可忽略不计。

2.3.2　工艺系统刚度对加工精度的影响

1. 切削力作用点位置变化引起的工件形状误差

切削过程中,切削力作用点位置的变化,引起工艺系统刚度的变化,因此工艺系统的变形也随之变化,引起工件形状误差。

1) 工件的变形

在两顶尖间车削细长轴,假设此时不考虑机床和刀具的变形,加工出的工件呈腰鼓形,如图 2-17(a)所示。

2) 机床的变形

在车床上用顶尖顶住加工光轴,由于机床各处刚度不同(假设工件的刚度较大,同时忽略其他变形的影响),所以所产生的变形也不同。变形多的地方,切去的金属较多;变形小的地方,切去的金属较少。于是,最后成形的工件是呈两端粗、中间细的马鞍形,如图 2-17(b)所示。

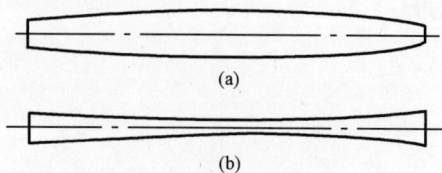

(a)

(b)

图 2-17　两种刚度不同的工件在顶尖上车削后的形状示意图

3) 工艺系统总变形

当同时考虑机床和工件的变形时,工艺系统的总变形为两者的叠加。

2. 切削力大小变化引起的加工误差

毛坯加工余量和材料硬度的不均,会引起切削力大小的变化。工艺系统由于受力大小的不同,变形的大小也会相应发生变化,从而引起工件尺寸和几何形状的

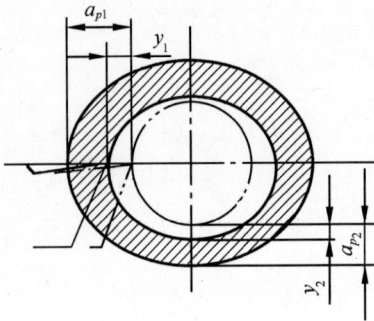

图 2-18　车削时的误差复映示意图

误差。

图 2-18 为车削一个截面呈椭圆形的毛坯。将刀具调整到加工要求的尺寸（图中的点线圆），在工件转一圈的过程中，背吃刀量在最大值 a_{p1} 和最小值 a_{p2} 之间变化，切削力相应地在 F_{ymax} 和 F_{ymin} 之间变化，工艺系统的变形也在最大值 y_1 和最小值 y_2 之间变化。这种由于工艺系统受力变形的变化，而使毛坯的椭圆形状误差复映到加工后工件表面的现象，称为误差复映。

设工艺系统刚度为 k，如图 2-18 所示，毛坯圆度最大误差

$$\Delta_m = a_{p1} - a_{p2} \tag{2-4}$$

车削后工件圆度误差

$$\Delta_g = y_1 - y_2 \tag{2-5}$$

其中，$y_1 = F_{ymax}/k$，$y_2 = F_{ymax}/k$。

由切削分力公式

$$F_y = \lambda C_{F_Z} a_p f^{0.75} \tag{2-6}$$

式中，λ——系数，一般取 0.4；

　　　C_{F_Z}——与工件材料和刀具角度有关的系数，可由有关手册查得；

　　　f——进给量，mm/r。

可得

$$y_1 = \lambda C_{F_Z} a_{p1} f^{0.75}/k \tag{2-7}$$

$$y_2 = \lambda C_{F_Z} a_{p2} f^{0.75}/k \tag{2-8}$$

第一次走刀后，工件的加工误差

$$\Delta_g = y_1 - y_2 = (\lambda C_{F_Z} f^{0.75}/k)\Delta_m$$

令 $\varepsilon = \Delta_m/\Delta_g$，则

$$\varepsilon = \lambda C_{F_Z} f^{0.75}/k$$

式中，ε——误差复映系数。

误差复映系数定量地反映了毛坯误差经加工后减小的程度，并表明工艺系统刚度越高，则其越小，毛坯复映到工件上的误差也越小。由于 Δ_m 总是小于 Δ_g，故 ε 是一个小于 1 的正数。

当一次走刀不能满足精度要求时，可进行二次或多次走刀，相应的误差复映系数为 ε_1、ε_2、ε_3、$\cdots$、ε_n，则

$$\Delta_{g1} = \varepsilon_1 \Delta_m$$

$$\Delta_{g2} = \varepsilon_2 \Delta_{g1} = \varepsilon_1 \varepsilon_2 \Delta_m$$

$$\Delta_{g3} = \varepsilon_3 \Delta_{g2} = \varepsilon_1 \varepsilon_2 \varepsilon_3 \Delta_m$$

$$\cdots$$

第 n 次走刀后工件的误差

$$\Delta_{gm} = \varepsilon_1 \varepsilon_2 \varepsilon_3 \cdots \varepsilon_n \cdot \Delta_m = \varepsilon_{总} \Delta_m$$

由于 ε 是一个小于 1 的正数,多次走刀后 $\varepsilon_{总}$ 就变成了一个远小于 1 的系数,多次走刀可以提高加工精度,但也意味着生产率的降低。

3. 夹紧力和重力引起的加工误差

装夹时,工件刚度较差或夹紧力着力不当,会使工件产生相应的变形,造成加工误差,特别是薄壁套、薄板等零件,易产生加工误差。图 2-19 所示为三爪自动定心卡盘夹持薄壁套筒的夹紧变形误差示意图。假定毛坯件是正圆,夹紧后坯件呈三棱形(图 2-19(a)),虽然镗出的孔为正圆(图 2-19(b)),但松开后,弹性恢复使孔又变成三棱形(图 2-19(c))。为了减少加工误差,应使夹紧力均匀分布,可采用开口过度环夹紧(图 2-19(d))等。

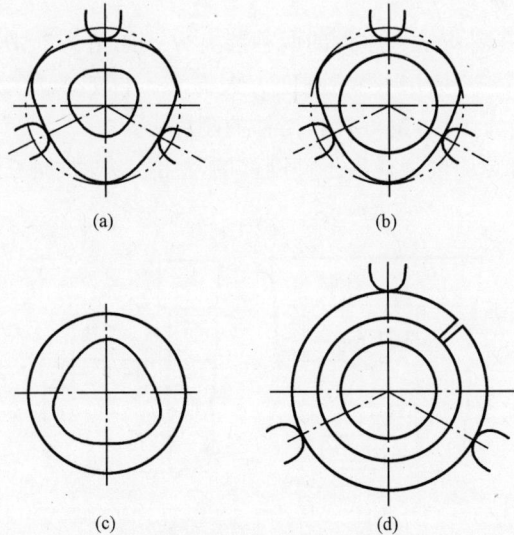

图 2-19　薄壁套筒夹紧变形误差示意图

2.3.3　减小工艺系统受力变形对加工精度影响的措施

减少工艺系统受力变形,是保证加工精度的有效途径。在生产中通常可以从两方面来解决:一是减少载荷及其变化,二是提高工艺系统的刚度。显然,减少载荷(切削力)往往会使生产率受到影响。因此,提高工艺系统中薄弱环节的刚度是最积极、有效的方法。

1. 合理的结构设计

在设计工艺装备时,应尽量减少连接面的数量,并注意刚度的匹配,防止有局部低刚度环节的出现。

2. 提高接触刚度

(1)提高机床部件中零件间结合面的质量。提高形状精度和降低表面粗糙度,可以有效地提高接触表面的刚度——接触刚度。例如,采用刮研方法可以提高接触表面的接触斑点。

(2)给机床部件预加载荷。常用在各类轴承、滚珠丝杠螺母副的调整中。给机床部件预加载荷,可以消除配合面间的间隙,而且从加工一开始就有较大的实际接触面积,提高了表面间的接触刚度。

(3)提高工件定位基准面的加工质量。工件的定位基准面,一般都要承受夹紧力和切削力。如果定位基准面有较大的形状误差和表面粗糙度值,就会产生较大的接触变形。因此在精加工工序前,一般需要修研中心孔、刮研或磨削定位基准面。

3. 合理的装夹方式

在卧式铣床上铣削角铁形零件的两种装夹方式如图 2-20 所示。按图 2-20(a)装夹,刚度较低;按图 2-20(b)装夹,刚度大大提高。再如车削细长轴时,改用反向进给,工件由受压改为受拉,也可提高工件的刚度。

此外,增加辅助支承也是提高工件刚度的常用方法,如加工细长轴时采用中心架或跟刀架等。

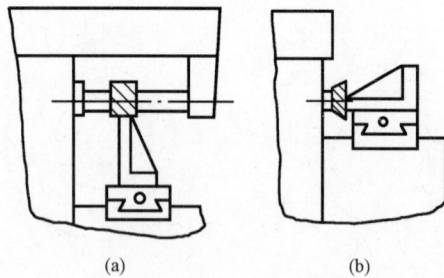

(a)   (b)

图 2-20　铣削角铁形零件的两种装夹方式示意图

2.4　工艺系统的热变形

2.4.1　工艺系统的热源及温度场

在机械加工过程中,工艺系统在各种热源的影响下常产生复杂的变形,破坏了工件与切削刃相对的正确位置,从而产生加工误差。据统计,在精密加工中,由于热变形引起的加工误差占总加工误差的 40%～70%。高效、高精度、自动化加工技术的发展,使工艺系统热变形问题变得更为突出,已成为机械加工技术进一步发展的一个重要研究课题。

引起工艺系统受热变形的有系统内部热源(切削热和摩擦热)和外部热源。

切削热是由切削过程中切削层金属的弹性、塑性变形,及刀具与工件、切屑间的摩擦所产生的。它由工件、刀具、夹具、机床、切屑、切削液及周围介质传出。在车削时,大量的切削热由切屑带走,传给工件的占总切削热的 10%～30%,传给刀具的占 1%～5%。孔加工时,大量切屑滞留在孔中,使大量的切削热传入工件。磨削时,由于磨屑小,带走的热量很少,故大部分传入工件。

摩擦热主要是由机床和液压系统中的运动部分产生的,如电动机、轴承、齿轮等传动副、导轨副、液压泵、阀等运动部分产生的摩擦热。摩擦热是机床热变形的主要热源。

工艺系统的外部热源,主要来自于环境温度变化和热辐射,对大型和精密工件的加工影响较大。

工艺系统受热源影响,温度逐渐升高,与此同时,其热量通过各种传导方式向周围发散。当单位时间内的传入热量与传出热量相等时,温度不再升高,这时工艺系统达到热平衡状态。在热平衡状态下,工艺系统各部分的温度保持在一个相对固定的数值上,因而各部分的热变形也就相应地趋于稳定。

由于作用于工艺系统各组成部分的热源,其发热的数量、位置和作用时间各不相同,各部分的热容量、散热条件也不一样,因此各部分的温升不等。即使是同一物体,处于不同空间位置上的各点在不同时间的温度也是不等的。物体中各点温度的分布称为温度场。当物体未达到热平衡时,各点温度不仅是坐标位置的函数,也是时间的函数,这种温度场称为不稳态温度场;物体达到热平衡后,各点温度将不再随时间变化,而只是其坐标位置的函数,这种温度场称为稳态温度场。稳态温度场下的工艺系统稳定,利于保证工件的加工精度。

2.4.2　机床热变形

机床受热源的影响,各部分温升将发生变化,由于热源分布的不均匀和机床结构的复杂性,机床各部件将发生不同程度的热变形,从而破坏了机床原有的几何精度,降低了机床的加工精度。

车床类机床的主要热源是主轴箱轴承的摩擦热和主轴箱中油池的发热,主轴箱和床身的温度上升,从而造成机床主轴抬高和倾斜。图 2-21 所示为车床空运转时,主轴的温升和位移的测量结果。主轴在水平方向的位移仅 $10\mu m$,而垂直方向位移却高达 $180\sim200\mu m$。这对刀具水平安装的卧式车床影响较小,但对刀具垂直安装的自动车床和转塔车床而言,则对加工精度有较大影响。

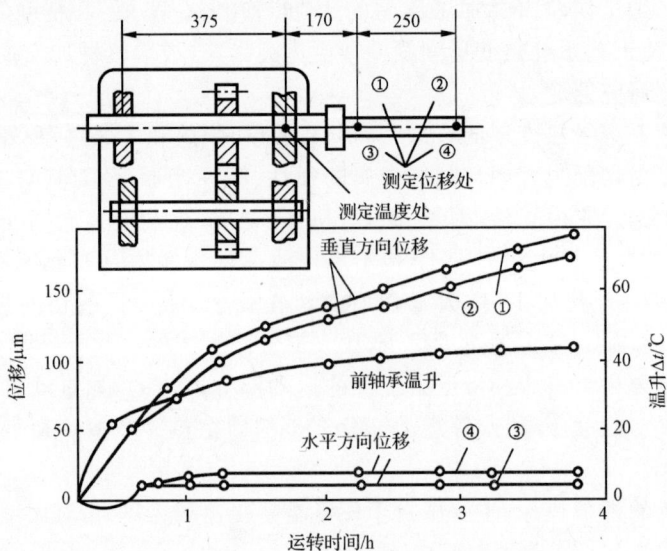

图 2-21　车床主轴箱热变形示意图

外圆磨床温度分布和热变形的测量结果如图 2-22(a)所示。当采用切入式定程磨削时,被磨工件直径的变化 Δd 达 $100\mu m$,如图 2-22(b)所示。它与该机床工作台和砂轮架间的热变形 x 基本相符。由此可见,影响加工尺寸一致性的主要因

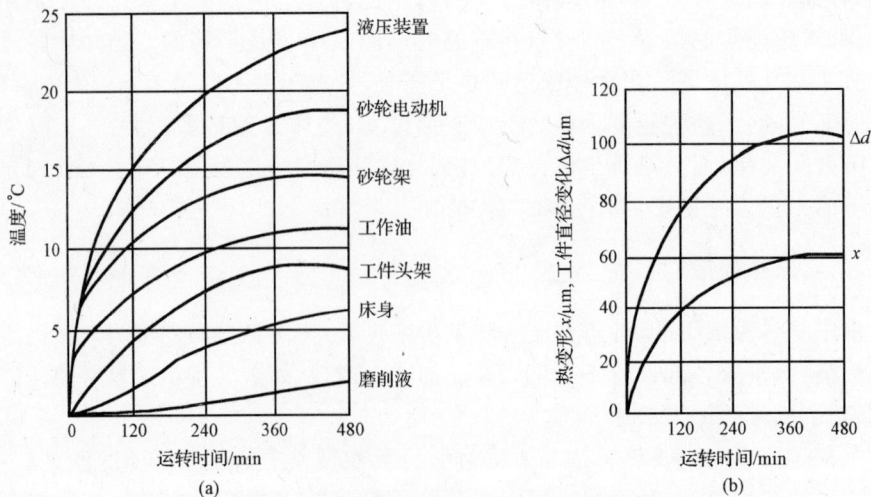

图 2-22　外圆磨床的温升和热变形的变化曲线

(a) 运转时间和各部温升变化的曲线;(b) 热变形对工件加工误差的影响曲线

素是机床的热变形。

对于大型机床,如导轨磨床、外圆磨床、龙门铣床等长床身部件,其温差的影响是很显著的。一般由于床身上的表面温度比床身底面温度高,形成温差,因此床身将产生弯曲变形,表面呈中凸状,如图 2-23 所示。另外,立柱和床鞍也因床身的热变形而产生相应的位置变化。

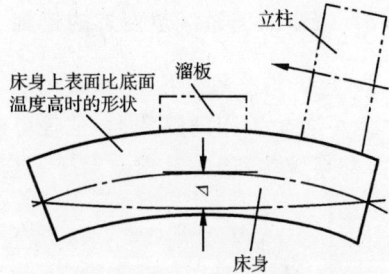

图 2-23　床身纵向温差热效应的影响

2.4.3　工件热变形

使工件产生变形的热源主要是切削热,然而对于精密件,外部热源也不可忽视。同时,对于不同的加工方法,不同的工件材料、结构和尺寸,工件的受热变形也不相同。

细长轴在顶尖间车削时,热变形将使工件伸长,从而导致弯曲变形,产生圆柱度误差。精密丝杠磨削时,工件的热伸长会引起螺距的累积误差。由于床身导轨面的磨削是单面受热,因此与底面产生温差,引起热变形,影响导轨的直线度。在加工铜、铝等线胀系数大的有色金属时,其热变形尤为显著,必须予以重视。当粗、精加工间隔时间较短时,粗加工时的热变形将影响到精加工,在工件冷却后,会产生加工误差。

2.4.4　刀具热变形

刀具的热变形主要是由切削热引起的,传给刀具的热量虽不多,但由于刀具体积小、热容量小且热量又集中在切削部分,因此切削部分仍产生很高的温升。如高速钢刀具车削时刃部的温度可达 $700 \sim 800 \, ℃$,刀具的热伸长量可达 $0.03 \sim 0.05 \, \text{mm}$。因此,其影响不可忽略。图 2-24 所示为车削时车刀热伸长量与切削时间的关系。连续车削时,车刀的热变形情况如曲线 A,经过 $10 \sim 20 \, \text{min}$,即可达到热平衡,车刀热变形影响很小;当车刀停止车削后,刀具冷却变形过程如曲线 B;当车削一批短小轴类工件时,加工时断时续(如装卸工件),间断切

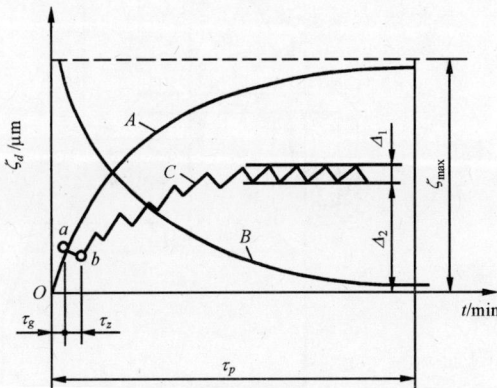

图 2-24　车刀热伸长量与切削时间的关系图

削,变形过程如曲线 C。因此,在开始切削阶段,其热变形显著;达到热平衡后,对加工精度的影响则不明显。

2.4.5　减少工艺系统热变形的措施

1. 减少热源的发热

为了减少机床的热变形,凡是可能分离出去的热源,如电动机、变速箱、液压系统、冷却系统等,均应移出。对于不能分离的热源,如主轴轴承、丝杠螺母副、高速运动的导轨副等,则可以从结构、润滑等方面改善其摩擦特性,减少发热。例如,采用静压轴承、静压导轨,改用低黏度润滑油、锂基润滑脂等,也可用隔热材料将发热部件和机床大件(如床身、立柱等)隔离开。

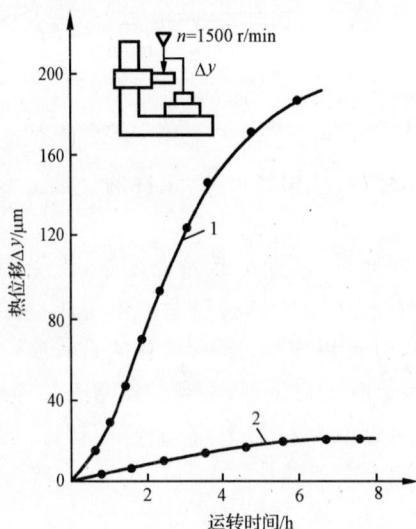

图 2-25　采用强制冷却的实验曲线图

对于发热量大的热源,如果既不能从机床内移出,又不便隔热,则可采用有效的冷却措施,如增加散热面积或使用强制式的风冷、水冷、循环润滑等。图 2-25 所示为一台坐标镗床的主轴箱用恒温喷油循环强制冷却的实验结果。曲线 1 为没有采用强制冷却的实验结果。机床工作 6h 后,主轴中心线到工作台的距离产生了 $190\mu m$(垂直方向)的热变形,且尚未达到热平衡;当采用强制冷却后,上述热变形减少到 $15\mu m$,如曲线 2,且工作不到 5h 机床就达到了热平衡,可见强制冷却的效果非常显著。

目前,大型数控机床、加工中心普遍采用冷冻机对润滑油、切削液进行强制冷却,以提高冷却效果。在精密丝杠磨床的母丝杠中通以冷却液,以减少热变形。

2. 用热补偿方法减少热变形

单纯地减少温升有时不能达到满意的效果,可采用热补偿的方法使机床的温度场比较均匀,从而使机床产生不影响加工精度的均匀热变形。如图 2-26 所示,平面磨床采用热空气加热温升较低的立

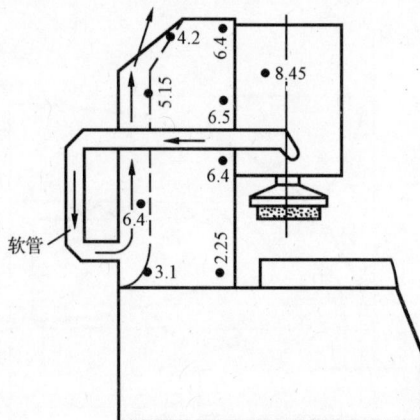

图 2-26　均衡立柱前后壁的温度场示意图

柱后壁,以减小立柱前后壁的温度差,从而减少立柱的弯曲变形。图中热空气由电动机风扇排出,通过特设的管道引向防护罩和立柱的后空间。采取这种措施后,工件的加工直线度误差可降低为原来的 $1/3\sim1/4$。

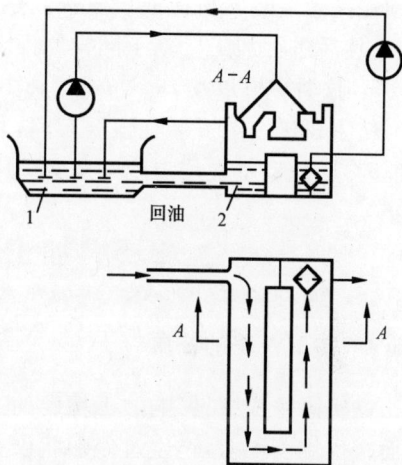

图 2-27 为磨床热补偿油沟示意图。该机床床身较长,加工时工作台纵向运动速度较高,所以床身上部温升高于下部。为均衡温度场所采取的措施是:将油池 1 搬出主机做成一个单独的油箱;在床身下部配置热补偿油沟 2,利用带有余热的回油流经床身下部,使床身下部的温度提高,以减小床身上、下部的温度差。采用这种措施后,床身上、下部温差降至 $1\sim2℃$,导轨中凸量由原来的 0.265mm 降为 0.052mm。

图 2-27　磨床热补偿油沟示意图

1-油池;2-热补偿油沟

3. 采用合理的机床部件结构减少热变形的影响

(1) 采用热对称结构。在变速箱中,将轴、轴承、传动齿轮尽量对称布置,可使箱壁温升均匀,从而减少箱体变形。

(2) 合理选择机床部件的装配基准。图 2-28 所示为车床主轴箱在床身上的两种不同定位方式。因主轴的位置不同,它们对热变形的影响也不同。图中 $L_2 > L_1$,当主轴与箱体产生热变形时,在误差敏感方向的热变形 $\Delta L_2 > \Delta L_1$,因此,选择图 2-28(a)的定位方案比较合理。

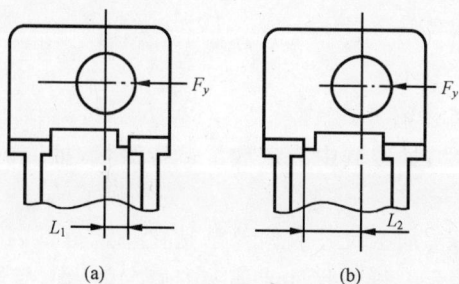

图 2-28　定位面位置对变形的影响

(a)定位面距主轴轴线垂直面较近;(b)定位面距主轴轴线垂直面较远

4. 加速达到工艺系统的热平衡状态

对于精密机床,特别是大型机床,达到热平衡的时间较长,为了缩短这个时间,可预先高速空运转机床或设置控制热源,人为地给机床加热,使之较快达到热平衡状态,然后进行加工。基于同样原因,精密加工机床应尽量避免中途停车。

5. 控制环境温度

精密机床一般安装在恒温车间,其恒温精度一般控制在±1℃以内,精密级为±0.5℃。恒温室平均温度一般为 20℃,冬季可取 17℃,夏季可取 23℃。

2.5 加工误差的统计分析

2.5.1 加工误差的性质

在实际生产中,影响加工精度的工艺因素是错综复杂的。如车削一根长轴,外表面产生锥度误差,产生这一形状误差的原因主要有:①机床导轨在水平面内与主轴回转轴线不平行;②工件径向膨胀引起的形状误差;③刀具的热膨胀。

根据一批零件加工误差出现的规律,可以将误差分为两大类:系统误差和随机误差。

1. 系统误差

当连续加工一批零件时,大小和方向保持不变或按一定规律发生变化的误差,称为系统误差。其中,大小和方向保持不变的误差,称为常值系统误差,如机床导轨与主轴回转中心线的不平行度误差;大小和方向按某一规律变化的误差,称为变值系统误差,如刀具的磨损、热膨胀、工件的热变形等。

2. 随机误差

当连续加工一批零件时,如果误差的大小和方向无规律地变化,但就整体来说,误差服从统计规律,则称为随机误差。如毛坯的误差复映、工件表层硬度不均引起的加工误差。即误差产生的原因是随机的,无规律可循的。

2.5.2 分布曲线法

1. 实际分布图(直方图)

成批加工某种零件,抽取其中一定数量进行测量,抽取的这批零件称为样本,其件数称为样本容量。

由于存在各种误差,加工尺寸或偏差总是在一定范围内变动,称为尺寸分散,亦即随机变量,用 x 表示。样本尺寸或偏差的最大值 x_{max} 与最小值 x_{min} 之差,称为极差 R,即

$$R = x_{max} - x_{min} \tag{2-9}$$

将样本尺寸或偏差按大小顺序排列,并将它们分成 k 组,组距为 h,则

$$h = \frac{R}{k-1} \tag{2-10}$$

每组零件的数量 m_i 称为频数,频数 m_i 与样本容量 n 之间的比值称为频率 f_i,即

$$f_i = \frac{m_i}{n} \tag{2-11}$$

以工件尺寸(或偏差)为横坐标,以频数或频率为纵坐标,作出该批工件加工尺寸(或偏差)的实际分布图,即直方图。

选择组数 k 和组距 h 对实际分布图的显示好坏有很大关系。组数过多,组距太小,分布图会被频数的随机波动所歪曲;组数太少,组距太大,分布特征将被掩盖。k 值一般根据样本容量来选择,见表 2-1。

表 2-1　样本与组数的选择

n	25~40	40~60	60~100	100	100~160	160~250
k	6	7	8	10	11	12

为了进一步分析加工精度的情况,可在直方图上标出该工序的加工公差带位置,并计算出样本的统计数字特征——平均值 $\bar{x}$ 和标准偏差 σ。

样本的平均值 $\bar{x}$ 表示该样本的尺寸分散中心,它主要取决于调整尺寸的大小和常值系统误差。

$$\bar{x} = \frac{1}{n} \sum_{i=1}^{n} x_i \tag{2-12}$$

式中, x_i——各工件尺寸,mm。

样本的标准偏差 σ 反映了该批工件的尺寸分散程度,它是由变值系统误差和随机误差决定的。误差大,σ 也大;误差小,σ 也小。

$$\sigma = \sqrt{\frac{1}{n-1} \sum_{i=1}^{n} (x_i - \bar{x})^2} \tag{2-13}$$

在以频数为纵坐标作直方图时,如样本容量不同,组距不同,那么作出的图形高矮就不一样。为了使分布能代表该工序的加工精度,不受组距和样本容量的影响,纵坐标可用频率密度表示,如图 2-29 所示。

$$频率密度 = \frac{频率}{组距} = \frac{频数}{样本容量 \times 组距}$$

2. 理论分布曲线

1) 正态分布曲线

一批零件如果在正常的加工状态下,即没有某种因素占优势的条件下加工完成,则这批零件尺寸的分布将按正态分布曲线分布。

正态分布曲线的形状如图 2-30 所示,其概率密度函数表达式为

$$y = \frac{1}{\sigma \sqrt{2\pi}} e^{-\frac{1}{2} \left(\frac{x - \bar{x}}{\sigma} \right)^2} \qquad (-\infty < x < +\infty, \sigma > 0)$$

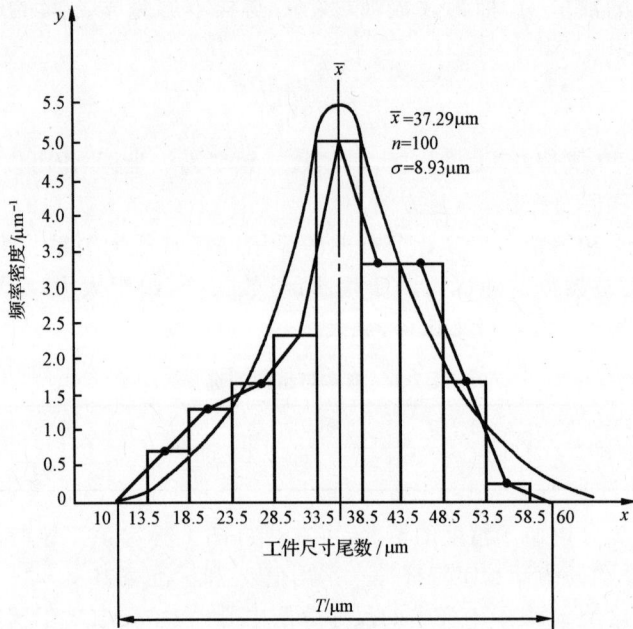

图 2-29　直方图

式中, y——分布概率密度, μm^{-1};

x——随机变量, μm;

$\bar{x}$——正态分布随机变量总体的算术平均值, 又称为分散中心, μm;

σ——正态分布随机变量的标准偏差, μm。

正态分布的概率密度方程有两个特征参数。表征分布曲线位置的参数是 $\bar{x}$, 当 σ 不变时, 改变 $\bar{x}$ 值, 分布曲线沿横坐标移动, 形状不变, 如图 2-31 所示。表征分布曲线形状的参数是 σ, 当 $\bar{x}$ 不变时, 改变 σ 值, σ 越小则分布曲线越陡; σ 越大

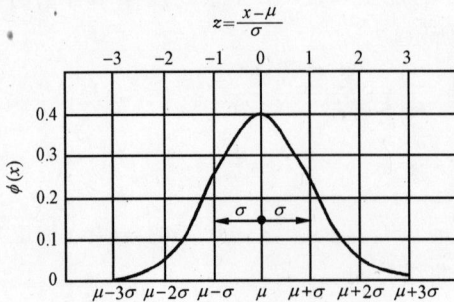

图 2-30　正态分布曲线示意图

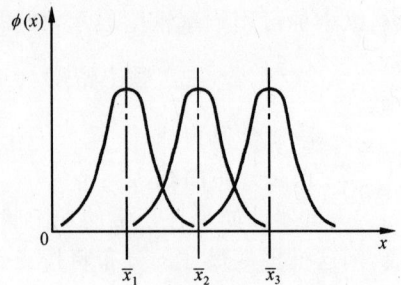

图 2-31　当 σ 不变时 $\bar{x}$ 的变化对分布
曲线的影响示意图

则分布曲线越平坦,它表示了随机变量的分散程度,如图 2-32 所示。

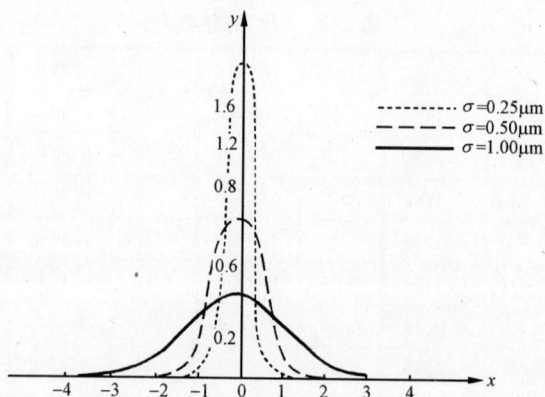

图 2-32　当 $\bar{x}$ 不变时 σ 的变化对分布曲线的影响示意图

　　总体平均值 $\bar{x}=0$、标准差 $\sigma=1$ 的正态分布称为标准正态分布,任何不同的 $\bar{x}$ 和 σ 的正态分布曲线都可以通过坐标变换(令 $z=(x-\bar{x})/\sigma$)而变成标准正态分布,故可以利用标准正态分布的函数值,求得各种正态分布的函数值。但在生产中感兴趣的往往不是加工工件为某一确定尺寸的概率有多大,而是工件在某一尺寸区域内所占的概率有多大。

　　由正态分布函数的定义可知,正态分布函数是正态分布概率密度的积分,即

$$F(x) = \frac{1}{\sigma\sqrt{2\pi}}\int_{-\infty}^{x} e^{-\frac{1}{2}\left(\frac{x-\bar{x}}{\sigma}\right)^2} dx \qquad (2\text{-}14)$$

令 $z=(x-\bar{x})/\sigma$,则有

$$F(z) = \frac{1}{\sigma\sqrt{2\pi}}\int_{0}^{z} e^{-\frac{z^2}{2}} dz \qquad (2\text{-}15)$$

　　与不同 z 值相对应的正态分布函数 $F(z)$,可由表 2-2 查出。

　　当 $z=\pm 3$,即 $x-\bar{x}=\pm 3\sigma$,由表 2-2 查得,$2F(z)=0.49865\times 2=99.73\%$。这说明随机变量落在 $\pm 3\sigma$ 范围内的概率为 99.73%,落在该范围外的概率仅为 0.27%,此值很小。因此可以认为正态分布的随机变量的分散范围是 $\pm 3\sigma$,这就是 $\pm 3\sigma$ 原则。

　　2) 非正态分布曲线

　　(1) 双峰型。两次调整加工的工件混在一起,由于每次调整的常值系统误差不同,就会得到双峰形曲线,如图 2-33 所示。

　　(2) 平顶型。当刀具磨损的影响显著时,变值系统误差占突出地位,使分布曲线出现平顶,如图 2-34 所示。

　　(3) 不对称性分布。当工艺系统热变形影响显著时,曲线出现不对称分布,例

如,当刀具热变形严重,则加工轴时曲线峰顶偏左,加工孔时偏右,如图 2-35 所示。

表 2-2　　F(z)的数值

z	$F(z)$	z	$F(z)$	z	$F(z)$	z	$F(z)$	z	$F(z)$
0.05	0.0119	0.38	0.1480	0.68	0.2517	1.10	0.3643	2.10	0.4821
0.08	0.0319	0.40	0.1554	0.70	0.2580	1.20	0.3849	2.20	0.4861
0.10	0.0398	0.42	0.1628	0.72	0.2642	1.30	0.4032	2.30	0.4893
0.12	0.0478	0.44	0.1700	0.74	0.2703	1.40	0.4192	2.40	0.4918
0.15	0.0557	0.46	0.1772	0.76	0.2764	1.50	0.4332	2.50	0.4938
0.16	0.0636	0.48	0.1814	0.78	0.2823	1.55	0.4394	2.60	0.4953
0.18	0.0714	0.50	0.1915	0.80	0.2881	1.60	0.4452	2.70	0.4965
0.20	0.0793	0.52	0.1985	0.82	0.2939	1.65	0.4505	2.80	0.4974
0.22	0.0871	0.54	0.2004	0.84	0.2995	1.70	0.4554	2.90	0.4981
0.24	0.0948	0.56	0.2123	0.86	0.3051	1.75	0.4599	3.00	0.49865
0.26	0.1023	0.58	0.2190	0.88	0.3106	1.80	0.4641	3.20	0.49931
0.28	0.1103	0.60	0.2257	0.90	0.3159	1.85	0.4678	3.40	0.49966
0.30	0.1179	0.62	0.2324	0.94	0.3264	1.90	0.4713	3.60	0.499841
0.34	0.1331	0.64	0.2389	0.96	0.3315	1.95	0.4744	3.80	0.499928
0.36	0.1406	0.66	0.2454	1.00	0.3413	2.00	0.4772	4.00	0.49997

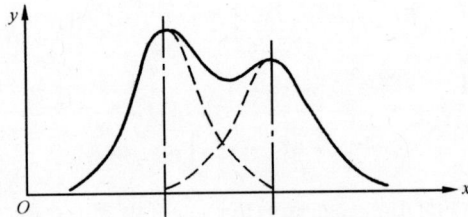

图 2-33　双峰形曲线示意图

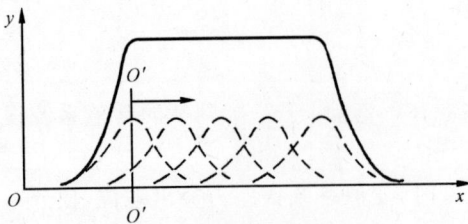

图 2-34　平顶形分布曲线示意图

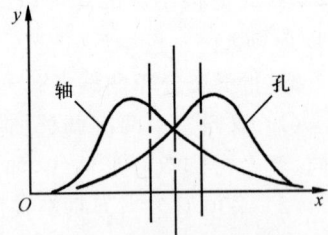

图 2-35　偏态分布图

3）分布曲线法的应用

（1）判断加工误差的性质。

如果实际分布曲线与正态分布曲线基本一致,说明加工中没有变值系统误差;根据算术平均值 $\bar{x}$ 是否与公差带中心重合,可以判别是否有常值系统误差;如果实际分布曲线不符合正态分布,可以根据实际分布图形初步判别是什么类型的变值系统误差。

（2）判断工序能力是否满足加工精度要求。

工序能力满足加工精度要求的程度,可用工序能力系数 C_p 表示。当工序处于稳定状态时,工序能力系数按下式计算:

$$C_p = \frac{T}{6\sigma} \tag{2-16}$$

式中, T——工件尺寸公差范围,mm。

根据 C_p 大小,可以将工序能力分为五个等级,见表 2-3。一般情况下工序能力应大于二级,即 $C_p > 1$。

表 2-3　工序能力等级

工序能力系数	工序等级	说　　明
$C_p > 1.67$	特级	工艺能力过高,可以允许有异常波动,不一定经济
$1.67 \geqslant C_p > 1.33$	一级	工艺能力足够,可以允许有一定的异常波动
$1.33 \geqslant C_p > 1.00$	二级	工艺能力勉强,必须密切注意
$1.00 \geqslant C_p > 0.67$	三级	工艺能力不足,可能出现少量不合格品
$0.6 \geqslant C_p$	四级	工艺能力很差,必须加以改进

必须指出, $C_p > 1$ 只能说明该工序的工序能力足够,加工中是否会出现废品,还要看调整得是否正确。如加工中有常值系统误差, $\bar{x}$ 就与公差带中心位置 A_M 不重合,那么只有 $C_p > 1$、且 $T \geqslant 6\sigma + 2|\bar{x} - A_M|$ 时,才不会出现不合格品。如果 $C_p < 1$,那么无论怎样调整,不合格品的出现总是不可避免的。

用分布曲线法分析加工误差时,由于曲线图不能反映误差的大小及方向随工件加工顺序的变化,因此不能区分变值系统误差和随机误差。此外,必须等一批零件加工完毕后,才能绘制分布曲线,故不能在加工过程中及时提供控制加工精度的数据。

2.5.3　点图分析法

用点图分析法可以在加工过程中观察误差的变化,便于及时调整机床,控制加工误差,弥补分布曲线分析法的不足。点图法的种类很多,这里介绍应用较多的

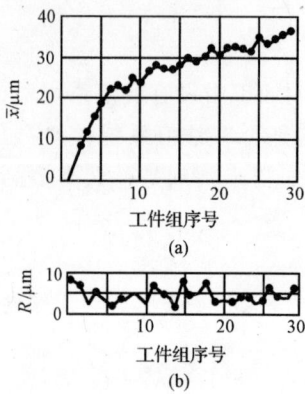

图 2-36　$\bar{x}$-R 图

(a) $\bar{x}$ 点图；(b) R 点图

$\bar{x}$-R 图（均值-极差控制图），即是由均值 $\bar{x}$ 点图和极差 R 点图联系在一起进行分析的。

　　绘制 $\bar{x}$-R 图是以小样本顺序随机抽样为基础的。在工艺过程进行中，每隔一定时间抽取容量 m 为一个小样本，求出小样本的平均值 $\bar{x}$ 和极差 R。经过若干时间后，就可取得若干组（例如 k 组，通常取 $k=25$）小样本。这样，以加工顺序排列的组号为横坐标，分别以每组的平均值 $\bar{x}$ 和极差 R 为纵坐标，就可分别绘制出 $\bar{x}$ 图和 R 图，如图 2-36 所示。

$$\bar{x} = \frac{1}{m} \sum_{i=1}^{m} x_i$$

$$R = x_{max} - x_{min}$$

式中，m——组内的工件数，一般取为 $2\sim10$，个；

　　　x_{max}，x_{min}——同一样组中工件的最大尺寸和最小尺寸，μm。

　　由于 $\bar{x}$ 在一定程度上代表了瞬时的分散中心，故 $\bar{x}$ 点图可反映系统性误差及其变化趋势；由于极差 R 在一定程度上代表了瞬间的尺寸分散范围，故 R 点图可反映随机性误差及其变化趋势。

　　任何一批工件的加工尺寸都有波动性，因此各样组的平均值 $\bar{x}$ 和极差 R 也都有波动性。假如加工误差主要是随机性误差，且系统性误差的影响很小，那么这种波动属于正常波动，加工工艺是稳定的。假如加工中存在着影响较大的变值系统性误差，或随机性误差的大小有明显的变化，那么这种波动属于异常波动，这个加工工艺就被认为是不稳定的。

　　点图分析法是全面质量管理中用以控制产品加工质量的主要方法之一，在实际生产中应用很广。它主要用于工艺验证、分析加工误差和加工过程的质量控制。工艺验证的目的，是判定某工艺是否稳定地满足产品的加工质量要求。其主要内容是通过抽样调查，确定其工艺能力和工艺能力系数，并判别工艺过程是否稳定。在点图上作出平均线和控制线后，就可根据图中点的情况来判别工艺过程是否稳定（波动状态是否属于正常）。需指出，工艺过程稳定性与工件合格标准是两个不同的概念。工艺的稳定性由 $\bar{x}$-R 图判断，而工件是否合格则用公差衡量，两者之间没有必然的联系。

　　点图分析法可以提供该工序中误差的性质和变化情况等工艺资料，因此可用来估计工件加工误差的变化趋势，并据此判断工艺过程是否处于控制状态、机床是否需要重新调整。

　　在相同的生产条件下对同种工件进行加工时，加工误差的出现总遵循一定的规律。因此,成批大量生产中可以运用数理统计原理,在加工过程中定时地从连续加工的工件中抽查若干个工件(一个样组),并观察加工过程的进行情况,以便及时检查、调整机床,预防废品产生。

2.6　保证和提高加工精度的措施

为了保证和提高机械加工精度,必须找出造成加工误差的主要因素(原始误差),从而采取相应的工艺技术措施来控制或减小这些因素的影响。

生产中尽管有许多减小误差的方法和措施,但从误差减小的技术上看,可以将它们分成两大类,即误差预防和误差补偿。

(1) 误差预防。误差预防指减小原始误差或减少原始误差的影响,即减小误差源或改变误差源和加工误差之间的数量转换关系。实践与分析表明,当加工精度要求高于某一程度后,利用误差预防技术来提高加工精度所花费的成本将按指数规律增长。

(2) 误差补偿。在现存的表现误差条件下,通过分析、测量,进而建立数学模型,并以这些信息为依据,人为地在系统中引入一个附加的误差源,使之与系统中现存的表现误差相抵消,以减小或消除零件的加工误差。在现有的工艺条件下,误差补偿技术是一种有效而经济的方法,特别是借助于计算机控制技术,可以达到很好的效果。

2.6.1　减小或消除原始误差

减小或消除原始误差是生产中应用较广的一种基本方法,它是在查明影响加工精度的主要原始误差因素之后,设法对其直接进行减小或消除。例如,加工细长轴时,因工件刚度较差,容易产生弯曲变形和振动,严重影响加工精度。为了减小因吃刀抗力使工件弯曲变形所产生的加工误差,可采取下列措施:采用反向进给的切削方式(图 2-37(b)),进给方向由卡盘一端指向尾座,由此 F_x 对工件起拉伸作用,同时尾座改用可伸缩的弹性顶尖,就不会因 F_x 和热应力的影响而压弯工件;采用较大进给量和较大主偏角的车刀,增大了 F_x,工件在强有力的拉伸作用下,工艺系统具有抑制振动的作用,使切削平稳。

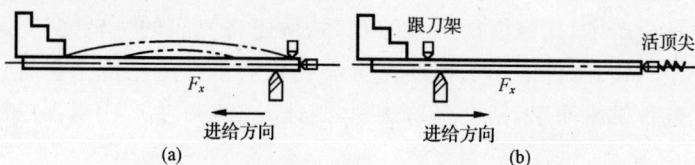

图 2-37　不同进给方向加工细长轴的比较图

2.6.2　补偿或抵消原始误差

误差补偿的方法,就是人为地制造出一种新的误差去抵消当前成为问题的原有误差,并应尽量使两者大小相等、方向相反,从而达到减少加工误差、提高加工精度的目的。

用误差补偿的方法来消除或减小常值系统性误差,一般来说是比较容易的,因为用于抵消常值系统性误差的补偿量是固定不变的。而变值系统性误差的补偿就不是用一种固定的补偿量所能解决的。于是生产中就发展了所谓积极控制的误差补偿方法。积极控制有以下三种形式:

(1) 在线检测。这种方法是在加工中随时测量出工件的实际尺寸、形状和位置精度,并给刀具以附加的补偿量,以控制刀具和工件间的相对位置。这样,工件尺寸的变动范围始终在自动控制之中。现代机械加工中的在线测量和在线补偿就属于这种形式。

(2) 偶件自动配磨。这种方法是以互配件中的一个零件作为基准,去控制另一个零件的加工精度。在加工过程中自动测量工件的实际尺寸,并和基准件的尺寸比较,直至达到规定的差值时机床就自动停止加工,从而保证精密偶件间要求很高的配合间隙。

(3) 积极控制起决定作用的误差因素。在某些复杂精密零件的加工中,当无法对主要精度参数直接进行在线测量和控制时,就应该设法控制起决定作用的误差因素,并将它控制在很小的变动范围以内。

2.6.3　转移原始误差

误差转移法是将影响加工精度的原始误差转移到不影响(或少影响)加工精度的方向或其他零部件上去。图 2-38 所示就是利用转移误差的方法转移转塔车床刀架转角误差的例子。转塔车床的转塔刀架在工作时需经常旋转,因此要长期保持它的转位精度是比较困难的。假如转塔刀架上外圆车刀的切削基面也像卧式车床那样在水平面内(图 2-38(a)),那么转塔刀架的转位误差处在误差敏感方向,将严重影响加工精度。因此生产中都采用"立刀"安装法,将刀刃的切削基面放在垂直平面内(图 2-38(b)),这样就将刀架的转位误差转移到了误差不敏感方向,由刀架转位误差引起的加工误差也就减少到可以忽略不计的程度。

如在成批生产中,用镗模加工箱体孔系,从而将机床的主轴回转误差、导轨误差等原始误差转移,工件的加工精度完全靠镗模和镗杆的精度来保证。由于镗模的结构远比整台机床简单,精度容易达到,因此,在实际生产中得到广泛的应用。

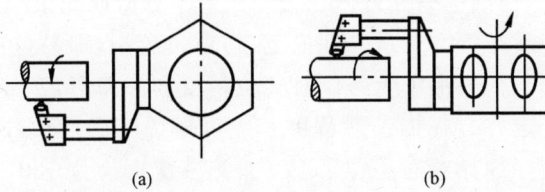

图 2-38　转塔车床刀架转位误差转移示意图

2.6.4　分化或均化原始误差

加工过程中,机床、刀具(磨具)等的误差总是要传递给工件的。机床、刀具的某些误差(如导轨的直线度、机床传动链的传动误差等)只是根据局部地方的最大误差值来判定的。利用有密切联系的表面之间的相互比较、相互修正,或者利用互为基准进行加工,就能让这些局部较大的误差比较均匀地影响到整个加工表面,使传递到工件表面的加工误差较为均匀,因而工件的加工精度也相应地大大提高。

例如,研磨时研具的精度并不很高,分布在研具上的磨料粒度大小也可能不一样,但由于研磨时工件和研具间有复杂的相对运动轨迹,使工件上各点均有机会与研具的各点相互接触并受到均匀的微量切削,同时工件和研具相互修整,进一步使误差均化,精度也逐步提高,因此就可获得精度高于研具原始精度的加工表面。

用易位法加工精密分度蜗轮是均化原始误差法的又一典型实例。我们知道,影响被加工蜗轮精度中很关键的一个因素就是机床母蜗轮的累积误差,它直接反映为工件的累积误差。所谓易位法,就是在工件切削一次后,将工件相对于机床母蜗轮转动一个角度,再切削一次,使加工中所产生的累积误差重新分布一次,如图 2-39 所示。

图中曲线 l_1 为第一次切削后工件上累积误差曲线。经过易位,工件相对于机床母蜗轮转动一个角度 ϕ 后再被切削一次,工件上产生的误差曲线为 l_2。l_1 和 l_2 的形状是一样的(近似于正弦曲线),只是在位置上相差一个相位角 ϕ。由于 l_2 曲线中误差最大的部分落在没

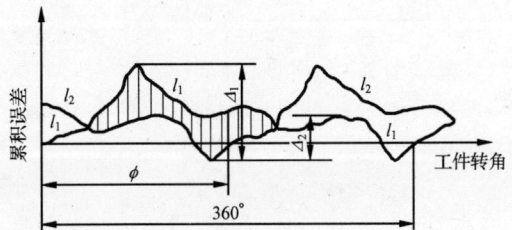

图 2-39　易位法加工时误差均化示意图

有余量可切的地方,而 l_1 曲线中误差最大的部分却在第二次切削时被切掉了(切去的部分用阴影表示),所以第二次切削后工件的误差曲线如 2-39 图中粗线所示,从而误差得到均化。易位法的关键在于转动工件时必须保证 ϕ 角内包含整数

的齿,因为在第二次切削中只允许修切去由误差本身造成的很小余量,不允许由于易位不准确而带来新的切削余量。理论上,易位角越小,即易位次数越多,则被加工蜗轮的误差也越小。但由于受易位时转位精度和滚刀刃最小切削厚度的限制,易位角太小也不一定好。在加工过程中一般可易位三次:第一次易位 180°,第二次再易位 90°(相对于原始状态易位了 270°),第三次再易位 180°(相对于原始状态易位 90°)。

习题与思考题

2-1　什么是加工精度和加工误差? 加工精度包括哪几个方面? 它们是如何得到的?

2-2　车床床身导轨在垂直面内及水平面内的直线度对车削轴类零件的加工误差有什么影响? 影响程度有何不同?

2-3　对于平面磨床,为什么导轨在垂直面内的直线度要求高于水平面内的直线度要求? 镗床导轨为什么在垂直面内和水平面内都有较高要求?

2-4　加工外圆、内孔与平面时,机床传动链误差对加工精度是否有影响? 在什么情况下,才考虑传动链误差对加工精度的影响?

2-5　已知某工艺系统误差复映系数为 0.25,工件在本工序前有椭圆度 0.45 mm。若本工序形状精度规定公差为 0.01 mm,问至少进给几次才能使形状精度合格?

2-6　横磨工件如图 2-40 所示,设横向磨削力 $F_y = 100N$,主轴箱刚度 $k_{zx} = 5000$ N/mm,尾座刚度 $k_{wz} = 4000$ N/mm,求加工后的工件锥度。

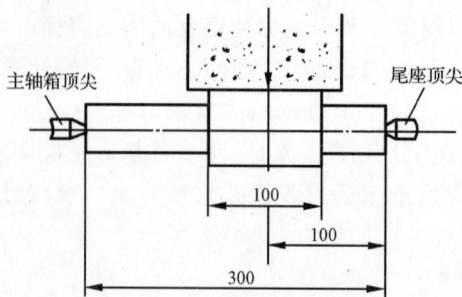

图 2-40　横磨工件示意图

2-7　如图 2-41 所示,试问工件安装在死顶尖上有什么好处? 哪些因素引起外圆的圆度误差?

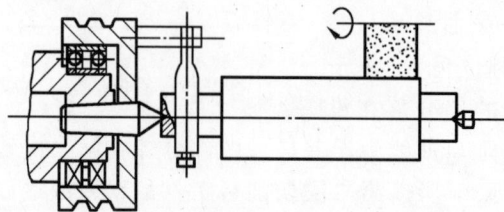

图 2-41

2-8 在平面磨床上用端面砂轮磨平板工件。加工中,为改善切削件,减少砂轮与工件的接触面积,常将砂轮倾斜一很小角度,如图 2-42 所示。若 $\alpha = 2°$,试计算其平面度误差。

2-9 在车床上加工阶梯轴如图 2-43 所示。粗、精车外圆 A 及台肩面 B,检测发现 A 有圆柱度误差,B 对 A 有垂直度误差。试从机床几何误差的影响,分析产生以上误差的主要原因有哪些。

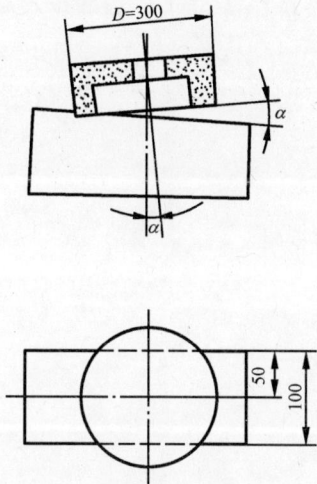

图 2-42

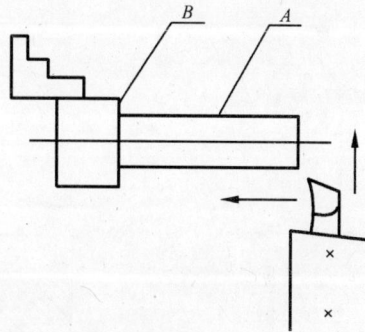

图 2-43

2-10 刀具的制造误差和磨损在哪些加工场合会直接影响加工精度?它们产生的加工误差性质属于什么?

2-11 什么叫做工艺系统刚度?影响工艺系统刚度的因素有哪些?如何提高连接表面的接触刚度?

2-12 磨削机床床身导轨面时,因工件受热变形的影响,加工后,导轨表面呈现什么形状?

2-13 用小钻头加工深孔时,在钻床上常发现孔轴线偏弯,在车床上常发现孔径扩大,试分析其原因。

2-14 在车床上用两顶尖装夹车细长轴时,出现如图 2-44 所示误差是什么原因?

2-15 试分析如图 2-45 所示床身铸坯形成残余应力的原因,并确定 A、B、C

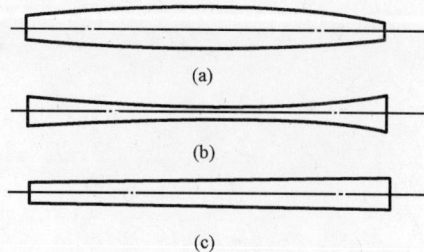

(a)

(b)

(c)

图 2-44

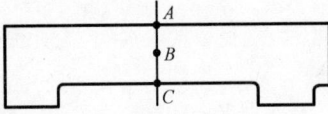

图 2-45

各点残余应力的符号。当粗刨床面切去 A 层后,床面会产生怎样变形?

2-16　产生残余应力的原因是什么? 应如何减少或消除?

2-17　按统计性质的不同,加工误差分为哪几种? 统计分析方法有哪些?

2-18　车削一批轴的外圆,其尺寸要求为 $\phi20_{-0.1}^{0}$mm,若此工序尺寸按正态分布,均方差 $\sigma=0.025$mm,公差带中心小于分布曲线中心,其偏移值 $\Delta_0=0.03$mm,如图 2-46 所示,试指出该批工件的常值系统误差及随机误差,计算合格率及废品率,有无废品产生? 如有,能否修复?

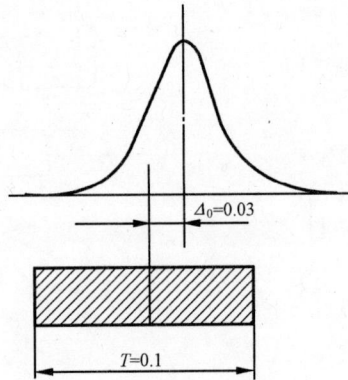

图 2-46

第3章　机械加工表面质量及其改善措施

机器零件的机械加工质量除了加工精度外,还包括零件在加工后的表面质量。机械产品的安全性、可靠性、使用寿命等工作性能,在很大程度上取决于其主要零件的表面质量。随着科学技术的发展,机器向着能承受高速重载、高温高压的方向发展,对零件表面质量的要求也越来越高。因此研究和探讨机械加工表面质量的影响因素及其变化规律对保证产品质量具有极其重要的意义。

3.1　概　　述

3.1.1　表面质量的概念

机械加工表面质量包括两个方面的内容:加工表面的几何形状误差和表面层的物理-力学性能。

1. 加工表面的几何形状特征

任何加工过的工件表面几何形状误差都包含三种:表面粗糙度、表面波度和形状误差,它们叠加在同一表面上,形成了形状复杂的表面。

一个零件横截面的表面粗糙度、表面波度与形状误差的示意图如图 3-1 所示。通常,零件表面上波距小于 1mm 的微小峰谷属于表面粗糙度,波距为 1~10mm 的属于表面波度,波距大于 10mm 的属于形状误差。

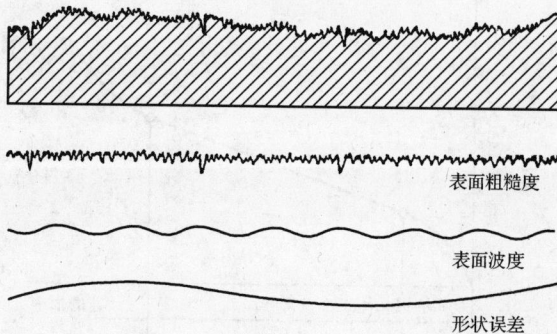

表面粗糙度

表面波度

形状误差

图 3-1　表面粗糙度、表面波度和形状误差综合影响示意图

表面粗糙度(表面微观几何形状误差)一般与刀刃的形状、刀具的进给量、切屑

的形成过程有关。表面波度是介于宏观形状误差与表面粗糙度之间的周期性几何形状误差,主要与加工中的振动有关。

一般将表面粗糙度和表面波度统称为表面的几何形状特征。

2. 表面层物理-力学性能

表面层物理-力学性能主要是指表面层因塑性变形引起的冷作硬化、表面层因切削热引起的金相组织变化,以及表面层中产生的残余应力三个方面。

3.1.2 表面质量对机器使用性能的影响

1. 表面质量对零件耐磨性的影响

零件的耐磨性主要与摩擦副的材料、热处理和润滑条件有关。在这些条件已确定的情况下,表面质量起决定作用。

由于零件表面存在微观不平度,所以两个零件表面相互接触时,实际上有效接触面积只是名义接触面积的一小部分,表面越粗糙,有效接触面积就越小。在两个零件做相对运动时,开始阶段由于接触面小,压强大,在接触点的凸峰处会产生弹性变形、塑性变形及剪切等现象,这样凸峰很快就会被磨掉。被磨掉的金属微粒落在相配合的摩擦表面之间,会加速磨损过程。即使在有润滑液存在的情况下,也会因为接触点处压强过大,破坏油膜,形成干摩擦。因此,零件表面在初期磨损阶段的磨损速度很快,起始磨损量较大(图 3-2)。随着磨损的发展,有效接触面积不断增大,而压强逐渐减小,磨损将以较慢的速度进行,进入正常磨损阶段。在这之后,有效接触面积越来越大,零件间的金属分子亲和力增加,表面的机械咬合作用增大,零件表面产生急剧磨损而进入快速磨损阶段,此时零件将不能使用。可见,零件的磨损过程通常可分为初期磨损、正常磨损和快速磨损三个阶段。

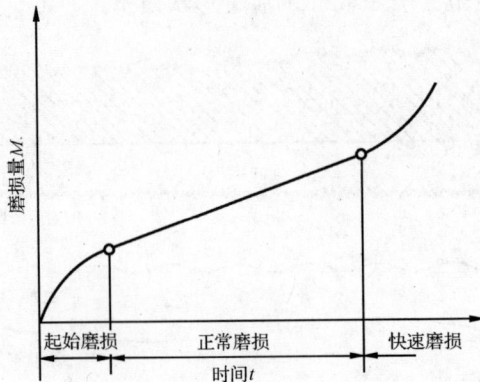

图 3-2 零件表面的磨损曲线图

　　表面粗糙度对零件表面磨损的影响很大。通常,表面粗糙度值越小,零件的耐磨性越好。但是,若表面粗糙度值过小,则不利于润滑油的储存,接触面间产生金属分子间的亲和力,甚至产生分子间的黏和,摩擦阻力增大,磨损反而增加。因此,就磨损而言,存在一个最优表面粗糙度与初期磨损量的关系曲线。载荷加大时,初期磨损量增大,最优表面粗糙度也随之加大,如图 3-3 所示。

　　表面层冷作硬化使表面金属的硬度提高,塑性降低,减少了摩擦副接触部分的弹性和塑性变形,减少了金属咬焊(冷焊)的可能,因而减少了磨损。但过度的冷硬会使金属组织疏松,加剧磨损,金属表面出现裂纹、剥落,从而使耐磨性下降。图3-4 给出了 T7A 钢车削后表面冷硬程度与磨损量的关系曲线。

　　表面层金相组织发生变化时,改变了基体材料的硬度,也直接影响其耐磨性。

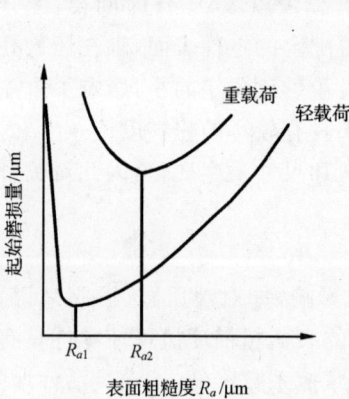

图 3-3　表面粗糙度与起始
磨损量的关系示意图

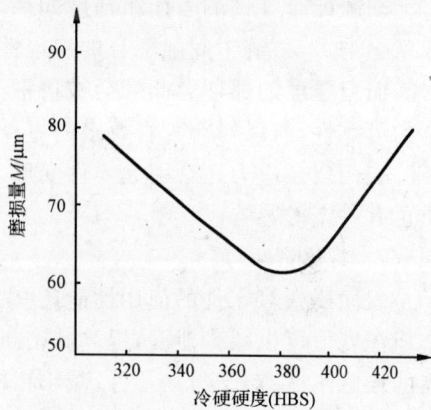

图 3-4　冷硬程度与磨损量的关系曲线

2. 表面质量对零件抗疲劳强度的影响

　　在交变载荷作用下,零件表面的凹谷、划痕和裂纹等部位容易引起应力集中,产生疲劳裂纹,导致零件的疲劳损坏。表面越粗糙,应力集中越严重,因此减小表面粗糙度值,可以提高零件的抗疲劳强度。不同材料对应力集中的敏感程度不同,一般说来,钢的极限强度越高,应力集中的敏感程度越大,表面粗糙度对抗疲劳强度的影响程度就越大。

　　表面层的冷硬可以阻碍表层疲劳裂纹的出现,使零件的抗疲劳强度提高。但冷硬程度过大,反而易于产生裂纹,使零件的抗疲劳强度受到影响。

　　表面层的残余压应力能部分抵消工件承受的拉应力,延缓疲劳裂纹的扩展,提高零件的抗疲劳强度;反之,零件表面层呈现残余拉应力时,疲劳裂纹加剧,降低零件的抗疲劳强度。

3．表面质量对零件耐腐蚀性能的影响

零件在潮湿的空气或有腐蚀性的介质中工作时，常会发生化学腐蚀或电化学腐蚀。化学腐蚀是由于在粗糙表面的凹谷处容易聚集腐蚀性介质而发生化学反应。电化学腐蚀是由于两种不同金属材料的零件表面相接触时，在表面的凸峰间产生电化学作用而使零件表面材料被腐蚀。因此减小表面粗糙度值，可以提高零件的耐腐蚀性。

零件在应力状态下工作时，会产生应力腐蚀，加速腐蚀作用。零件表面存在裂纹时，将增加应力腐蚀的敏感性。表面冷作硬化或金相组织变化时，往往会使表面产生残余应力，从而降低零件的耐腐蚀性。

4．表面质量对零件配合性质的影响

间隙配合零件的表面粗糙度如果太大，初期磨损量就大，工作时间长，配合间隙就会增大，影响了间隙配合的稳定性。对于过盈配合的零件表面，轴在压入孔内时表面粗糙度的那部分凸峰会被挤平，而使实际过盈量比预定的小，影响了过盈配合的可靠性，所以对有配合要求的零件表面都要求具有较小的粗糙度值。

表面残余应力还会引起零件变形，使零件形状和尺寸发生变化，因此对配合性质也有一定的影响。

5．其他影响

表面质量对零件的使用性能还有一些其他的影响，如对液压缸、滑阀来说，减小粗糙度值可以减少泄漏，提高其密封性能；较小的表面粗糙度值可使零件具有较高的接触刚度；对于滑动零件，减小粗糙度值能使摩擦系数降低，运动灵活性增强，并减少发热和功率损失；表面层的残余应力会使零件在使用过程中继续变形，失去原来的精度，降低机器的工作质量。

3.2　加工表面粗糙度及其改善措施

影响表面粗糙度的因素分为三类：第一类是与切削刀具有关的因素；第二类是与工件材质有关的因素；第三类是与加工条件有关的因素。对于不同的加工方式，影响加工表面粗糙度的工艺因素各不相同。下面就切削加工和磨削加工中影响表面粗糙度的因素加以分析。

3.2.1　切削加工后的表面

1．刀具的几何形状、材料及刃磨质量的影响

以车削加工为例，设刀尖圆弧半径 $r_\varepsilon = 0$，即认为加工后的表面粗糙度主要是由刀刃的直线部分形成的，则由图 3-5(a) 得出

$$H = \frac{f}{\cot k_r + \cot k_r'} \tag{3-1}$$

式中，f——刀具的进给量，mm/r；

　　　k_r、k_r'——刀具的主偏角、副偏角，(°)。

若加工时的背吃刀量和进给量均较小，则加工后的零件表面粗糙度主要由刀尖圆弧部分形成，由图 3-5(b)所示的几何关系得出

$$H = r_\varepsilon \left(1 - \cos \frac{\alpha}{2} \right) = 2r_\varepsilon \sin^2 \frac{\alpha}{4} \approx \frac{f^2}{8r_\varepsilon} \tag{3-2}$$

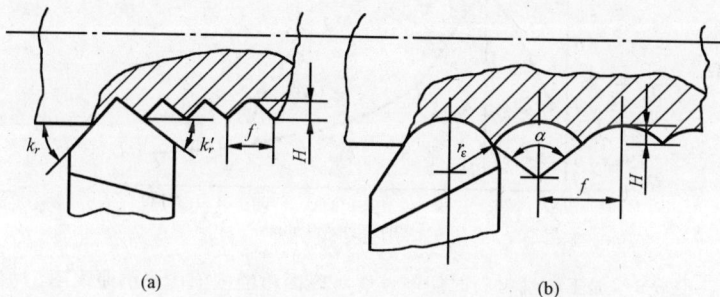

图 3-5　采用不同刀刃切削时的残留面积示意图

由式(3-1)、式(3-2)可以看出，减小刀具的主、副偏角或增大刀具圆角半径，均能有效地减小零件表面粗糙度值。

另外，刀具前角适当增大，刀具易于切入工件，塑性变形小，有利于抑制积屑瘤和鳞刺的产生，进而减小表面粗糙度值。但前角过大，刀刃有嵌入工件的倾向，反而使表面粗糙度值增大；前角过小甚至为负值时，塑性变形增大，表面粗糙度也将增大。

前角一定时，后角越大，切削刃钝圆半径越小，刀刃越锋利，同时还能减小后刀面与加工表面间的摩擦与挤压，有利于减小表面粗糙度值；但后角过大，对刀刃强度、刚度不利，容易产生切削振动，而使表面粗糙度值增大。

刀具的材料与刃磨质量对产生刀瘤、鳞刺等现象影响极大。实际表明，在其他条件相同的情况下，用硬质合金刀具加工工件的表面粗糙度比用高速钢加工的要小；用金刚石车刀加工时，由于摩擦系数很小，刀面上会产生切屑的黏附、冷焊现象，能获得更小的表面粗糙度值。

2. 工件材料性能的影响

与工件材质性能相关的因素包括材料的塑性、金相组织等。通常，塑性较大的材料，易产生塑性变形，与刀具的黏结作用也较大，加工后表面粗糙度值较大。相反脆性材料加工后的表面比较接近理想的表面粗糙度值。

3. 加工条件的影响

加工条件包括切削用量、冷却条件及工艺系统的抗振性。

切削用量中,切削速度对表面粗糙度的影响比较复杂。一般情况下,低速或高速切削时,因不易产生积屑瘤和鳞刺,故加工表面粗糙度值小。但在中等速度下,塑性材料由于容易产生积屑瘤与鳞刺,且塑性变形较大,因此表面粗糙度值会变大。图 3-6 给出了加工塑性材料时切削速度对表面粗糙度值的影响。

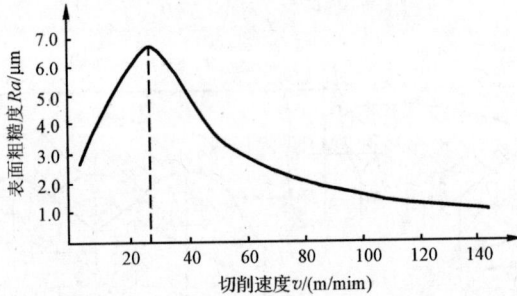

图 3-6　加工塑性材料时切削速度对表面粗糙度值的影响曲线图

减小进给量可以减小切削残留面积高度,进而减小表面粗糙度值;但进给量太小,刀刃不能切入工件表面而形成挤压,增大了工件的塑性变形,反而使表面粗糙度值变大。

切削深度对表面粗糙度的影响不明显,一般可忽略不计。

此外,合理选择冷却润滑液,提高冷却润滑效果,能抑制刀瘤与鳞刺的生成,减少切削时的塑性变形,有利于减小表面粗糙度值。当冷却润滑液中含有表面活性物质,如硫、氯等化合物时,润滑性能增强,作用更为显著。

由上述分析可知,影响切削加工表面粗糙度的因素很多,实际加工中到底以哪个因素为主,要根据加工方法以及加工表面的实际轮廓形状进行分析。

3.2.2　磨削加工后的表面

1. 砂轮的影响

砂轮的粒度、硬度、黏结剂等对表面粗糙度均有影响。

砂轮的粒度越细,则砂轮工作表面单位面积上的磨粒数越多,因而在工件上的刻痕也越细密,所以粗糙度值越小;但是粗粒度的砂轮如果经过精细修整,在磨粒上车出微刃后,也能加工出粗糙度值较小的表面。

砂轮的硬度是指砂粒受磨削力作用后,从砂轮上脱落下来的难易程度。砂轮太硬,磨粒磨钝后还不能脱落,使工件表面受到强烈的摩擦和挤压,增加了工件的塑性变形,增大了工件表面粗糙度值;砂轮太软,磨粒极易脱落,砂轮消耗快,也不易磨出粗糙度值小的表面。故通常选用中软砂轮。黏结剂的强度直接影响砂轮的硬度,一般应选择强度较低的树脂类黏结剂。

砂轮的修整是用金刚石笔尖在砂轮的工作表面上车出一道螺纹,修整导程和切深越小,修出的砂轮越光滑,修出的微刃等高性也越好,因而磨出的工件表面粗糙度值也就越小。

2. 工件材料的影响

通常,太硬、太软、韧性大的材料都不易磨光。太硬的材料使磨粒易钝,表面易烧伤并产生裂纹而使零件报废。铝铜合金等软材料易堵塞砂轮,比较难磨。韧性大、导热性差的耐热合金易使砂粒早期崩落,导致砂轮表面不平,工件的磨削表面粗糙度值增大。

3. 磨削条件的影响

提高砂轮速度可以增加在工件单位面积上的刻痕,同时工件的塑性变形造成的隆起量随着砂轮速度的增大而下降,这是因为高速度下塑性变形的传播速度小于磨削速度,材料来不及变形,所以工件表面的粗糙度值减小。图 3-7(a)所示为砂轮速度对工件表面粗糙度的影响曲线。

增大工件速度和磨削深度,将增大工件塑性变形的程度,从而增大工件表面的粗糙度值。工件速度和磨削深度(背吃刀量 a_p)对表面粗糙度的影响实验曲线分别如图 3-7(b)和图 3-7(c)所示。通常在磨削过程开始时,采用较大的磨削切深,以提高生产效率,而在最后采用小切深或无进给磨削,并增加无进给磨削次数,以减小工件表面粗糙度值。

此外,冷却润滑液的成分和洁净程度、工艺系统的振动也对工件表面粗糙度有着不容忽视的重要影响。

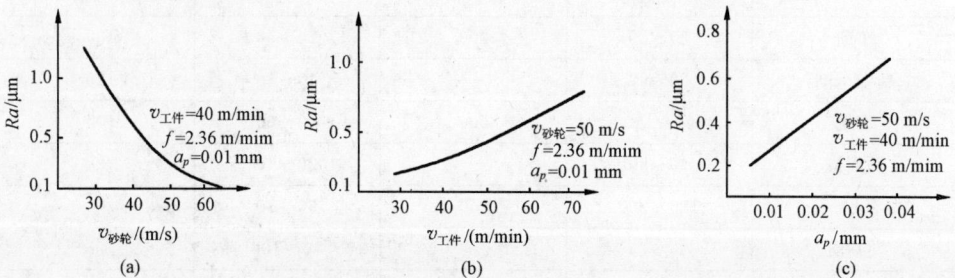

图 3-7　磨削用量对表面粗糙度的影响示意图

3.3　表面物理力学性能的影响及改进措施

加工过程中工件由于受到切削力、切削热的作用,其表面层的物理-力学性能会发生很大的变化,导致表面层与基体材料性能有很大不同,最主要的变化是表面层的金相组织变化、微观硬度变化和在表面层中产生的残余应力。

3.3.1　表面层的冷作硬化

机械加工时,工件表面层金属受到切削力的作用产生强烈的塑性变形,使晶体间产生剪切滑移,晶粒严重扭曲,这一过程中晶粒被拉长、破碎和纤维化,造成它的强度和硬度提高,而塑性降低,这种现象称为冷作硬化现象。

评定表面层硬化程度的指标主要有冷硬层的深度 h、表面层的硬度 H 及硬化程度 N,其中

$$N = \frac{H - H_0}{H_0} \times 100\% \tag{3-3}$$

式中, H_0——基体材料的硬度。

表面层的硬化程度取决于产生塑性变形的力、变形速度以及变形时的温度。切削力越大,塑性变形越大,硬化程度越大。变形速度越大,塑性变形越不充分,硬化程度也就降低。变形时的温度不仅影响塑性变形的程度,还会影响变形后金相组织的恢复,即较高的温度会部分地消除冷作硬化(也称恢复或弱化)。因此,表面层冷硬是强化作用和弱化作用的综合结果。

利用各种机械加工方法加工钢件时,钢件表面层加工硬化情况如表 3-1 所示,所用切削用量为该加工方法常用的切削用量。

表 3-1　各种加工方法加工钢件时的表面层加工硬化情况

加工方法	硬化层深度 $h/\mu m$		硬化程度 $N/\%$	
	平均值	最大值	平均值	最大值
车削	30~50	200	20~50	100
精细车削	20~60	—	40~80	120
端铣	40~100	200	40~60	100
圆周铣	40~80	—	20~40	80
钻孔、扩孔	180~200	250	60~70	—
拉孔	20~75	—	50~100	—
滚齿、插齿	120~150	—	60~100	—
外圆磨低碳钢	30~60	—	60~100	150
外圆磨未淬硬中碳钢	30~60	—	40~60	100
外圆磨淬火钢	20~40	—	25~30	—
平面磨	15~25	—	50	
研磨	3~7	—	12~17	

1. 切削加工时影响表面层硬化的因素

影响表面层加工硬化的因素可以从以下三个方面来分析：

1) 加工材料的影响

工件材料的塑性越大，冷硬倾向越大，冷硬程度也越严重。碳钢中含碳量越大，强度越高，其塑性越小，因而冷硬程度越小。有色合金金属的熔点低，容易弱化，冷作硬化现象比钢材轻得多。

2) 刀具的影响

刀具的前角、刃口圆角半径和后刀面的磨损量对冷硬层有很大影响。前角减小、刃口圆角半径增大及后刀面的磨损量增加时，刀具对工件表面层的挤压作用将显著增加，导致表面层金属塑性变形增加，冷硬层深度和硬度也随之增大。

刀具磨损对表层金属的冷硬影响很大。图 3-8 是前苏联学者 И. С. штейнберг 实验所得结果。由图 3-8 可知，刀具后刀面磨损宽度 VB 由 0 增大到 0.2 mm，表层金属的显微硬度由 HV220 增大到 HV340。这是由于磨损宽度增大，刀具后刀面与被加工工件的摩擦加剧，塑性变形增大，导致表面冷硬增大。但磨损宽度继续增加，摩擦热急剧增大，弱化趋势明显增大，表层金属的显微硬度逐渐下降，直至稳定在某一水平上。

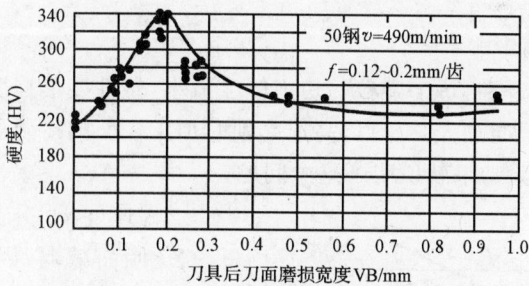

图 3-8　刀具后刀面磨损宽度对冷硬的影响示意图

3) 切削用量的影响

切削用量中以进给量和切削速度的影响为最大。图 3-9 给出了切削 45 钢时，进给量和切削速度对冷作硬化的影响。由图 3-9 可知，加大进给量时，表层金属的显微硬度将随之增加。这是因为随着进给量的增大，切削力也增大，表层金属的塑性变形加剧，冷硬程度增大。但是，这种情况只是在进给量比较大时才是正确的；如果进给量很小，比如切削厚度小于 0.05mm 时，若继续减小进给量，则表层金属的冷硬程度不仅不会减小，反而会增大。

当切削速度增大时，刀具与工件的作用时间减少，使塑性变形的扩展深度减小，因而冷硬层深度减小；当然，切削速度增大时，切削热在工件表面层上的作用时间也缩短了,将使冷硬程度增加。在图 3-9 及图 3-10 的加工条件下,当切削速度增大时,均出现了冷硬程度随之增大的情况。

切削深度对表层金属冷作硬化的影响不大。

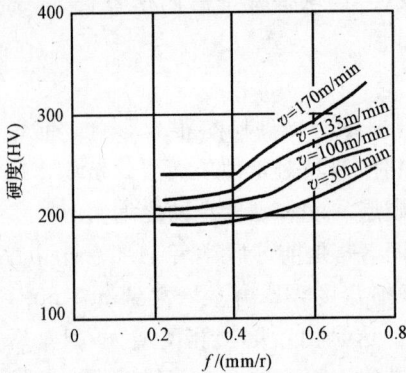

图 3-9　进给量和切削速度对冷硬的影响

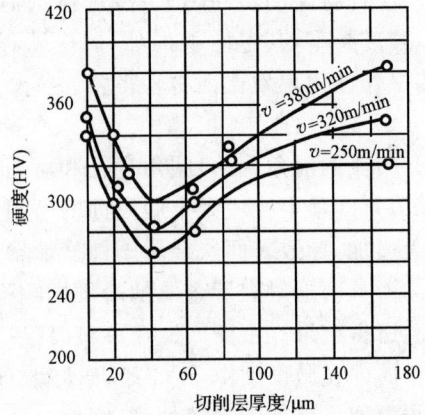

图 3-10　切削层厚度对冷硬的影响

2. 磨削加工时影响表面层硬化的因素

1）磨削用量的影响

砂轮速度 $v_{砂轮}$ 升高,每个磨粒的切削厚度减小,塑性变形程度减小,另外,磨削区温度增高,软化倾向加大。所以,高速磨削时加工表面的冷硬程度总比普通磨削时低,图 3-11 的实验结果就说明了这个问题。

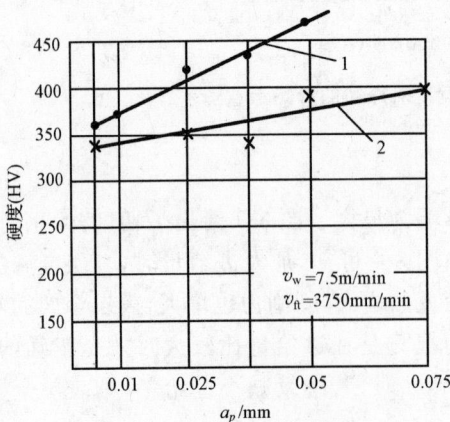

图 3-11　磨削深度及磨削速度
对冷硬影响示意图
1-普通磨削；2-高速磨削

工件速度 v_w 升高,热作用时间缩短,软化倾向减弱,因而表面层硬化程度增加。

加大纵向进给速度,每个磨粒的切削厚度随之增大,磨削力增大,硬化加剧。但是纵向进给速度的提高会使磨削区产生较大的热量,这又使回复现象增强,硬化减弱,因而由纵向进给速度的变化引起表面硬化的情况,取决于上述两种情况的综合作用。

加大磨削深度,磨削力随之增大,磨削过程的塑性变形加剧,表面冷硬倾向增大,图 3-11 是磨削高碳工具钢 T8 的实验曲线。

2) 砂轮的影响

砂轮的粒度、硬度增加时,每个磨粒负荷减小,另外温度升高,软化作用加大,所以表面硬化减弱。砂轮磨钝,修整不良,热恢复作用加大,表面硬化减弱。

3) 冷却润滑的影响

如果冷却液充分,冷却效果好,热回复作用减小,硬化作用占主导地位;如果冷却不充分,热作用占主导地位,硬化减弱。

4) 工件材料的影响

工件材料对磨削表面冷作硬化的影响,可以从材料的塑性和导热性两个方面分析。磨削高碳工具钢 T8,加工表面冷硬程度平均可达 60%～65%,个别可达100%;而磨削纯铁时,加工表面冷硬程度可达 75%～80%,有时可达 140%～150%。其原因是纯铁的塑性好,磨削时的塑性变形大,强化倾向大;此外,纯铁的导热性比高碳工具钢高,热不容易集中于表面层,弱化倾向小。

3.3.2　表面层的金相组织变化

机械加工中由于切削热的作用,加工表面层产生金相组织变化,改变了表面层的材质,直接影响了零件的使用性能。磨削是一种典型的容易产生表面层金相组织变化的加工方法。磨削时工件表面层温度比切削时高得多,工件表面层的金相组织产生更为复杂的变化,严重时出现磨削烧伤。

1. 磨削烧伤

磨削加工时,磨粒在很高速度下以很大的负前角切削很薄的金属层,产生很大的塑性变形和摩擦,所以单位切削力、单位切削面积所耗费的功率非常大,远远大于一般切削加工。这些耗费的功率绝大部分转化为热能。另外,由于切削量非常少,砂轮导热能力又差,所以磨削产生的热量大部分(80%以上)传给工件,磨削区瞬时温度可达 800～1000℃,工件表面层的温度一旦超过了相变温度,表面层的金相组织将发生变化,表面层会呈现黄、褐、紫、青等不同颜色的氧化膜(由于氧化膜厚度不同而有不同的颜色),这种现象称为磨削烧伤。磨削烧伤的实质是表层金属的金相组织发生变化,产生的原因是磨削生成的高温。

例如,磨削淬火钢时,工件表面层形成的瞬时高温将使金属表面产生三种金相组织变化。

(1) 干磨时,若磨削区温度超过相变温度 A_{c3},马氏体转变为奥氏体,因工件表面层金属在空气中冷却比较缓慢,而使工件表层产生了退火组织,表面硬度急剧下降,这种现象称为退火烧伤。

(2) 有切削液时,磨削区温度超过相变温度 A_{c3},马氏体转变为奥氏体。切削液的快速冷却作用使表面出现二次淬火马氏体组织,硬度比原来的马氏体高。二次淬火马氏体组织层很薄,只有几微米,在它的下层,因温度较低,冷却较慢,出现硬度较低的回火组织(索氏体或托氏体),这种现象称为淬火烧伤。

(3) 当磨削区温度未超过相变温度 A_{c3},但超过马氏体的转变温度(一般中碳钢为 250～300℃),工件表面马氏体组织将转化为回火组织(屈氏体或索氏体),表面层硬度低于磨削前的硬度,这种现象称为回火烧伤。

在这三种烧伤中,退火烧伤的影响最为严重。

磨削烧伤色是由磨削热引起的磨削表面产生的一种可见的颜色变化。在磨削产生的热量作用下,磨削表面生成氧化膜,由于厚度不同,其反射光线的干涉形状不同,因而形成不同的颜色。烧伤色可以反映出表面层发生金相组织变化的程度,但表面没有烧伤色,并不等于表面层未受到热损伤。例如,在磨削过程中采用高的磨削用量,造成了很深的变质层,以后的无进给磨削仅磨去了表面的烧伤色,但却未能去掉热变质层,热变质层留在工件上就会成为使用中的隐患。

2. 改善磨削烧伤的工艺途径

磨削产生的热量是造成烧伤的根源,所以减轻烧伤要从减少磨削热量的产生和迅速将磨削产生的热量导出这两个方面着手。具体措施包括合理地选择砂轮、正确地选用磨削用量、加强冷却润滑系统的作用等。

1) 砂轮的选择

在磨削过程中选择的砂轮应具有较好的自锐能力(砂粒磨钝后具有自动破碎产生锋利的新磨粒或自动从砂轮黏结剂处脱落的能力)。硬度太高的砂轮自锐性能不好,而使磨削力增大,容易产生烧伤,故不宜选用硬度高的砂轮。砂轮黏结剂直接影响砂轮硬度,因此应选择具有一定弹性的橡胶黏结剂或树脂黏结剂。

选择小粒度号的砂轮(粗砂轮)或增大磨削刃间距,可以使砂轮和工件间断接触,这样不仅改善了散热条件,而且缩短了工件受热时间,使金相转变来不及进行,因此能够大大减少工件表面的热损伤程度。

生产中将砂轮的圆周开一些横向槽(图 3-12)对防止工件烧伤十分有效。砂轮上可以等距开槽(图 3-12(a)),也可以变距开槽(图 3-12(b));另外,也可直接在磨床上用带螺旋线的滚轮在砂轮上滚挤出螺旋槽,挤出的沟槽宽度为 1.5～2mm,槽与砂轮轴线约成 60°角。开槽砂轮易于将冷却液带入磨削区。此外,开槽能起到一定的散热作用,可以带走热量,降低热应力,使零件无烧伤和裂纹,且能提高砂轮寿命。

另外,为了减少砂轮与工件之间的摩擦,将砂轮的气孔内浸入某

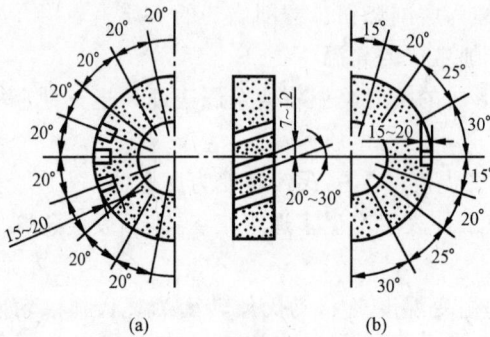

图 3-12　开槽砂轮示意图

种润滑物质,如石蜡、锡等,对降低磨削区的温度、防止工件烧伤也能起到很好的效果。

2) 选用合理的磨削用量

对于磨削用量的选择,应在保证表面质量的前提下尽量不影响生产效率。磨削深度增加时,温度随之升高,烧伤会增加,故磨削深度不能选得太大。在生产中常在精磨时,逐渐减少磨削深度,以便逐渐减小热变质层,并逐步去除前一次磨削的热变质层,最后再进行若干次无进给磨削,这样可以有效地避免表面层的烧伤。

工件的纵向进给量越大,砂轮与工件的表面接触时间相对越短,因而热作用时间减少,散热条件得到改善,磨削烧伤程度越弱。为了弥补纵向进给量增大而导致表面粗糙的缺陷,可采用宽砂轮磨削。

工件线速度增大时,磨削区温度会上升,但热作用时间却减少了。因此,为了减少烧伤而同时又能保持高的生产效率,应选择较高的工件线速度和较小的磨削深度。同时为了弥补工件线速度增大而导致表面粗糙度值增大的缺陷,一般在提高工件速度的同时提高砂轮的速度。

3) 提高冷却效果

目前通用的冷却方法效果一般很差。由于旋转的砂轮表面上产生强大气流以至于冷却液很难进入磨削区,所以常常是将冷却液大量地喷注在已经离开磨削区的已加工表面上。此时,磨削热量已进入工件表面造成了热损伤,所以改进冷却方法、提高冷却效果是非常必要的,具体改进措施如下:

(1) 采用高压大流量冷却。采用高压大流量冷却不但能增强冷却效果,而且还能对砂轮表面进行冲洗,使其气孔不易被切屑堵塞。这时机床要加防护罩,以防止冷却液飞溅。

(2) 加装空气挡板。中口装空气挡板可以减轻高速旋转的砂轮表面高压附着气流的作用,使冷却液能顺利地喷注到磨削区。

(3) 采用内冷却法(图 3-13)。砂轮是多气孔且能渗水的,冷却液被引到砂轮中心孔后,靠离心力甩出,从而可以直接冷却磨削区,起到有效的冷却效果。由于冷却时产生大量气雾,机床应加防护罩。内冷却使用的冷却液要仔细过滤,防止堵塞砂轮气孔。这一方法的缺点是操作者看不到磨削区的火花,在精密磨削时不能根据火花大小判断试切时的背吃刀量。

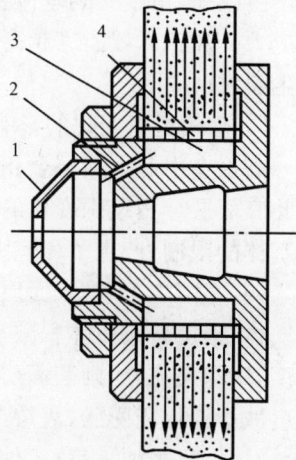

图 3-13　内冷却装置示意图
1-锥形盖;2-通道孔;3-砂轮中心腔;
4-有径向小孔的薄壁套

影响磨削烧伤除了上述因素以外,还有工件材料的影响。工件材料强度和硬度越高,功耗越大,产生的磨削热量越多。但材料过软易堵塞砂轮,而使加工表面温度急剧上升。导热性能较差的材料,如耐热钢、轴承钢、高速钢、不锈钢等,在磨削时都容易烧伤。

3.3.3　表面层的残余应力

在机械加工过程中,当表层金属组织发生冷态塑性变形、热态塑性变形或金相组织变化时,将在表面层的金属与其基体间产生相互平衡的残余应力。

1. 表面层残余应力的产生

切削及磨削过程中,被加工的表面层相对基体材料发生形状、体积变化时,工件表面层与基体材料的交界处产生相互平衡的应力,称为表面层的残余应力。其产生原因主要归纳为以下三个方面:

1) 冷态塑性变形的影响

在切削力的作用下,已加工表面受到强烈的塑性变形,表面层金属体积发生变化,此时基体金属受到影响而处于弹性变形状态。当切削力去除后基体金属趋向复原,但受到已产生塑性变形的表面层限制,恢复不到原状,因而在表面层产生残余应力。切削加工时,表面受刀具后刀面挤压和摩擦的影响较大,工件表层被拉伸,表面积增大,但受内部基体金属阻碍而产生残余压应力,基体则产生残余拉应力。

2) 热态塑性变形的影响

切削或磨削时,在切削区域,由于切削热或磨削热而产生很高的温度,表层金属产生膨胀,由于高温塑性,故基本上不产生内应力。切削过后,表层温度下降,体积产生收缩,由于受到基体金属的限制,因而表层产生残余拉应力,基体产生残余压应力。加工区域温度越高,热塑性变形越大,表层残余拉应力也越大,有时甚至产生裂纹。

3) 金相组织变化的影响

高温会引起表面层金相组织的变化。由于不同的金相组织具有不同的密度,因此表面层金相组织变化的结果造成了体积的变化。表面层体积膨胀时,因为受到基体的限制,产生了压应力。反之表面层体积缩小,则产生拉应力。以磨削淬火钢为例,磨削加工后,表面层产生回火现象,马氏体转化为接近珠光体的屈氏体或索氏体,密度增大而体积减小,表面层产生残余拉应力。如果表面层温度超过相变温度,冷却又充分,则表面层产生二次淬火现象,表面层组织变为二次淬火马氏体,密度减小而体积膨胀,表层产生残余压应力。

总之,机械加工后,工件表层产生的残余应力性质,是上述三方面原因综合作用的结果。一般地,切削时产生残余压应力,磨削时产生残余拉应力。

2. 影响车削表面层残余应力的工艺因素

研究结果表明,车削时表面残余应力的数值在 $200\sim800\mathrm{MPa}$ 范围内变化。使

用磨钝的车刀加工时,残余应力可达 1000 MPa。当切削速度增高、负前角
$\gamma = -30°$时,残余应力的深度可以达到 0.65 mm。

1) 切削速度和被加工材料的影响

用正前角车刀加工 45 钢的切削实验结果表明,在所有的切削速度下,工件表
层金属均产生拉伸残余应力,这说明切削热因素在切削过程中起主导作用。在同
样的切削条件下加工 18CrNiMoA 钢时,表面残余应力状态却发生了变化,图 3-14
显示了车削 18CrNiMoA 钢时切削速度对残余应力的影响。当采用正前角车刀、
以较低的切削速度(6～20 m/min)车削 18CrNiMoA 钢时,工件表面产生拉伸残余
应力。但随着切削速度的增大,拉伸应力值逐渐减小;在切削速度为 200～250 m/min
时,表面层呈现压缩残余应力(图 3-14(a));在高速(500～850 m/min)车削时,表
面也将产生压缩残余应力(图 3-14(b))。这说明在低速车削时,切削热起主导作
用,表层产生拉伸残余应力。随着切削速度的提高,表层温度逐渐提高至淬火温
度,表层金属产生局部淬火,金属的比容开始增大,金相组织变化因素开始起作用,
致使拉伸残余应力的数值逐渐减小。当高速切削时,表层金属的淬火进行得较充
分,表层金属的比容增大,金相组织变化因素起主导作用,因而在表层金属中产生
了压缩残余应力。

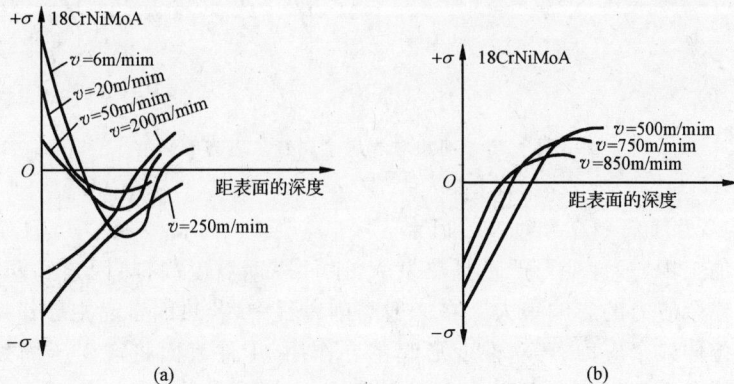

图 3-14　切削速度对残余应力的影响示意图

2) 进给量的影响

加大进给量会使表层金属的塑性变形增加,切削区发生的热量也将增加。加
大进给量的结果,会使残余应力的数值及扩展深度均相应增大。

3) 车刀前角的影响

车刀前角对表层金属残余应力的影响极大,图 3-15 是车刀前角对残余应力影
响的实验曲线。

以 150 m/min 的切削速度车削 45 钢时,当前角由正值变为负值并继续增大

负前角,拉伸残余应力的数值减小(图 3-15(a));当以 750 m/min 的切削速度车削 45 钢时,前角的变化将引起残余应力性质的变化。刀具负前角很大($\gamma = -30°$ 和 $\gamma = -50°$)时,表层金属发生淬火反应,表层金属产生压缩残余应力(图 3-15(b))。

车削容易发生淬火反应的 18CrNiMoA 合金钢时,在 150 m/min 的切削速度下,用前角 $\gamma = -30°$ 的车刀切削,就能使表面层产生压缩残余应力(图 3-15(c));而当切削速度加大到 750 m/min 时,用负前角车刀加工都会使表面层产生压缩残余应力;只有采用较大的正前角车刀加工时,才会产生拉伸残余应力(图 3-15(d))。

前角的变化不仅影响残余应力的数值和符号,而且在很大程度上影响残余应力的扩展深度。

此外,切削刃钝圆半径、刀具磨损状态等都对表层金属残余应力的性质及分布有影响。

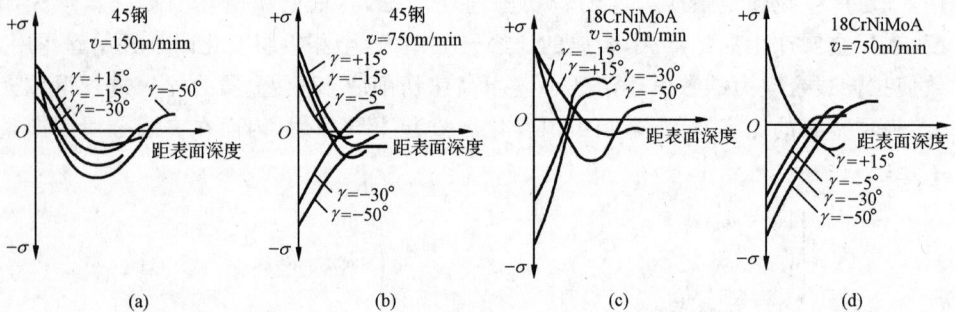

图 3-15　车刀前角对表层金属残余应力的影响

3. 影响磨削残余应力的工艺因素

磨削加工中,塑性变形严重且热量大,工件表面温度高,热因素和塑性变形对磨削表面残余应力的影响很大。在一般磨削过程中,若热因素起主导作用,工件表面将产生拉伸残余应力;若塑性变形起主导作用,工件表面将产生压缩残余应力。当工件表面温度超过相变温度且冷却充分时,工件表面出现淬火烧伤,此时金相组织变化因素起主要作用,工件表面将产生压缩残余应力。在精细磨削时,塑性变形起主导作用,工件表层金属产生压缩残余应力。

1) 磨削用量的影响

磨削深度 a_p 对表面层残余应力的性质、数值有很大影响。图 3-16 显示了磨削工业纯铁时磨削深度对残余应力的影响。当磨削深度很小(如 $a_p = 0.005$ mm)时,塑性变形起主要作用,因此磨削表面形成压缩残余应力;继续加大磨削深度,塑性变形加剧,磨削热随之增大,热因素的作用逐渐占主导地位,在表面层产生拉伸残余应力;且随着磨削深度的增大,拉伸残余应力的数值将逐渐增大。$a_p > 0.025$ mm 时,尽管磨削温度很高,但因工业纯铁的含碳量极低,不可能出现淬火现象,此时塑性变形因素逐渐起主导作用,表层金属的拉伸残余应力数值逐渐减小。当 a_p 取值很大时,表层金属呈现压缩残余应力状态。

　　提高砂轮速度,磨削区温度增高,而每颗磨粒所切除的金属厚度减小,此时热因素的作用增大,塑性变形因素的影响减小,因此提高砂轮速度将使表层金属产生拉伸残余应力的倾向增大。图 3-16 给出了高速磨削(曲线 2)和普通磨削(曲线 1)的实验结果对比。

　　加大工件的回转速度和进给速度将使砂轮与工件热作用的时间缩短,热因素的影

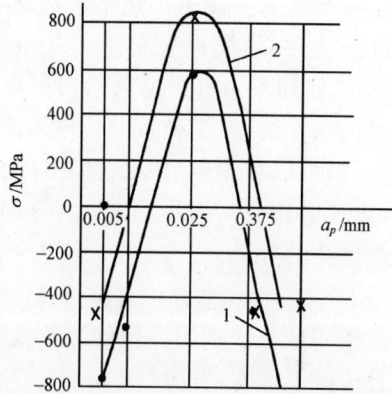

图 3-16　磨削浓度对残余应力的影响
1-普通磨削；2-高速磨削

响逐渐减小,塑性变形因素的影响逐渐加大。这样,表层金属中产生拉伸残余应力的趋势逐渐减小,而产生压缩残余力应力的趋势逐渐增大。

　　2) 工件材料的影响

　　磨削导热性能差的高强度合金钢,表面易产生裂纹。磨削硬质合金时,由于脆性大抗拉强度低,而且导热性能不好,因此极容易产生裂纹。但用金刚石砂轮磨削就好得多。磨削碳钢时,含碳量越高,越容易产生裂纹。如果渗碳、渗氮工艺不当,就会在表面层晶面上析出脆性的碳化物、氮化物。磨削时在热应力作用下,金属表面就容易沿着这些组织发生脆性破坏,而出现网状裂纹。

　　磨削产生的热量是产生残余拉应力的根本原因,因此防止产生裂纹的途径就是要降低磨削热量以及改善其散热条件。在磨削工序前后进行去除内应力的低温回火处理,也能有效地减小表面层的残余拉应力,防止产生磨削裂纹。

3.3.4　表面强化工艺

　　表面强化工艺方法很多,主要有化学强化工艺、射线强化工艺和机械强化工艺等,这里只介绍表面机械强化工艺。

　　表面机械强化工艺是指通过冷压加工方法使表面金属发生冷态塑性变形,以降低表面粗糙度,提高表面硬度,并在表面产生残余压应力的表面强化工艺。

　　1. 喷丸强化法

　　喷丸强化法是利用大量的珠丸(直径一般为 0.4~2mm)高速打击已加工完的工件表面,使表面产生冷硬层和残余压应力,这样可以显著提高零件的疲劳强度。珠丸可以是铸铁、砂石或玻璃丸,钢丸更好。喷丸所用的设备是压缩空气喷丸装置或机械离心式喷丸装置,这些装置使珠丸能以 35~50m/s 的速度喷出。

喷丸加工主要用于强化形状复杂的零件,如齿轮、连杆、弹簧、曲轴等。零件经喷丸强化后,硬化深度可达 0.7mm,表面粗糙度参数 Ra 值可由 3.2μm 减小到 0.4μm,使用寿命可提高数倍甚至数十倍。例如,经过喷丸强化后,齿轮的使用寿命可提高 4 倍,螺旋弹簧的使用寿命可提高 5.5 倍以上。喷丸在磨削、电镀等工序后进行,可以有效地消除这些工序带来的有害残余拉应力。当粗糙度要求较小值时,也可以在喷丸强化后再进行小余量的磨削,但要注意控制磨削时的温度,以免影响强化的效果。

2. 滚压加工法

滚压加工法利用淬硬的滚轮或滚珠对工件表面施加压力,使其产生塑性变形,工件表面上原有的凸峰填充到相邻的凹谷中,使金属表面晶格产生畸变,硬度增加,并使表面产生冷硬层和残余压应力,从而提高零件承载能力的疲劳强度。滚压加工原理图如图 3-17 所示。

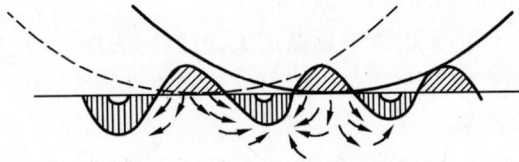

图 3-17　滚压加工原理图

利用滚压加工法可以加工外圆、内孔、平面,以及成形表面。通常在普通车床、转塔车床或自动车床上进行。

与切削加工相比,滚压加工有许多优点,常常取代部分切削加工而成为精密加工的一种方法。滚压加工要求其前道工序加工后,工件的表面粗糙度 Ra 值不大于 5μm,表面要清洁,直径方向加工余量为 0.02~0.03mm;滚压后表面粗糙度 Ra 值为 0.63~0.16μm。滚压加工对提高零件疲劳强度有明显的效果,对于有应力集中的零件(如有键槽或横向孔的轴),效果尤为显著。另外滚压加工具有工具结构简单、操作方便、对设备要求不高、生产效率高、成本低等优点,所以应用广泛。

3. 液体磨料强化法

液体磨料强化法是利用液体和磨料的混合物强化工件表面的方法。液体和磨料在 400~800kPa 的压力下经过喷嘴高速喷出,借磨料的冲击作用,磨平工件表面粗糙凸峰,并碾压金属表面。由于磨料的冲击作用,工件表面层产生塑性变形,变形层仅为几十微米。加工后的工件表面层具有残余应力,提高了工件的耐磨性、抗腐蚀性和疲劳强度。

3.4　机械加工中的振动

机械加工过程中常常伴随着振动现象的发生。振动会干扰和破坏工艺系统的正常运动,使加工表面产生波纹,影响零件的表面质量和使用性能。由于工艺系统持续承受动态交变载荷的作用,刀具寿命降低,机床连接性能受到破坏,精度逐步降低,严重时甚至使切削加工无法继续进行。为了减少振动,有时不得不降低切削用量,从而使机械加工的效率降低。此外,振动引起的强烈噪声会危害周围人员的身体健康。

机械加工产生的振动按其产生的原因主要分为强迫振动和自激振动(颤振)。

3.4.1　机械加工中的强迫振动

机械加工中的强迫振动是在外界周期性干扰力作用下系统受迫产生的振动。

1. 强迫振动产生的原因

强迫振动的振源有来自机床内部的,称为机内振源;也有来自机床外部的,称为机外振源。机内振源主要来自机床旋转件的不平衡、机床传动机构的缺陷、往复运动部件的惯性力以及切削过程中的冲击等。

机床中各种高速旋转零件(如电动机转子、皮带轮、齿轮、卡盘、砂轮等),由于形状不对称、材质不均匀或加工误差、装配误差等原因,难免会有偏心质量产生。偏心质量引起的离心惯性力与旋转零件的转速平方成正比,转速越高,产生的周期干扰力的幅值越大。

齿轮制造不精确或有安装误差会产生周期性干扰力。往复运动换向时的冲击、液压系统的压力脉动等都会引起强迫振动。加工断续表面也会发生由周期性冲击而引起的强迫振动。

2. 强迫振动的特点

(1) 强迫振动是一种不衰减的振动,只要有干扰力存在,振动就不会衰减,但振动本身不会引起干扰力的变化。

(2) 强迫振动的振动频率与干扰力的频率相同,或是干扰力的整数倍,这种频率对应关系是诊断机械加工中所产生的振动是否为强迫振动的主要依据,并可利用上述频率特征去分析、查找强迫振动振源。

(3) 强迫振动的幅值既与干扰力的幅值有关,又与工艺系统的动态特性及干扰力的频率有关。一般来说,干扰力的幅值越大,强迫振动的幅值也越大。工艺系统的动态特征对强迫振动的幅值影响极大。如果干扰力的频率远离工艺系统的固有频率,则振幅很小;当干扰力的频率接近工艺系统固有频率时,强迫振动的幅值将明显增大;若干扰力的频率与工艺系统的固有频率相同,系统将产生共振。如果工艺系统阻尼较小,则共振幅值将增大,图3-18所示为单自由度振动系统的幅频特性曲线,纵坐标为动态放大系数(振幅比 $\eta = A/A_0$),横坐标为频率 λ,ζ 为阻尼比。根据强迫振动的频幅响应特征,可以通过改变运行参数或工艺系统结构,使干扰力源的频率发生变化或使工艺系统的某一固有频率发生变化,以使干扰力源的频率远离工艺系统的固有频率,强迫振动的幅值就明显减小。

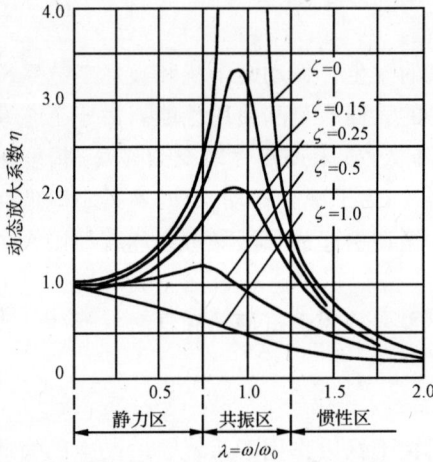

图 3-18　幅频特性曲线图

3.4.2　机械加工中的自激振动

1. 自激振动的概念和特点

机械加工过程中,在没有周期性外力干扰作用下,由于系统内部激发、反馈产生的周期性振动,称为自激振动,简称颤振。

自激振动系统是一个由振动系统和调节系统组成的封闭反馈控制系统,如图3-19所示。在加工过程中由于偶然的外界干扰(如加工材料硬度不均、加工余量有变化等)引起切削力的变化作用在机床系统上,会使系统产生振动(自激振动)。

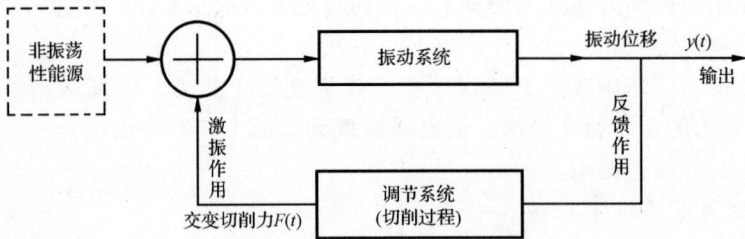

图 3-19　自激振动系统组成图

系统的振动将引起工件、刀具间的相对位置发生周期性变化,使切削过程产生交变切削力,并再次引起工艺系统振动。如果工艺系统不存在自激振动的条件,这种偶然性的外界干扰,将因工艺系统存在阻尼而使振动逐步衰减。

自激振动的特点:机械加工中的自激振动是在没有外界干扰力作用下所产生的振动(相对于切削过程而言),是由外部激振力的偶然触发而产生的一种不衰减运动,维持振动所需的交变力是由振动过程本身产生的,这与强迫振动有着本质的区别;自激振动的频率等于或接近系统的某一固有频率,即由系统本身的参数所决定的;自激振动能否产生取决于振动系统在同一振动周期内能量输入和输出是否相等。

2. 自激振动产生的机理

产生自激振动的激振原因非常复杂,目前公认的有再生自激原理和振型耦合原理。

1) 再生自激原理

切削过程中,时常出现后一次进给与前一次
进给的切削区发生部分重叠或完全重叠。以正
交切削为例,此时车刀只作横向进给,车刀将完
全地在前一转切削时留下的表面上进行切削,如
图 3-20 所示。

如果车削过程中受到一个偶然的瞬时扰动,
刀具与工件便会发生相对振动(自由振动),它的
幅值将因阻尼存在而逐渐衰减。但这种振动会
在工件表面上留下一段振纹,如图 3-21(b)所示;

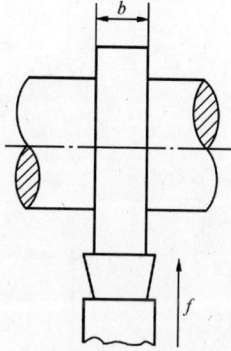

图 3-20　自由正交车削示意图

当工件转过一转后,刀具将在留有振纹的表面上重复切削(图 3-21(c)),此时切削
厚度将发生波动,因而产生动态交变力。一旦机床工艺系统满足产生自激振动的
条件,振动便会进一步发展为持续的颤振状态(图 3-21(d))。那么,在振动的一个
周期内,能量是如何输入振动系统的,可由图 3-22 所示的再生切削效应示意图进
行说明。由图 3-22 中可以看出,当后一转切削加工的表面 y_n 滞后于前一转切削
加工的表面 y_{n-1} 时,在切入工件的半个周期中,切削力做的正功大于负功,有多余
能量输入到系统中去,因而系统产生再生颤振。如果改变加工中某项工艺参数,使
y_n 与 y_{n-1} 同相或超前一个相位角,则可以避免再生颤振的发生。

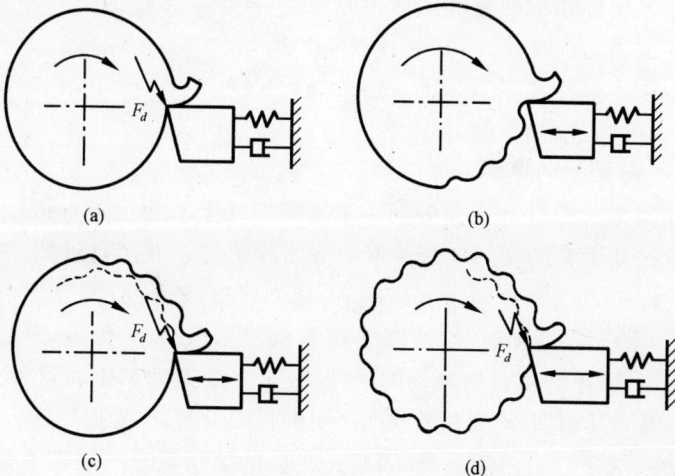

图 3-21　再生型颤振产生过程示意图

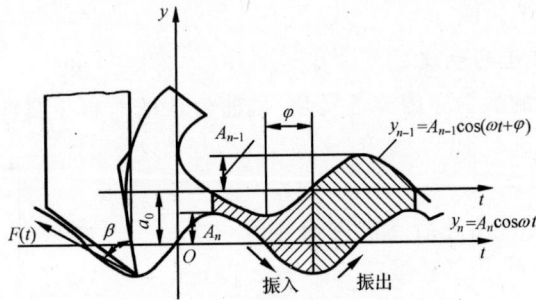

图 3-22 再生切削效应示意图

2) 振型耦合原理

在一些切削加工（如螺纹车削）中,切削表面完全没有重叠,不存在再生颤振的条件。但背吃刀量增加到一定程度时,切削过程仍会发生切削颤振,其原因可用振型耦合学说来解释。

图 3-23 表示的是一个二自由度振动系统。假设切削前的表面是完全光滑的(不考虑再生效应),如果切削过程中因偶然干扰使刀架系统产生角频率为 ω 的振动运动,则刀架将沿 x_1、x_2 两刚度主轴同时振动,在图

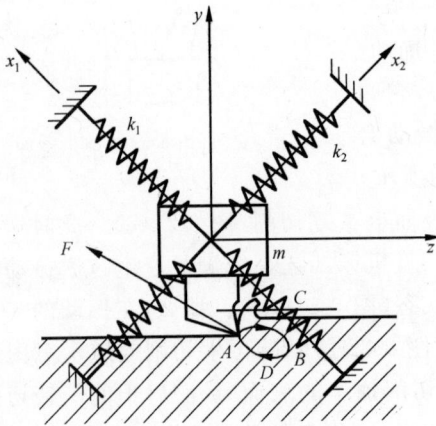

图 3-23 振型耦合原理示意图

2-23 给定的参考坐标系统的 y 和 z 两个方向上,其运动方程为

$$\begin{cases} y = A_y \sin\omega t \\ z = A_z \sin(\omega t + \phi) \end{cases} \tag{3-4}$$

式中,A_y—— y 向振动的振幅,m;

A_z—— z 向振动的振幅,m;

ϕ—— z 向振动相对于 y 向振动在主振频率 ω 上的相位差,rad。

如果刀架振动运动的实际轨迹是沿椭圆曲线顺时针方向行进的,如图 3-23 所示,则在刀具由 A 经 C 到 B 做振入运动时,切削厚度较薄,切削力较小;而在刀具由 B 经 D 到 A 做振出运动时,切削厚度较大,切削力较大。因此,$W_{振出} > W_{振入}$ 或 $F_{振出(yi)} > F_{振入(yi)}$,满足产生自激振动的条件,故有自激振动产生。这种由于振动系统在各主振模态间互相耦合、互相关联而产生的自激振动,称为振型耦合型颤振。

由于振动系统是二自由度系统,刀具(刀尖)的振动轨迹一般都不是直线,而是一个椭圆形的封闭曲线。相位差 ϕ 值不同,振动系统将有不同的振动轨迹,如图 3-

24 所示。

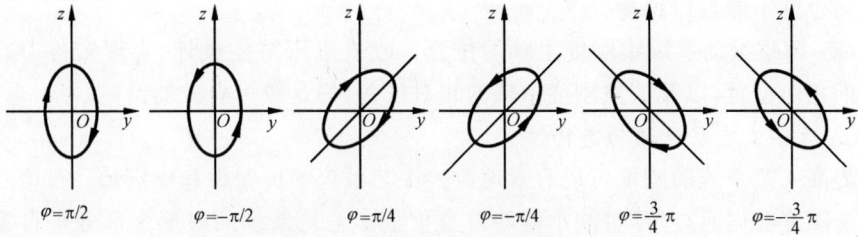

$\varphi=\pi/2$　　　　$\varphi=-\pi/2$　　　　$\varphi=\pi/4$　　　　$\varphi=-\pi/4$　　　　$\varphi=\dfrac{3}{4}\pi$　　　　$\varphi=-\dfrac{3}{4}\pi$

图 3-24　相位差 ϕ 与振动轨迹的关系图

3.4.3　机械加工中振动的控制

抑制振动途径主要有：消除或减弱产生振动的条件、改善工艺系统的动态特性、采用各种减振装置等。

1. 消除或减弱产生振动的条件

1）消除或减弱产生强迫振动的条件

（1）减小机内干扰力的幅值。高速旋转的零件必须进行动平衡，尽量减小传动机构的缺陷，设法提高带传动、链传动、齿轮传动及其他传动装置的稳定性。对于高精度机床，应尽量少用或不用齿轮、平带等可能成为振源的传动元件，并使振源（尤其是液压系统）与机床分离，放在分开的两个地基基础上。对于往复运动部件，应采用较平稳的换向机构。在条件允许的情况下，适当降低换向速度及减小往复运动部件的质量，以减小惯性力。

（2）适当调整振源的频率。在选择转速时，使可能引起强迫振动的振源频率远低于机床加工系统的固有频率即可。

（3）采取隔振措施。隔振是在振动传递的路线上设置隔振材料，使由内、外振源所激起的振动不能传递到刀具和工件上去。例如，某些动力源如电机、油泵等最好与机床分开，或用隔振材料（橡皮、弹簧、软木等）使之与机床隔开。为了消除系统外振源的影响，常在机床周围开挖防振沟。

2）消除或减弱产生自激振动的条件

（1）合理选择切削用量和刀具几何角度。切削区重叠，直接影响再生效应的大小。重叠程度取决于加工方式、切削刃的几何形状及切削用量等，增大刀具的主偏角和增大进给量，均可使重叠减小。例如，在车削外圆时，采用主偏角 $k_r=90°$ 的车刀就具有明显的减振作用。适当减小刀具后角，可以加大工件和刀具后刀面之间的摩擦阻尼，对提高切削稳定性有利。必要时还可以在后刀面磨出带有负后角的消振棱。

（2）改变刀具结构。采用弯头刨刀和车螺纹用的弹簧刀杆，受到冲击力作用时,刀尖相对于工件向后退出,切削力减小,切削力对刀具所做的正功也减少,系统的振动也就不能得以维持。

(3) 调整振动系统小刚度主轴的位置。改进机床结构设计、合理安排刀具与工件的相对位置,以及调整刚度主轴的相对位置,都是较为有效的措施。

2. 改善工艺系统的动态特性

提高工艺系统的刚度可以有效地改善工艺系统的抗振性和稳定性。在增强工艺系统刚度的同时,应尽量减小构件自身重量。工艺系统的阻尼大部分来自零部件结合面间的摩擦阻尼,应通过各种途径加大结合面间的摩擦阻尼。对于机床的活动结合面,应当注意调整其间隙,必要时可施加预紧力以增大摩擦力。

3. 采用各种减振装置

常用的减振器有动力减振器、摩擦减振器、冲击减振器三类。

动力减振器是用弹性元件将一个附加质量连接到主振动系统上,利用附加质量的动力作用,使其加到主振系统上的作用力与激振力大小相等、方向相反,从而达到抑制主振系统振动的目的。

摩擦减振器是利用摩擦阻尼来消耗振动能量,达到减振的目的。

冲击式减振器结构及动力学模型如图 3-25 所示。冲击式减振器由一个与振动系统刚性连接的壳体和一个在壳体内可以自由冲击的质量块所组成。冲击式减

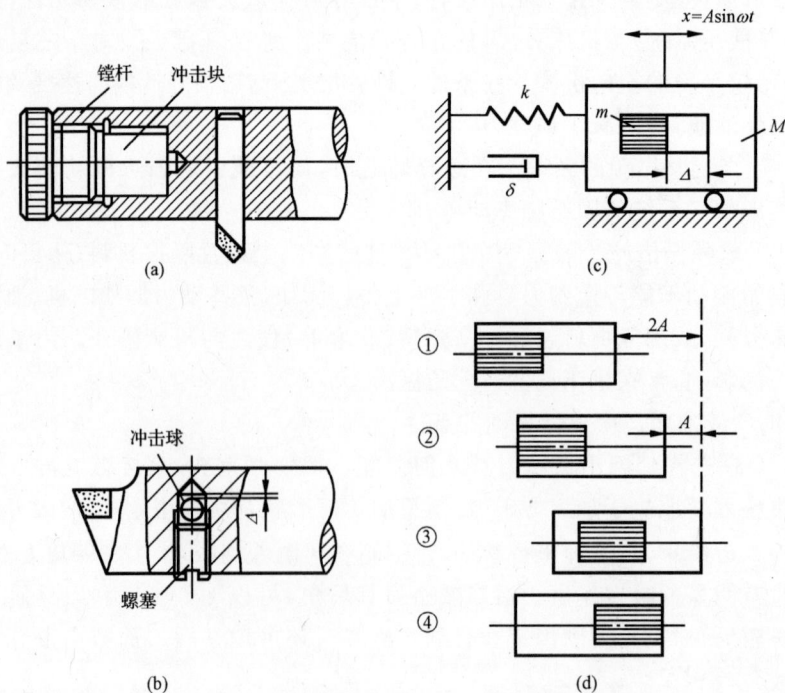

图 3-25　冲击式减振器结构及动力学模型示意图

振器虽有因碰撞产生噪声的缺点,但由于这种减振器具有结构简单、重量轻、体积小、减振效果与频率无关等特点,可以在较大频率范围内使用,其应用较广。

习题与思考题

3-1　机械加工表面质量包括哪些主要内容?

3-2　为什么机器上许多静止连接的接触表面,往往要求表面粗糙度值较小,而有相对运动的表面又不能要求表面粗糙度值过小?

3-3　切削加工塑性材料时,为什么高速切削会得到较小的表面粗糙度值?

3-4　什么叫做冷作硬化? 切削加工中,影响冷硬的因素有哪些?

3-5　什么叫做回火烧伤、淬火烧伤和退火烧伤?

3-6　为什么同时提高砂轮速度和工件速度可以避免产生磨削烧伤?

3-7　试述产生表面残余应力的原因。

3-8　表面强化工艺的目的是什么? 常用的强化方法有哪些?

3-9　什么是强迫振动? 产生的原因是什么?

3-10　简述强迫振动的特点。

3-11　什么是自激振动? 其特性是什么?

3-12　清除自激振动的措施有哪些?

第4章　机械加工工艺规程的设计

4.1　机械加工的基础知识

4.1.1　生产过程、工艺过程与工艺系统

1. 生产过程

生产过程是指机械产品从原材料开始到成品出厂之间各个相互关联的劳动过程的总和。它包括原材料的运输和保管、生产技术准备、毛坯制造、零件加工与热处理、部件和产品的装配、检验调试,以及油漆包装等。

2. 工艺过程

在生产过程中按一定顺序逐渐改变生产对象的形状(铸造、锻造等)、尺寸(机械加工)、相对位置(装配)和性质(热处理)使其成为成品的过程称为工艺过程。因此,工艺过程又可具体地分为铸造、锻造、冲压、焊接、机械加工、热处理和装配等。

工艺过程与生产过程有直接关系,因此又称为直接生产过程;生产过程中除了工艺过程之外剩余的部分称为辅助生产过程。所以,生产过程是由直接生产过程和辅助生产过程组成的。根据机械产品复杂程度的不同,其生产过程可以由一个车间或一个工厂完成,也可以由多个工厂协作完成。

机械加工工艺过程是由一个或若干个按顺序排列的工序组成的。工序是工艺过程的基本单元,也是生产计划的基本单元。

1) 工序

一个(或一组)工人、在一个工作地点、对一个(或同时几个)工件所连续完成的那部分工艺过程叫做工序。由该定义可知,只要操作工人、工作地点、工作对象之一发生变化,或不是连续完成,则应成为另一道工序。因此,同一个零件、同样的加工内容可以有不同的工序安排。如图 4-1 所示的阶梯轴,如果各表面都需要进行机械加工,则根据其产量和生产车间的不同,应采用不同的加工方案。如果属于单件小批生产,可用表 4-1 方案加工;如果属于大批大量生产,则应采用表 4-2 方案加工;还可以有其他的工序安排。工序安排和工序数目的

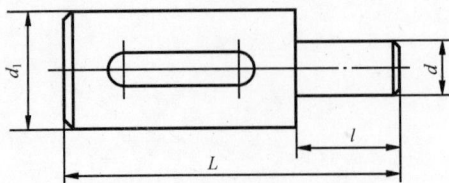

图 4-1　阶梯轴零件示意图

确定与零件的技术要求、数量和现有的工艺条件等有关。

表 4-1　第一种工艺过程

工序号	工序内容	设备
1	车一端面,打中心孔;调头车另一端面,打中心孔	车床
2	车大外圆及倒角,调头车小外圆及倒角	车床
3	铣键槽去毛刺	铣床

表 4-2　第二种工艺过程

工序号	工序内容	设备
1	铣两端面,打中心孔	专用机床
2	车大外圆及倒角	车床
3	车小外圆及倒角	车床
4	铣键槽	键槽铣床
5	去毛刺	钳工台

2）工步

在加工表面和加工工具都不变的情况下所连续完成的那部分工序叫做工步。

在表 4-1 中,工序 1 和 2 由于加工表面和刀具依次在改变,所以这两个工序都包括四个工步。为了提高生产效率,采用几把刀具或一把复合刀具同时加工一个或几个表面可算作一个工步,称为复合工步,如图 4-2 和图 4-3 所示。

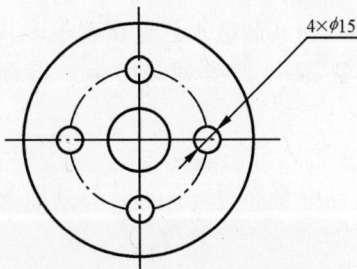

图 4-2　含四个相同表面　　　　图 4-3　多刀加工的一个复合工步
加工的一个复合工步

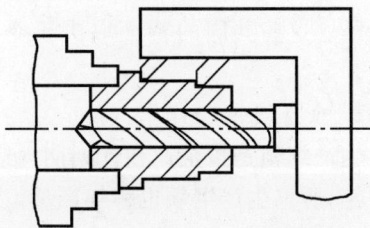

3）安装

在一个加工工序中,有时需要对零件进行多次装夹加工,工件经一次装夹后所完成的那部分工序内容称为一个安装。表 4-1 中的工序 1 和 2 都是两个安装。

4) 工位

为完成一定的工序内容,一次装夹工件后,工件与夹具或机床的可动部分一起相对刀具或机床的固定部分所占据的每一个位置,称为工位。

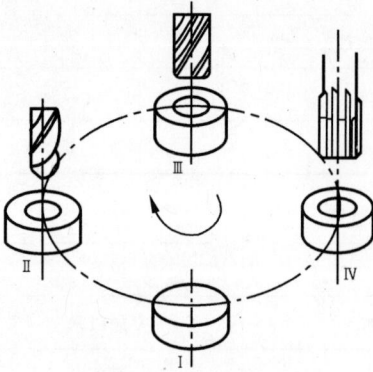

采用多工位夹具、回转工作台或在多轴机床上加工时,工件在机床上一次安装后就要经过多工位加工。多工位加工可减少工件安装次数,从而缩短了工时,提高了效率。图 4-4 所示为利用回转工作台,在一次安装中顺次完成装卸工件、钻孔、扩孔和铰孔的四工位加工实例。

图 4-4 多工位加工

工位Ⅰ—装卸工件;工位Ⅱ—钻孔;

工位Ⅲ—扩孔;工位Ⅳ—铰孔

5) 行程(或称为走刀)

有些工步,由于切削余量较大,需要同一刀具对同一表面进行多次切削,刀具相对工件每切削一次就称为一次行程(或称为一次走刀)。

3. 工艺系统

机械加工工艺系统通常由物质分系统、能量分系统和信息分系统组成。其中,物质分系统由工件、机床、工具和夹具所组成。工件是被加工的对象;机床是加工设备,如车床、铣床、磨床等,也包括钳工台等钳工设备;工具是各种刀具、磨具、检具等;夹具是指机床夹具。能量分系统是指动力供应系统。现代的数控机床、加工中心和生产线,与信息技术关系密切,因此有了信息分系统。

4.1.2 生产纲领和生产类型

各种机械产品的结构、技术要求尽管各种各样,但其制造工艺存在着很多共同的特征。这些共同的特征取决于企业的生产类型,而生产类型又由生产纲领所决定。

1. 生产纲领

生产纲领是指企业在计划期内应当生产的产品产量和进度计划。计划期常定为一年,所以生产纲领也称年产量。

零件的生产纲领要计入备品和废品的数量,可按下式计算:

$$N = Qn(1 + \alpha + \beta) \tag{4-1}$$

式中,N——零件的年产量,件/年;

Q——产品的年产量,台/年;

n——每台产品中该零件的数量,件/台;

α——备品的百分率;

β——废品的百分率。

2. 生产类型

生产类型是指企业生产专业化程度的分类。一般分为单件生产、成批生产和大量生产三种类型。

（1）单件生产。产品产量很少，品种很多，各工作地加工对象经常改变，很少重复。例如，重型机械制造、专用设备制造和新产品试制等都属于单件生产。

（2）成批生产。一年中分批轮流地制造几种不同的产品，每种产品均有一定的数量，工作地的加工对象周期地重复。例如，通用机床及电机等生产都属于成批生产。成批生产根据产量不同，还可分为小批生产、中批生产和大批生产。

（3）大量生产。产品产量很大，工作地的加工对象固定不变，长期进行某零件的某道工序的加工。例如，汽车、轴承等生产都属于大量生产。

表 4-3 按重型机械、中型机械和轻型机械的年产量列出了不同生产类型的规范。

表 4-3　各种生产类型的规范

生产类型	生产纲领（件/年）		
	重型机械	中型机械	轻型机械
单件生产	≤5	≤20	≤100
小批生产	5～100	20～200	100～500
中批生产	100～300	200～500	500～5000
大批生产	300～1000	500～5000	5000～50000
大量生产	>1000	>5000	>50000

生产类型不同，则零件的加工工艺、工艺装备、毛坯制造等工艺特点也不同。从工艺特点来看，小批生产和单件生产的工艺特点相似，大批生产和大量生产的工艺特点相似，为此生产上常按单件小批生产、中批生产和大批大量生产来归纳它们的工艺特点和要求，如表 4-4 所示。

由表 4-4 可知，生产类型不同，其工艺特点有很大的差异，生产类型对零件工艺规程制定影响很大。此外，生产同一产品，大量生产一般具有生产效率高、成本低、质量可靠、性能稳定等优点。因此，应大力推广产品结构的标准化、系列化，以便组织专业化的大批量生产，从而提高经济效益。推行成组技术，以及采用数控机床、柔性制造系统和计算机集成制造系统等现代化的生产手段和方式，实现机械产品多品种、小批量的柔性化生产方式，已成为当今社会的主流。

表 4-4　各种生产类型的工艺特点和要求

工艺特征	单件小批生产	中批生产	大批大量生产
毛坯的制造方法及加工余量	锻件采用自由锻造,铸件采用木模手工造型;毛坯精度低,加工余量大	部分锻件采用模锻,部分铸件采用金属模造型;毛坯精度及余量中等	广泛采用模锻、机器造型等高效方法;毛坯精度高、余量小
机床设备及其布置	通用机床按机群式排列;部分采用数控机床及柔性制造单元	通用机床和部分专用机床及高效自动机床;机床按零件类别分工段排列	广泛采用自动机床、专用机床,采用自动线或专用机床流水线排列
夹具及尺寸保证	通用夹具,标准附件或组合夹具;划线试切保证尺寸	通用夹具,专用或成组夹具;定程法保证尺寸	高效专用夹具;定程及自动测量控制尺寸
刀具、量具	通用刀具,标准量具	专用或标准刀具、量具	专用刀具、量具,自动测量
零件的互换性	互换性低,多采用钳工修配	多数互换,部分试配或修配	全部互换,高精度偶件采用分组装配、配磨
工艺文件的要求	编制简单的工艺过程卡片	编制详细的工艺规程及关键工序的工序卡片	编制详细的工艺规程、工序卡片、调整卡片
生产率	低	中等	高
成本	较高	中等	低
对工人的技术要求	需要技术熟练的工人	需要一定熟练程度的技术工人	对操作工人的技术要求较低,对调整工人的技术要求较高

4.1.3　工件的基准

根据作用的不同,基准可分为设计基准和工艺基准两大类。

1. 设计基准

设计基准是零件设计图样上所采用的基准。

例如,图 4-5 所示三个零件图样,图 4-5(a)中对尺寸 20mm 而言,B 面是 A 面

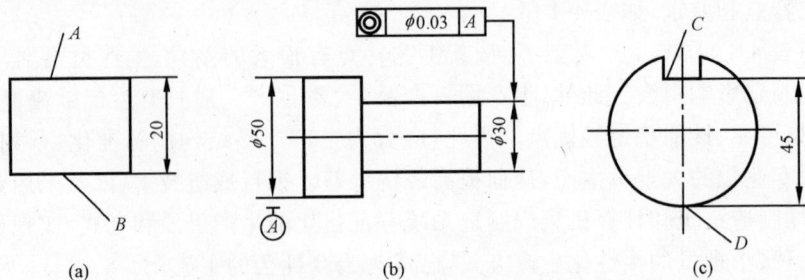

图 4-5　设计基准的实例图

的设计基准,A 面也是 B 面的设计基准,它们互为设计基准。图 4-5(b)中对同轴度而言,ϕ50mm 的轴线是 ϕ30mm 轴线的设计基准;而 ϕ50mm 圆柱基准面的设计基准是 ϕ50mm 的轴线,ϕ30mm 圆柱面的设计基准是 ϕ50mm 的轴线。图 4-5(c)中对尺寸 45mm 而言,圆柱面的下素线 D 是槽底面 C 的设计基准。

　　2. 工艺基准

　　工艺基准是在加工和装配过程中所采用的基准。根据用途的不同,工艺基准可分为工序基准、定位基准、测量基准和装配基准。

　　(1)工序基准。在工序图上用来确定本工序加工表面加工后的尺寸、位置的基准。

　　(2)定位基准。工件在机床上或夹具上加工时用作定位的基准。

　　(3)测量基准。工件在测量时所采用的基准。

　　(4)装配基准。装配时用来确定零件或部件在产品中的相对位置所采用的基准。

　　图 4-6 为上平面加工的工序简图,定位基准为小圆柱的轴线,定位基面为小圆柱面。第一方案的加工工序要求是尺寸 C,即工序基准是含大圆轴线的水平面;第二方案的工序要求是尺寸 $C+D/2$,即工序基准是大圆柱面的下素线。

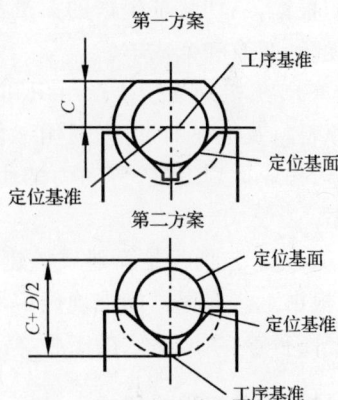

图 4-6　为上平面加工两种方案的工序简图

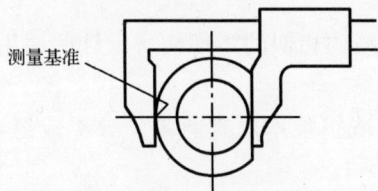

图 4-7　测量基准示意图

　　图 4-7 所示是测量该零件中 $C+D/2$ 尺寸的方案。该方案是以外圆柱面最左侧的素线作为测量基准的。

　　一般情况下,设计基准是在零件图样上给定的,工艺基准是工艺人员根据具体的工艺过程选择确定的。

4.2　机械加工的工艺规程

4.2.1　机械加工工艺规程及其作用

1. 机械加工工艺规程的概念

　　规定产品或零部件制造工艺过程和操作方法等的工艺文件称为工艺规程。其中,规定零件机械加工工艺过程和操作方法等的工艺文件称为机械加工工艺规程。

它是在具体生产条件下,最合理或较合理的工艺过程和操作方法,并按规定的形式写成工艺文件,经审批后用来指导生产的。

　　2. 工艺规程的作用

　　工艺规程是在总结实践经验的基础上,依据科学的理论和必要的工艺实验制定的,反映了加工中的客观规律。

　　(1) 工艺规程是指导生产的主要技术文件。机械加工工艺规程是指导现场生产的根据,一切从事生产的人员都要严格、认真地贯彻执行,用它指导生产可以实现优质、高效和低成本。

　　(2) 工艺规程是生产组织和管理工作的基本依据。在生产管理中,产品投产前原材料及毛坯的供应、通用工艺装备的准备、机床负荷调整、专用工艺装备设计制造、作业计划编排、劳动力的组织及生产成本核算等都要以工艺规程作为基本依据。

　　(3) 工艺规程是新建或扩建工厂、车间的基本资料。在新建或扩建工厂、车间时,根据工艺规程才能准确确定所需机床的种类和数量,工厂或车间的面积,机床的平面布置,生产工人的工种、等级和数量,以及各辅助部门的安排。

4.2.2　工艺规程的格式

　　我国机械工业部门规定的工艺规程分为以下几类:

　　1) 专用工艺规程

　　专用工艺规程是指针对每一个产品和零件所设计的工艺规程。

　　2) 通用工艺规程

　　(1) 典型工艺规程。典型工艺规程为一组结构相似的零部件所设计的通用工艺规程。

　　(2) 成组工艺规程。成组工艺规程是指按成组技术原理将零件分类成组,针对每一组零件所设计的通用工艺规程。

　　3) 标准工艺规程

　　标准工艺规程是指已纳入标准的工艺规程。

　　(1) 机械加工工艺规程。机械加工工艺规程包括:①机械加工工艺过程卡片;②机械加工工序卡片;③标准零件或典型零件工艺过程卡片;④单轴自动车床调整卡片;⑤多轴自动车床调整卡片;⑥机械加工工序操作指导卡片;⑦检验卡片等。

　　(2) 装配工艺规程。装配工艺规程包括:①工艺过程卡片;②工序卡片。

　　常用机械加工工艺过程卡片和机械加工工序卡片格式分别如表4-5及表4-6所示。

表 4-5　机械加工工艺过程卡片

（厂名）	机械加工工艺过程卡片	产品名称及型号		零件名称		零件图号		第　页	
								共　页	
		材料	名称	毛坯	种类	每台件数	零件重量	毛重	
			牌号		外形尺寸	每批件数		净重	
			性能						
工序号及名称	工序内容	加工车间	加工设备	工艺装备		工时			
						终结		单件	
1									
2									
……									
更改内容									
编制		抄写		校对		审核		批准	

表 4-6　机械加工工序卡片

（厂名）	机械加工工序卡片	产品型号	零件图号		第（　）页
		产品名称	零件名称		共（　）页
（工序简图）		车间	工序号	工序名称	材料编号
		毛坯种类	毛坯外形尺寸	每批件数	每台件数
		设备名称	设备型号	设备编号	同时加工件数
		夹具编号	夹具名称	切削液	单件时间　准终时间
		更改内容			

工步号及名称	工步内容	工艺装备	主轴转速 /r·min^{-1}	切削速度 /m·min^{-1}	进给量 /mm·r^{-1}	背吃刀量 /mm	走刀次数	工时定额	
								机动	单件
1									
2									
……									
编制		抄写		校对		审核		批准	

4.2.3　工艺规程设计的内容及步骤

工艺规程设计的内容及步骤包括：

（1）熟悉装配图和零件图,了解产品的用途及技术要求。

（2）工艺审查与毛坯选择。

（3）工艺过程设计,包括划分工艺过程的组成、选择定位基准、选择表面的加工方法、安排加工顺序和组合工序等。

（4）工序设计指机床和工艺装备选择、确定加工余量、计算工序尺寸及公差、确定切削用量及计算工时定额等。

（5）填写工艺文件。

4.3　工艺审查和毛坯选择

4.3.1　零件的工艺性分析

在制定零件的机械加工工艺规程之前,首先应对零件的工艺性进行分析。

1. 审查各项技术要求

分析产品图纸,熟悉该产品的用途、性能及工作状态,明确被加工零件在产品中的位置和作用,进而了解图纸上各项技术要求制定的依据,以便在拟定工艺规程时采取适当的工艺措施加以保证。

审查图纸的完整性、技术要求和材料的合理性以及材料选择是否合理,并提出改进意见。

如图 4-8(a)所示的汽车板簧和弹簧吊耳,其内侧面的表面粗糙度可由原设计

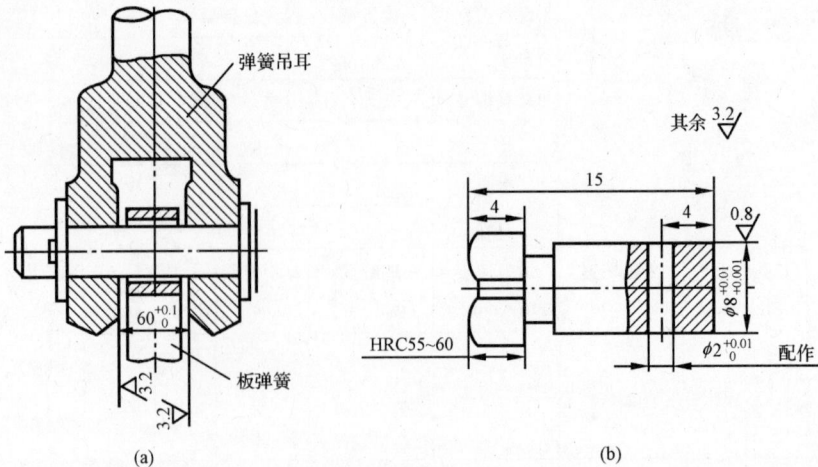

(a)　　　　　　　　　　　　　(b)

图 4-8　零件技术要求选择不当示意图

(a) 弹簧吊耳示意图；(b) 方头销示意图

的 $Ra3.2$ 改为 $Ra25$，这样就可在铣削加工时增大进给量，以提高生产效率。又如图 4-8(b)所示的方头销零件，其方头部分要求淬硬到 HRC55～60，其销轴 $\phi8^{+0.01}_{+0.001}$ mm 上有个 $\phi2^{+0.01}_{0}$ mm 的小孔，在装配时配作，材料为 T8A，小孔 $\phi2^{+0.01}_{0}$ mm 因是配作，不能预先加工好，淬火时，因零件太小势必全部被淬硬，造成 $\phi2^{+0.01}_{0}$ mm 孔很难加工。若将材料改为 20Cr，可局部渗碳，在小孔处镀铜保护，则零件加工就容易保证。

2. 审查零件结构工艺性

零件的结构工艺性是指零件在能满足使用要求的前提下制造的可行性和经济性。所谓良好的工艺性，是指在保证产品使用要求前提下，能用生产率高、劳动量少、材料省和生产成本低的方法制造出来。图 4-9 是零件局部结构工艺性的一些

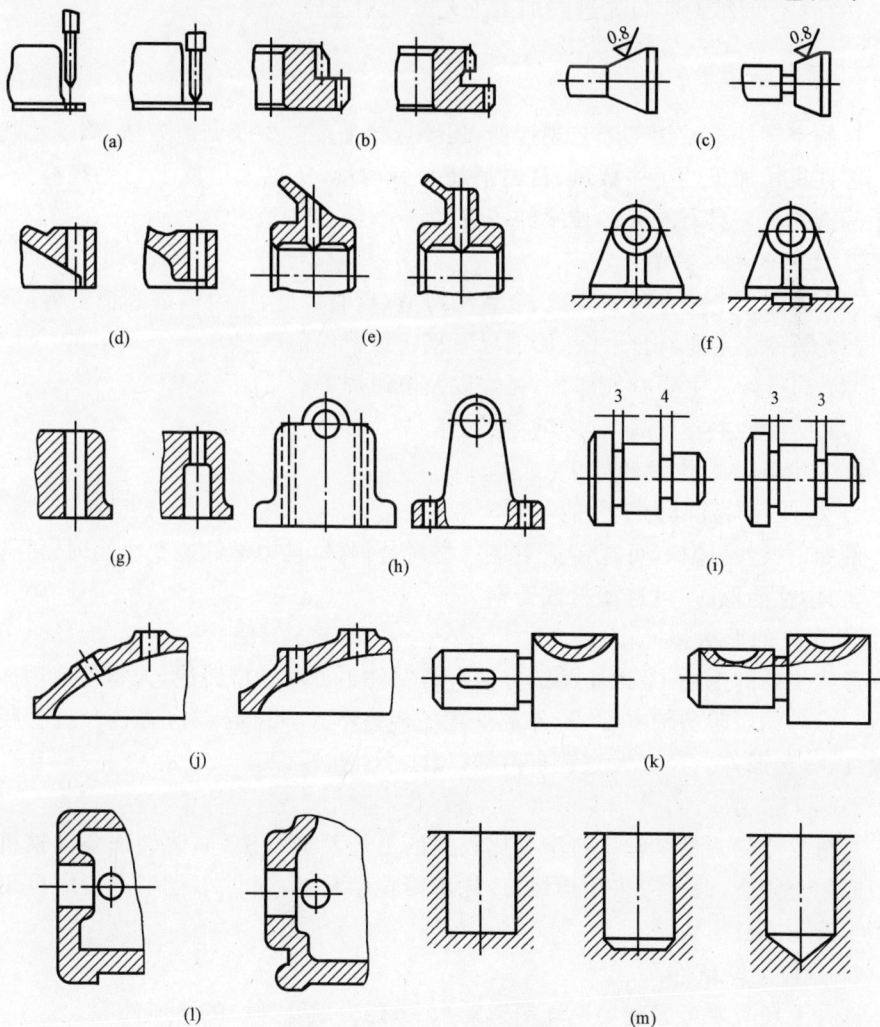

图 4-9　零件局部结构示意图

实例,每个实例的右图为合理的正确结构。

　　3. 结构设计时应注意的几项原则

在进行结构设计时应注意以下几项原则:

　　(1) 尽可能采用标准化参数,有利于采用标准刀具和量具。

　　(2) 要保证加工的可能性和方便性,加工面应有利于刀具的进入和退出。

　　(3) 加工表面形状应尽量简单,便于加工,并尽可能布置在同一表面或同一轴线上,以减少工件装夹、刀具调整及走刀次数。

　　(4) 零件结构应便于工件装夹,并有利于增强工件或刀具的刚度。

　　(5) 应尽可能减轻零件质量,减少加工表面面积,并尽量减少内表面加工。

　　(6) 零件的结构应与先进的加工工艺方法相适应。

4.3.2　毛坯的选择

　　在制定零件机械加工工艺规程前,还要选择毛坯类型及制造方法、确定毛坯精度。零件机械加工的工序数量、材料消耗和劳动量,在很大程度上与毛坯有关,所以正确选择毛坯具有重大的技术经济意义。

　　1. 常用的毛坯种类

　　(1) 铸件。主要有砂型铸造、金属型铸造、离心铸造、压力铸造和精密铸造等。

　　(2) 锻件。主要有自由锻、模锻以及精密锻造等。

　　(3) 焊接件。主要有气焊、电弧焊以及电渣焊等。

　　(4) 型材。主要有圆钢、方钢、角钢等。

　　2. 选择毛坯时考虑的因素

　　1) 零件材料及其力学性能

　　例如,材料是铸铁,可选铸造毛坯。材料是钢材,且力学性能要求高时,可选锻件;当力学性能低时,可选型材或铸钢。

　　2) 零件的形状和尺寸

　　形状复杂的毛坯,常采用铸造方法。薄壁件不可用砂型铸造,大铸件应用砂型铸造。常见钢质阶梯轴零件,若各台阶直径相差不大,可选棒料;若各台阶直径相差较大,可选锻件。尺寸大宜选自由锻,尺寸小宜选模锻。

　　3) 生产类型

　　大量生产应选精度和生产率都比较高的毛坯制造方法,如铸件选金属模机器造型或精密铸造,锻件应采用模锻、冷轧和冷拉型材等;单件小批生产则应采用木模手工造型或自由锻。

　　4) 具体生产条件

　　选择毛坯时要考虑现场毛坯制造的水平、能力以及外协的可能性等。

　　5) 利用新工艺、新技术和新材料的可能性如精铸、精锻、冷挤压、粉末冶金和工程塑料等,采用这些方法及材料后,可大大减少机械加工量,有时甚至可不再进行机械加工。

4.4 机械加工工艺路线的制订

完成对零件的工艺性分析和毛坯的选择之后,即可制订零件的机械加工工艺路线。机械加工工艺路线主要包括:定位基准的选择、零件表面加工方法的选择、加工阶段的划分、加工顺序的安排和工序的集中与分散等。

4.4.1 定位基准的选择

用未加工的毛坯表面作为定位基准,称为粗基准;用加工过的表面作为定位基准,称为精基准。另外,为满足工艺需要而在工件上专门设置或加工出的定位面,称为辅助基准,如轴加工时采用的两端中心孔、活塞加工时用的止口等。

1. 粗基准的选择

如图 4-10 所示的毛坯,铸造时内孔 2 与外圆 1 有偏心,因此在加工时,如果用不需加工的外圆 1 作粗基准(用三爪自定心卡盘夹持外圆 1)加工内孔 2,则内孔 2 与外圆 1 是同轴的,但内孔 2 加工余量不均匀(图 4-10(a))。如选内孔 2 作粗基准(用四爪卡盘夹持外圆 1,按内孔 2 找正),则内孔 2 的加工余量均匀,但与外圆 1 不同轴(图 4-10(b))。

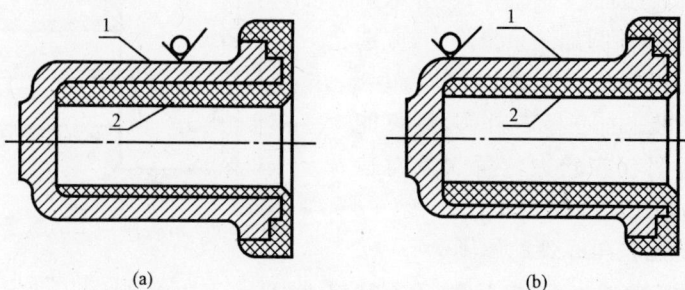

图 4-10 粗基准选择两种对比示意图

由此可见,粗基准选择主要影响加工表面与不加工表面的相互位置精度,以及影响加工表面的余量分配。因此选择粗基准的基本原则如下:

1) 保证重要表面余量均匀原则

如果要求保证工件某重要表面的加工余量均匀,则应选择该表面为粗基准。例如,床身导轨面不仅精度要求高,而且导轨表面要有均匀的金相组织和较高的耐磨性,这就要求导轨面的加工余量较小而且均匀,所以首先应以导轨面作为粗基准加工床身的底平面(图 4-11(a)),然后再以床身的底平面为精基准加工导轨面(图 4-11(b))。

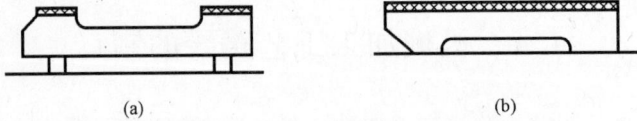

图 4-11　床身加工粗基准选择示意图

2) 保证相互位置精度的原则

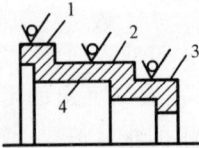

图 4-12　阶梯轴套
零件示意图

如果要求保证工件上加工表面与不加工表面之间的位置精度,则应以不加工表面作为粗基准,如图 4-10(a)所示。若工件上有几个不加工表面,则应以其中与加工表面位置精度要求高的表面作粗基准。如图 4-12 所示零件,有三个不加工表面,若表面 4 和表面 2 相对位置精度较高,则加工表面 4 时应以表面 2 为粗基准。

3) 保证余量足够的原则

如果零件上每个表面都要加工,则应以加工余量最小的表面为粗基准。这将使得该表面在以后的加工中不会因余量太小而造成废品。如图 4-13 所示阶梯轴,表面 $\phi55$ 外圆加工余量最小,应选该表面作为粗基准。如果以表面 $\phi108$ 外圆为粗基准来加工 $\phi50$ 外圆,则可能因这些表面间存在较大位置误差而造成 $\phi55$ 表面加工余量不足。

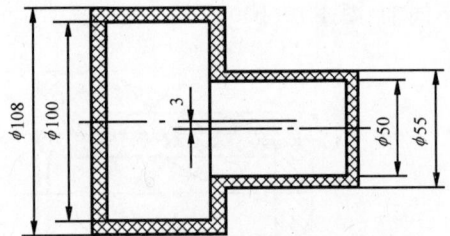

图 4-13　阶梯轴加工的粗基准选择

4) 保证定位可靠性的原则

作为粗基准的表面,应平整,没有浇口、冒口或飞边等缺陷,以便定位可靠。

5) 保证不重复使用的原则

粗基准一般只能使用一次,以免产生较大的位置误差。

2. 精基准的选择

精基准选择应保证相互位置精度和装夹准确方便,一般遵循如下原则:

1) 基准重合原则

应尽量选用设计基准和工序基准作为定位基准。如图 4-14 所示的键槽加工,若以中心孔定位,并按尺寸 L 调整铣刀位置,工序尺寸 $t=R+L$,由于定位基准和工序基准不重合,因此 R 与 L 两尺寸的误差都将影响键槽尺寸精度。如采用图 4-

15 所示的定位方式,工件以外圆下母线 B 为定位基准,则为基准重合,就容易保证尺寸 t 的加工精度。

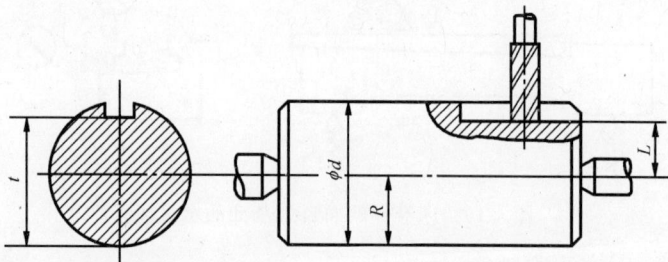

图 4-14　定位基准与工序基准不重合示意图

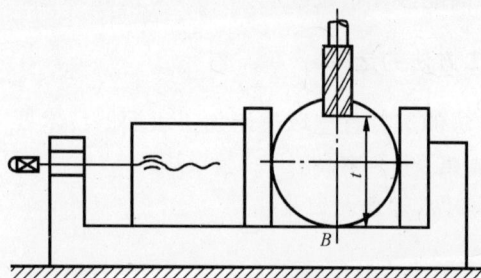

图 4-15　定位基准与工序基准重合示意图

2）基准统一原则

工件加工过程中,尽可能采用统一的定位基准,这样便于保证各加工面间的相互位置精度,且可简化夹具的设计。如箱体类零件常用一个大平面和两个距离较远的孔作精基准;轴类零件常用两个顶尖孔作精基准;圆盘、齿轮等零件常用其端面和内孔作精基准。

3）互为基准原则

当两个表面相互位置精度较高时,可互为精基准,反复加工。例如,加工精密齿轮时,通常是在齿面淬硬以后再磨齿面及内孔,因齿面淬硬层较薄,磨削余量应力求小而均匀,因此需先以齿面为基准磨内孔,然后再以内孔为基准磨齿面。又如车床主轴的主轴颈和前端锥孔的同轴度要求很高,也常采用互为基准反复加工的方法。

4）自为基准原则

当某些表面精加工要求余量小而均匀时,则应选择加工表面本身作为精基准。图 4-16 所示是在导轨磨床上以自为基准原则磨削床身导轨。具体方法是用百分表找正导轨面,然后加工导轨面保证余量均匀,以满足对导轨面的质量要求。另外如拉刀、浮动镗刀、浮动铰刀和珩磨等加工孔的方法,也都属于自为基准。

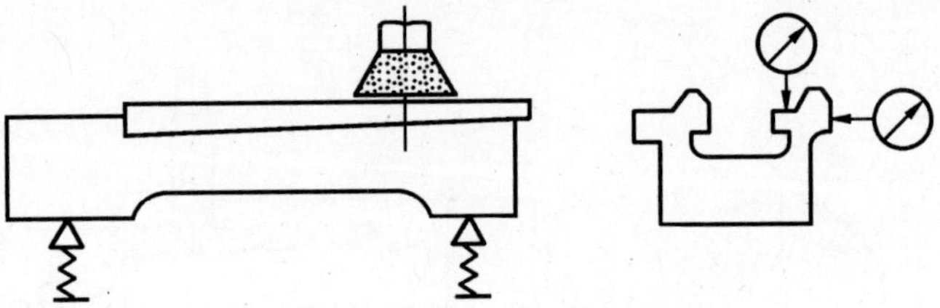

图 4-16　床身导轨面自为基准的示意图

5）便于装夹原则

所选择的精基准应能保证定位准确、可靠,夹紧机构简单,操作方便。

4.4.2　零件表面加工方法的选择

零件表面加工方法的选择首先取决于加工表面的技术要求,在此前提下,应满足零件的质量好、成本低、生产率高。

1. 选择加工方法时应考虑的因素

1）经济加工精度

加工时应选择能获得经济加工精度的加工方法。各种加工方法的加工误差和加工成本之间的关系呈负指数函数曲线形状,如图 4-17 所示。在 A 点左侧,不论怎样增加成本(Q),加工精度也很难提高;当超过 B 点后,即使加工精度再降低,加工成本也降低极少。曲线中的 AB 段,属于经济精度范围。每种加工方法都有经济的加工精度和经济的加工表面粗糙度。加工方法选择尽量在经济加工精度范围内。

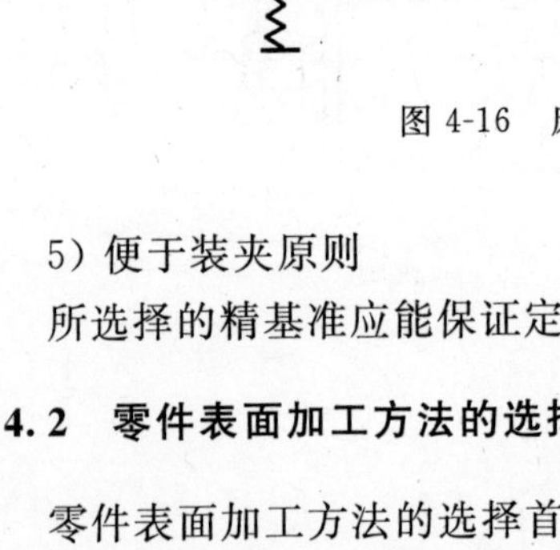

图 4-17　加工误差(或加工精度)
和成本的关系图

2）工件材料的性质

工件材料的性质不同,加工方法也不一样。例如,淬火钢的精加工要用磨削,有色金属的精加工为避免磨削时堵塞砂轮,则采用高速精细车或金刚镗。

3）工件的结构形状和尺寸

对于精度 IT7 的孔,镗、铰、拉和磨都可以,但是箱体上的孔一般不宜采用拉或磨,常选镗孔(大孔时)或铰孔(小孔时)。

4）生产类型和经济性

大批大量生产时应选用生产率高和质量稳定的加工方法,如小平面和孔采用拉削,轴类采用半自动液压仿型车削。在单件小批生产中,一般采用通用机床和工艺装备进行加工。

5) 现有设备情况和技术条件

充分利用工厂或车间现有的设备和工艺手段,挖掘企业的潜力。

2. 常见表面的加工方法

常见表面,如外圆、内孔和平面的加工方法可参见表 4-7、表 4-8 和表 4-9。

表 4-7　外圆柱面加工方法

序号	加工方法	经济精度	表面粗糙度 Ra	适用范围
1	粗车	IT11～IT13	12.5～50	适用于淬火钢以外的各种金属
2	粗车-半精车	IT8～IT10	3.2～6.3	
3	粗车-半精车-精车	IT7～IT8	0.8～1.6	
4	粗车-半精车-精车-滚压(或抛光)	IT7～IT8	0.025～0.2	
5	粗车-半精车-磨削	IT7～IT8	0.4～0.8	主要用于淬火钢,也可用于未淬火钢,但不宜加工有色金属
6	粗车-半精车-粗磨-精磨	IT6～IT7	0.1～0.4	
7	粗车-半精车-粗磨-精磨-超精加工(或轮式超精磨)	IT5	0.012～0.1	
8	粗车-半精车-精车-精细车(金刚车)	IT6～IT7	0.025～0.4	主要用于要求较高的有色金属加工
9	粗车-半精车-粗磨-精磨-超精磨(或镜面磨)	IT5 以上	0.006～0.025	极高精度的外圆加工
10	粗车-半精车-粗磨-精磨-研磨	IT5 以上	0.006～0.1	

表 4-8　孔加工方法

序号	加工方法	经济精度	表面粗糙度 Ra	适用范围
1	钻	IT11～IT13	12.5	加工未淬火钢及铸铁的实心毛坯,也可用于加工有色金属。孔径小于 15～20 mm
2	钻-铰	IT8～IT10	1.6～6.3	
3	钻-粗铰-精铰	IT7～IT8	0.8～1.6	
4	钻-扩	IT10～IT11	6.3～12.5	加工未淬火钢及铸铁的实心毛坯,也可用于加工有色金属。孔径大于 15～20 mm
5	钻-扩-铰	IT8～IT9	1.6～3.2	
6	钻-扩-粗铰-精铰	IT7	0.8～1.6	
7	钻-扩-机铰-手铰	IT6～IT7	0.2～0.4	
8	钻-扩-拉	IT7～IT9	0.1～0.6	大批大量生产(精度由拉刀的精度而定)

续表

序号	加工方法	经济精度	表面粗糙度 Ra	适用范围
9	粗镗(或扩孔)	IT11～IT13	6.3～12.5	除淬火钢外的各种材料,毛坯有铸出孔或锻出孔
10	粗镗(粗扩)-半精镗(精扩)	IT9～IT10	1.6～3.2	
11	粗镗(粗扩)-半精镗(精扩)-精镗(铰)	IT7～IT8	0.8～1.6	
12	粗镗(粗扩)-半精镗(精扩)-精镗-浮动镗刀精镗	IT6～IT7	0.4～0.8	
13	粗镗(扩)-半精镗-磨孔	IT7～IT8	0.2～0.8	主要用于淬火钢,也可用于未淬火钢,不宜用于有色金属
14	粗镗(扩)-半精镗-粗磨-精磨	IT6～IT7	0.1～0.2	
15	粗镗-半精镗-精镗-精细镗(金刚镗)	IT6～IT7	0.05～0.4	主要用于精度要求高的有色金属加工
16	钻-(扩)-粗铰-精铰-珩磨;钻-(扩)-拉-珩磨;粗镗-半精镗-精镗-珩磨	IT6～IT7	0.025～0.2	精度要求很高的孔
17	以研磨代替上述方法中的珩磨	IT5～IT6	0.006～0.1	

表 4-9　平面加工方法

序号	加工方法	经济精度	表面粗糙度 Ra	适用范围
1	粗车	IT11～IT13	12.5～50	端面
2	粗车-半精车	IT8～IT10	3.2～6.3	
3	粗车-半精车-精车	IT7～IT8	0.8～1.6	
4	粗车-半精车-磨削	IT6～IT8	0.2～0.8	
5	粗刨(或粗铣)	IT11～IT13	6.3～25	一般不淬硬平面(端铣表面粗糙度 Ra 值较小)
6	粗刨(或粗铣)-精刨(或精铣)	IT8～IT10	1.6～6.3	
7	粗刨(或粗铣)-精刨(或精铣)-刮研	IT6～IT7	0.1～0.8	精度要求较高的不淬硬平面,批量较大时宜采用宽刃精刨方案
8	以宽刃精刨代替上述刮研	IT7	0.2～0.8	
9	粗刨(或粗铣)-精刨(或精铣)-磨削	IT7	0.2～0.8	精度要求高的淬硬平面或不淬硬平面
10	粗刨(或粗铣)-精刨(或精铣)-粗磨-精磨	IT6～IT7	0.025～0.4	
11	粗铣-拉	IT7～IT9	0.2～0.8	大量生产,较小的平面(精度视拉刀精度而定)
12	粗铣-精铣-磨削-研磨	IT5 以上	0.006～0.1	高精度平面

4.4.3　加工阶段的划分

工件的加工质量要求较高时,都应划分加工阶段。一般可分为粗加工、半精加工和精加工三个阶段。加工精度和表面质量要求特别高时,还可增加光整加工和超精度加工阶段。

1. 各加工阶段的主要任务

(1) 粗加工阶段的主要任务是切除大部分加工余量并加工出精基准,以便提高生产率。

(2) 半精加工阶段的主要任务是为零件主要表面的精加工做准备,并完成一些次要表面的加工,一般在热处理前进行。

(3) 精加工阶段的主要任务是从工件上切除较少余量,所得精度和表面质量都比较高。

(4) 光整加工阶段的主要任务是用来获得很光洁表面或强化其表面。

(5) 超精密加工阶段的主要任务是按照稳定、超微量切除等原则,实现尺寸和形状误差小于 $0.1\mu m$。

当毛坯余量特别大时,在粗加工阶段前可增加荒加工阶段,一般在毛坯车间进行。

2. 划分加工阶段的目的

(1) 利于保证加工质量。因粗加工的加工余量大,切削力和切削热也较大,且加工后内应力会重新分布。在这些因素的作用下,工件会产生较大变形,因此划分加工阶段,可逐步修正工件的原有误差,此外各加工阶段之间的时间间隔相当于自然时效,有利于消除残余应力和充分变形。

(2) 便于合理地使用机床设备。粗加工使用功率大、刚性好、生产率高、精度较低的设备;精加工使用精度高的设备。

(3) 便于热处理工序安排。例如,粗加工后,可安排时效处理,消除内应力;半精加工后,可进行淬火,然后采用磨削进行精加工。

(4) 便于及时发现毛坯缺陷。例如,毛坯的气孔、砂眼和加工余量不足等,在粗加工后即可发现,便于及时修补或报废,以免造成浪费。

(5) 保护精加工过后的表面。精加工或光整加工放在最后可少受磕碰损坏,受到保护。

加工阶段划分不是绝对的,对于质量要求不高、刚性好、毛坯精度高的工件可不划分加工阶段。对于重型零件,由于装夹运输困难,常在一次装夹下完成全部粗、精加工,也不需划分加工阶段。其划分是针对整个工艺过程而言的。

4.4.4　加工顺序的安排

一个零件有许多表面需要机械加工,此外还有热处理工序和各种辅助工序。

各工序的安排应遵循如下的一些原则：

1. 机械加工工序的安排

（1）先基准面，后其他面。首先应加工用作精基准的表面，以便为其他表面的加工提供可靠的基准表面。

（2）先主要表面，后次要表面。零件的主要表面是加工精度和表面质量要求较高的面，其工序多，且加工质量对零件质量影响较大，因此应先进行加工；一些次要表面如孔、键槽等，可穿插在主要表面加工中间或以后进行。

（3）先面后孔。如箱体、支架和连杆等工件，因平面轮廓平整，定位稳定可靠，应先加工平面，然后以平面定位加工孔和其他表面，这样容易保证平面和孔之间的相互位置精度。

（4）先粗后精。先安排粗加工工序，后安排精加工工序。技术要求较高的零件，其主要表面应按照粗加工、半精加工、精加工、光整加工的顺序安排，使零件质量逐步提高。

2. 热处理工序的安排

（1）预备热处理。如退火与正火，通常安排在粗加工之前进行，调质安排在粗加工以后进行。

（2）最终热处理。最终热处理通常安排在半精加工之后和磨削加工之前，目的是提高材料强度、表面硬度和耐磨性。常用的热处理方法有调质、淬火、渗碳淬火等。有的零件，为获得更高的表面硬度和耐磨性，更高的疲劳强度，常采用氮化处理。由于氮化层较薄，所以氮化后磨削余量不能太大，故一般安排在粗磨之后、精磨之前进行。为消除内应力，减少氮化变形，改善加工性能，氮化前应对零件进行调质和去内应力处理。

（3）时效处理。时效处理是为了消除毛坯制造和机械加工中产生的内应力。一般铸件可在粗加工后进行一次时效处理，也可放在粗加工前进行。精度要求较高的铸件可安排多次时效处理。

（4）表面处理。某些零件为提高表面抗蚀能力，增加耐磨性或使表面美观，常对其表面进行处理，主要有：①表面金属镀层处理；②油漆、磷化等非金属涂层处理；③发蓝、发黑、钝化、铝合金的阳极化等氧化膜层处理。零件的表面处理工序一般都安排在工艺过程的最后进行。

3. 辅助工序的安排

辅助工序种类较多，包括检验、去毛刺、倒棱、清洗、防锈、去磁及平衡等。检验工序分为加工质量检验和特种检验，是工艺过程中必不可少的工序。除了工序中的自检外，还需要在下列场合单独安排检验工序：① 粗加工后；② 重要工序前后；③ 转车间前后；④ 全部加工工序完成后。

特种检验，如检查工件的内部质量，一般安排在工艺过程开始时进行（如 X 射线和超声波探伤等）。如检查工件的表面质量，通常安排在精加工阶段进行（如荧光检查和磁力探伤等）。密封性检验、工件的平衡检验等一般安排在工艺过程的最后进行。

4.4.5　工序的集中与分散

工序的集中与分散，是拟定工艺路线时确定工序数目或工序内容多少的两种不同原则，它与设备类型的选择有密切的关系。

1. 工序集中的特点

工序集中就是工件的加工集中在少数几道工序内完成，每道工序的加工内容多。其特点为：

（1）采用高效专用设备及工艺装备，生产率高。

（2）装夹次数少，易于保证表面间位置精度，减少工序间运输量，缩短生产周期。

（3）机床数量、操作工人和生产面积少，可简化生产组织和计划工作。

（4）因采用结构复杂的专用设备，所以投资大，调整复杂，生产准备量大，转换产品费时。

2. 工序分散的特点

工序分散就是将工件加工分散在较多的工序内进行，每道工序的加工内容少。其特点为：

（1）设备和工艺装备简单，调整维修方便，生产准备量少，易适应产品更换。

（2）可采用最合理的切削用量。

（3）设备数量多，操作工人多，生产面积大。

工序集中与工序分散各有利弊，应根据生产类型、现有生产条件、工件结构特点和技术要求等进行综合分析后选用。

单件小批生产可采用加工中心等工序集中方法，以便简化生产组织工作。大批大量生产可采用多刀、多轴机床，高效组合机床和自动机床等工序集中方法加工。

对于重型零件，工序应适当集中；对于刚性差、精度要求高的零件，工序应适当分散。

4.5　机械加工的工序设计

零件在工艺过程设计后，应进行工序设计。主要工作是为每一工序选择机床和工艺装备，确定加工余量、工序尺寸和公差，确定切削用量和工时定额。

4.5.1 机床及工艺装备选择

1. 机床的选择原则

(1) 机床精度应与工件精度相适应。

(2) 机床规格应与工件外形尺寸相适应。

(3) 机床的生产率应与工件的生产类型相适应。

2. 工艺装备的选择原则

(1) 夹具选择。单件小批生产尽量采用通用夹具和组合夹具；大批大量生产应采用高效专用夹具。

(2) 刀具选择。优先采用标准刀具。必要时可采用各种高效的专用刀具、复合刀具和多刃刀具等。刀具的类型、规格和精度等级应符合加工要求。

(3) 量具选择。单件小批生产应广泛采用通用量具。大批大量生产应采用极限量规和高效的专用检验量具和量仪等。量具的精度必须与加工精度相适应。

4.5.2 加工余量的确定

1. 加工余量的概念

加工余量是指加工过程中所切去的金属层厚度。余量有工序余量和加工总余量（毛坯余量）之分。工序余量是相邻两工序的工序尺寸之差。加工总余量是指从毛坯变为成品的整个加工过程中某表面切除的金属层总厚度，即毛坯尺寸与零件图设计尺寸之差。显然，某个表面加工总余量为该表面工序余量之和，即

$$z_0 = z_1 + z_2 + \cdots + z_n = \sum_{i=1}^{n} z_i \tag{4-2}$$

式中，z_0——加工总余量，mm；

　　　z_i——第 i 道工序的工序余量，mm；

　　　n——该表面机械加工工序数目，道。

由于工序尺寸有公差，故实际切除的余量是变化的。因此，加工余量又分为公称余量、最大余量和最小余量。

若相邻两工序的工序尺寸都是基本尺寸，则得到的余量就是工序的公称余量。最大余量和最小余量与工序尺寸公差有关。

在加工外表面时，如图 4-18(a) 所示，可知

$$z_{b\max} = a_{\max} - b_{\min}$$

$$z_{b\min} = a_{\min} - b_{\max}$$

$$T_{zb} = z_{b\max} - z_{b\min} = T_a + T_b$$

在加工内表面时，如图 4-18(b) 所示，可知

$$z_{b\max} = b_{\max} - a_{\min}$$

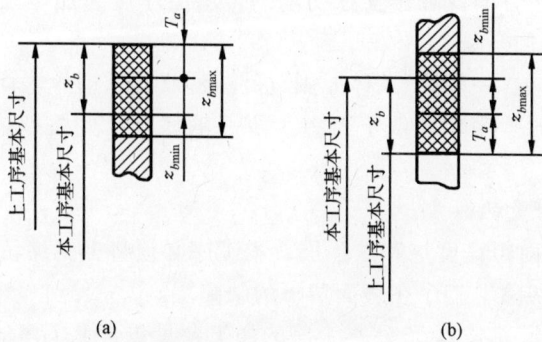

图 4-18　加工余量及公差

（a）外表面；（b）内表面

$$z_{b\min} = b_{\min} - a_{\max}$$

$$T_{zb} = z_{b\max} - z_{b\min} = T_a + T_b$$

式中，$z_{b\min}$、$z_{b\max}$——最小、最大工序余量，mm；

$a_{\min}$、$a_{\max}$——上工序的最小、最大工序尺寸，mm；

$b_{\min}$、$b_{\max}$——本工序的最小、最大工序尺寸，mm；

T_{zb}——余量公差（工序余量变化范围），mm；

T_a、T_b——上工序、本工序的工序尺寸公差，mm。

计算结果表明，无论是加工外表面还是内表面，本工序余量公差总是等于上工序和本工序两工序尺寸公差之和。加工余量示意图如图 4-19 所示。

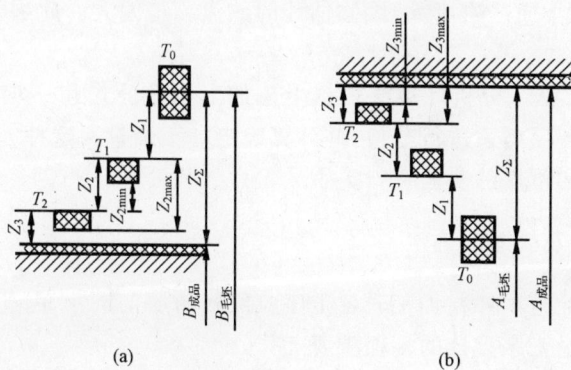

图 4-19　工序余量示意图

（a）外表面；（b）内表面

加工余量分为双边余量和单边余量。对于外圆和孔等回转表面，加工余量指双边余量,即以直径方向计算。实际切削的金属层厚度为加工余量的一半。平面的加工余量则是单边余量。

工序尺寸的公差,一般按"入体原则"标注极限偏差,即外表面的工序尺寸取上偏差为零;内表面的工序尺寸取下偏差为零。毛坯尺寸则按双向对称布置上、下偏差。

2. 影响加工余量的因素

(1) 上工序表面粗糙度层和缺陷层。本工序必须将上工序留下的表面粗糙度层全部切除,还应切除上工序在表面留下的缺陷层。

(2) 上工序的尺寸公差 T_a。本工序的加工余量包含上工序的尺寸公差 T_a,所以应将 T_a 计入本工序的加工余量之中。

(3) 上工序的形位误差 ρ_a。ρ_a 是指不由尺寸 T_a 所控制的形位误差,此时,本工序的加工余量中需包括上工序的形位误差 ρ_a 的影响。

(4) 本工序加工时的装夹误差 ε_b。装夹误差包括定位误差和夹紧误差,这些误差会使工件在加工时的位置发生偏移,所以本工序的加工余量还必须考虑装夹误差的影响。

3. 确定加工余量的方法

确定加工余量的方法主要有三种:查表法、经验估计法和分析计算法。

(1) 查表法。查表法以生产实践和实验研究所积累的关于加工余量的资料数据所制成的表格为基础,并结合实际加工情况进行修正,来确定加工余量。生产中应用较为广泛。

(2) 经验估计法。经验估计法是根据实际经验来确定加工余量的。一般情况下,为防止余量过小而产生废品,经验估计的数值总是偏大。此法常用于单件小批生产中。

(3) 分析计算法。分析计算法根据上述加工余量公式和一定的实验资料,对影响加工余量的各项因素进行分析,并计算确定加工余量。这种方法比较合理,但必须有比较全面和可靠的实验资料。

4.5.3　工序尺寸及公差的确定

由于工序尺寸是零件在加工时各工序应保证的加工尺寸,因此,正确地确定工序尺寸及其公差是工序设计的一项重要工作。

工序尺寸要根据零件图上的设计尺寸、已确定的各工序的加工余量及定位基准的转换关系来确定。工序尺寸公差则按各工序加工方法的经济精度选定。工序尺寸及偏差标注在各工序的工序简图上,作为加工和检验的依据。

对于各工序的定位基准与设计基准重合时的表面的多次加工,其工序尺寸的计算比较简单,此时只要根据零件图上的设计尺寸、各工序的加工余量、各工序所能达到的精度,由最后一道工序开始依次向前推算,直至毛坯为止,即可确定各工序尺寸及公差。

例如,某车床主轴箱箱体的主轴孔,设计要求为 $\phi100Js6$、$Ra0.8$,其工艺路线为:粗镗-半精镗-精镗-浮动镗。试确定各工序尺寸及其公差。

(1) 根据有关工艺手册及工厂实际经验确定各工序的基本余量,具体数值见表 4-10 中的第二列;

(2) 根据各种加工方法的经济精度,确定各工序尺寸精度,见表 4-10 中的第三列;

(3) 由后工序向前工序逐个计算工序基本尺寸,具体数值见表 4-10 中的第五列;

(4) 得到各工序尺寸和公差,以及表面粗糙度 Ra,按照"入体原则"标注上下偏差,分别见表 4-10 中的第六列和第四列。

表 4-10　箱体孔各工序的工序尺寸、公差及其表面粗糙度的确定

工序名称	工序基本余量/mm	工序		工序基本尺寸/mm	标注工序尺寸/mm
		经济精度/mm	表面粗糙度 $Ra/\mu m$		
浮动镗	0.1	Js6(±0.011)	0.8	100	$\phi100\pm0.011$
精　镗	0.5	H7($^{+0.035}_{0}$)	1.6	$100-0.1=99.9$	$\phi99.9^{+0.035}_{0}$
半精镗	2.4	H10($^{+0.14}_{0}$)	3.2	$99.9-0.5=99.4$	$\phi99.4^{+0.14}_{0}$
粗　镗	5	H13($^{+0.44}_{0}$)	6.3	$99.4-2.4=97.0$	$\phi99.4^{+0.44}_{0}$
毛坯孔	8	(±1.3)		$97.0-5=92.0$	$\phi92\pm1.3$

当工序基准或定位基准与设计基准不重合时,或在加工过程中工序基准多次转换时,或工序尺寸尚需从待加工的表面标注时,工序尺寸及公差的计算比较复杂,需用工艺尺寸链来进行分析计算。

4.6　工艺尺寸链

在工艺过程中,由同一零件上的与工艺相关的尺寸所形成的尺寸链称为工艺尺寸链。在零件加工工艺分析时,常会遇到相关尺寸、公差和技术要求的确定等问题,这些都可以利用工艺尺寸链来解决。

4.6.1　工艺尺寸链的计算方法

1. 极值法

极值法是按误差综合最不利的情况,即组成环出现极值(最大值或最小值)时,来计算封闭环。此法的优点是简便、可靠;其缺点是当封闭环公差小,组成环数目

多时,会使组成环公差过于严格。

1) 封闭环的基本尺寸

封闭环的基本尺寸等于所有增环基本尺寸之和减去所有减环基本尺寸之和,即

$$A_0 = \sum_{i=1}^{m} A_i - \sum_{j=m+1}^{n} A_j \tag{4-3}$$

式中, m——增环数,个;

n——组成环数,个。

2) 封闭环的极限尺寸

封闭环的最大极限尺寸等于各增环最大极限尺寸之和减去各减环最小极限尺寸之和;封闭环的最小极限尺寸等于各增环最小极限尺寸之和减去各减环最大极限尺寸之和。即

$$A_{0\max} = \sum_{i=1}^{m} A_{i\max} - \sum_{j=m+1}^{n} A_{j\min} \tag{4-4}$$

$$A_{0\min} = \sum_{i=1}^{m} A_{i\min} - \sum_{j=m+1}^{n} A_{j\max} \tag{4-5}$$

3) 封闭环的上、下偏差

封闭环的上偏差等于各增环的上偏差之和减去各减环的下偏差之和;封闭环的下偏差等于各增环的下偏差之和减去各减环的上偏差之和。即

$$ES_0 = \sum_{i=1}^{m} ES_i - \sum_{j=m+1}^{n} EI_j \tag{4-6}$$

$$EI_0 = \sum_{i=1}^{m} EI_i - \sum_{j=m+1}^{n} ES_j \tag{4-7}$$

式中, ES_0、ES_i 和 ES_j——封闭环、增环和减环的上偏差,mm;

EI_0、EI_i 和 EI_j——封闭环、增环和减环的下偏差,mm。

4) 封闭环的公差

封闭环的公差等于各组成环公差之和,即

$$T_0 = \sum_{k=1}^{n} T_k \tag{4-8}$$

式中, T_k——第 k 个组成环的公差,mm。

2. 概率法

概率法利用概率的原理来进行尺寸链计算,主要用于封闭环公差小、组成环数目多,以及大批大量自动化生产中。若各组成环尺寸为正态分布时,其基本计算公式为

$$T_0 = \sqrt{\sum_{k=1}^{n} T_k^2} \tag{4-9}$$

即封闭环公差等于所有组成环公差的方和根。

$$A_{0中} = \sum_{i=1}^{m} A_{i中} - \sum_{j=m+1}^{n} A_{j中} \tag{4-10}$$

即封闭环中间尺寸($A_{0中}$)等于所有增环的中间尺寸($A_{i中}$)之和减去所有减环的中间尺寸($A_{j中}$)之和。将上述公式整理得

$$\Delta_0 = \sum_{i=1}^{m} \Delta_i - \sum_{j=m+1}^{n} \Delta_j \tag{4-11}$$

即封闭环中间偏差等于所有增环的中间偏差之和减去所有减环的中间偏差之和。

　　用概率法解尺寸链的步骤基本上与极值法相同,而在计算封闭环和组成环的上、下偏差时,要先算出它们的中间偏差。

4.6.2　工艺尺寸链的应用

1. 测量基准与设计基准不重合时的测量尺寸换算

　　在零件的加工中,有时按设计基准进行测量不便,或无法直接进行测量,需要在零件上另选一易于测量的表面作为测量基准,以间接保证设计尺寸的要求。

　　图 4-20(a)为套筒零件图。图 4-20(b)为测量基准与设计基准重合时的尺寸链图。零件加工时,测量尺寸 $10_{-0.36}^{0}$ mm 不方便,改为测量尺寸 A_2',于是 $10_{-0.36}^{0}$ mm尺寸就成了被间接保证的封闭环 A_0'。如图 4-20(c)所示的工艺尺寸链图,其中 A_1' 为增环(已加工的尺寸 $50_{-0.17}^{0}$ mm),A_2' 为减环,A_0' 为封闭环。

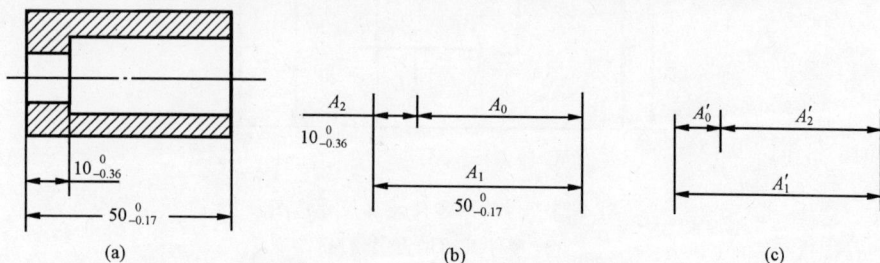

图 4-20　套筒零件及其尺寸链示意图
(a) 零件图;(b) 尺寸链 1 图;(c) 尺寸链 2 图

　　将上述数据分别代入式(4-3)、式(4-6)和式(4-7)中,工艺尺寸链计算过程如下:

$$A_2' = 50 - 10 = 40 (\text{mm})$$
$$EIA_2' = 0 - 0 = 0 (\text{mm})$$
$$ESA_2' = -0.17 - (-0.36) = +0.19 (\text{mm})$$

则

$$A_2' = 40_{0}^{+0.19} \text{mm}$$

讨论:在实际加工中,只要实测值在 A_2' 的公差范围之内,就一定能够保证要测量的尺寸 $10_{-0.36}^{0}$ mm 的设计要求。但是,若加工后实测值超差,却不一定都是废品。这是因为直线尺寸链的极值算法考虑的是极限情况下各环之间的尺寸联系,从保证封闭环的尺寸要求来看,这是一种保守算法,计算结果可靠。但是,正因为如此,计算中便隐含有假废品问题。例如本例中,若加工后实测得 $A_2' = 40 - 0.17 = 39.83$ (mm), $A_1' = 50 - 0.17 = 49.83$ (mm),尺寸 A_2' 为超差,但此时 A_0' 的实际尺寸为 $A_1' - A_2' = 10$ mm,此时零件仍为合格品。

由此可见,由于测量基准与设计基准不重合,因而需换算测量尺寸。若测量尺寸超差时,应实测其他组成环的实际尺寸,然后在尺寸链中重新计算封闭环的实际尺寸。若重新计算结果超出了封闭环设计要求的范围便确认为废品,否则仍为合格品。

2. 定位基准与设计基准不重合时的工序尺寸换算

台阶形零件如图 4-21(a)所示,P 面的设计基准为 N 面。加工过程如下:以 M 面为基准铣 N 面,达到工序尺寸 $A_1 = 60_{0}^{+0.2}$ mm;以 M 面为基准铣 P 面,达到工序尺寸 $A_2 = 35_{-0.20}^{0}$ mm;最后得到尺寸 $A_0 = 25.36$ mm。请问会不会出现废品。

建立尺寸链,如图 4-21(b)所示,其中 $A_1 = 60_{0}^{+0.2}$ mm,$A_2 = 35_{-0.20}^{0}$ mm,$A_0 = 25_{+0.05}^{+0.40}$ mm。

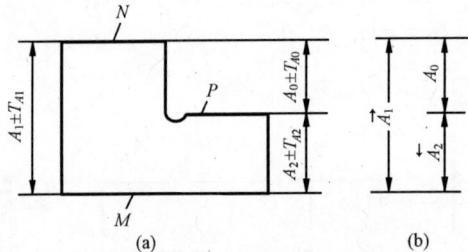

图 4-21　台阶形零件及其尺寸链图

(a) 零件图;(b) 尺寸链图

在尺寸链图中,A_0 为封闭环,A_1 为增环,A_2 为减环。

将上述数据分别代入式(4-3)、式(4-6)和式(4-7)中,工艺尺寸链计算过程如下:

$$A_0 = \sum_{i=1}^{m} A_i - \sum_{j=m+1}^{n} A_j = A_1 - A_2 = 60 - 35 = 25 \text{(mm)}$$

$$ES_0 = \sum_{i=1}^{m} ES_i - \sum_{j=m+1}^{n} EI_j = 0.2 - (-0.2) = 0.4 \text{(mm)}$$

$$EI_0 = \sum_{i=1}^{m} EI_i - \sum_{j=m+1}^{n} ES_j = 0 - 0 = 0 \text{(mm)}$$

则

$$A_0 = 25^{+0.40}_{0}\text{mm}, \quad T_0 = 0.4\text{mm}$$

实际最后得到的尺寸 $A_0 = 25.36$mm，在公差范围内，故符合要求，不会出现废品。

3. 由待加工设计基准标注工序尺寸时的工序尺寸换算

图 4-22 为齿轮内孔及其尺寸链图。设计尺寸为：内孔径 $\phi40^{+0.05}_{0}$mm 需淬硬，键槽尺寸深度为 $43.6^{+0.34}_{0}$mm。孔和键槽的加工顺序为：① 镗孔至 $\phi39.6^{+0.10}_{0}$mm；② 插键槽至工序尺寸 A；③ 淬火热处理；④ 磨孔至 $\phi40^{+0.05}_{0}$mm；同时保证尺寸 $43.6^{+0.34}_{0}$mm。

建立尺寸链图，如图 4-22(b) 或图 4-22(c) 所示。

在图 4-22(b) 所示的四环尺寸链中，设计尺寸 $43.6^{+0.34}_{0}$ 是间接保证的，为封闭环；A 和 $20^{+0.25}_{0}$mm（内孔半径）为增环；$19.8^{+0.05}_{0}$mm（镗孔 $\phi39.6^{+0.10}_{0}$mm 的半径）为减环。则

$$A = 43.6 - 20 + 19.8 = 43.4 (\text{mm})$$

$$ES_A = 0.34 - 0.025 = 0.315 (\text{mm})$$

$$EI_A = 0 + 0.05 = 0.05 (\text{mm})$$

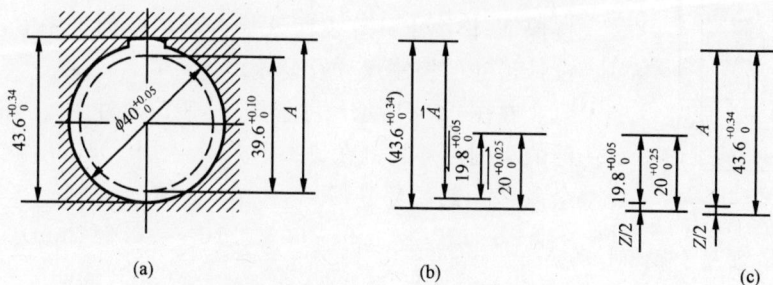

图 4-22　齿轮内孔及其尺寸链图

所以有

$$A = 43.4^{+0.315}_{+0.05}\text{mm} = 43.45^{+0.265}_{0}\text{mm}$$

因为工序尺寸 A 是由待加工的设计基准内孔标注的，所以与设计尺寸 $43.6^{+0.34}_{0}$mm 间有一个半径磨削余量 $Z/2$ 的差别。利用这个余量，可将图 4-22(b) 所示的尺寸链分解为图 4-22(c) 所示的两个并联的三环尺寸链，其中 $Z/2$ 为公共环。

在 $20^{+0.025}_{0}$mm、$19.8^{+0.05}_{0}$mm 和 $Z/2$ 组成的尺寸链中，半径余量 $Z/2$ 的大小是间接形成的，为封闭环。解尺寸链可得

$$Z/2 = 0.2^{+0.025}_{-0.05}\text{mm}$$

在 $Z/2$、A 和 $43.6^{+0.34}_{0}$mm 组成的尺寸链中，由于设计尺寸 $43.6^{+0.34}_{0}$mm 取决

于工序尺寸 A 及余量 $Z/2$，因而 $43.6^{+0.34}_{0}$ mm 是封闭环，解此尺寸链可得 $A =$ $43.45^{+0.265}_{0}$ mm。

4. 多尺寸保证时的工序尺寸换算

图 4-23 (a)所示零件中，A 面为主要轴向设计基准，由它标注的设计尺寸有 4 个。

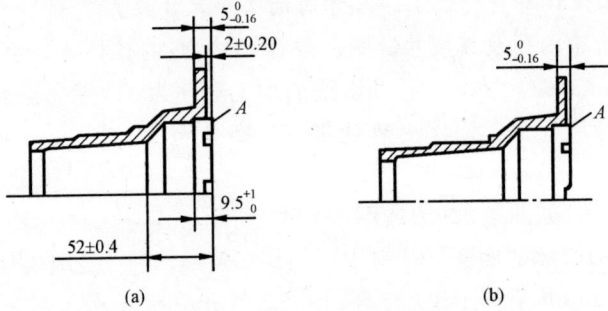

图 4-23　多尺寸保证示意图

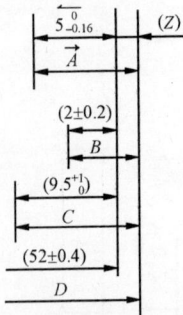

图 4-24　多尺寸保证时
的尺寸链示意图

由于 A 面要求高，安排在最后加工，但在磨削工序中（图 4-23(b)），只能直接控制一个尺寸。这个尺寸通常是精度最高的，即 $5^{0}_{-0.16}$。而其他三个尺寸则需通过换算间接保证，即要求计算表面 A 磨削前的车削工序中，上述各设计尺寸的控制尺寸及公差。

在图 4-24 所示尺寸链图中，假定尺寸 $5^{0}_{-0.16}$ mm 磨削前的车削尺寸控制在 $A \pm T_A = 5.3 \pm 0.05$ mm，此时磨削余量 Z 为封闭环。则

$$ES_Z = 0.05 - (-0.16) = 0.21 \text{(mm)}$$
$$EI_Z = -0.05 - 0 = -0.05 \text{(mm)}$$

因此，磨削余量尺寸 $Z = 0.3^{+0.21}_{-0.05}$ mm。

在 A 面磨削后，为了其余三个设计尺寸达到要求，则磨前的车削尺寸 B、C、D 也应控制。此时磨后的各尺寸为封闭环，磨前余量 Z 为组成环之一，按尺寸链分别求出磨前各尺寸：

$$B = 2.3^{+0.15}_{+0.01} \text{mm}, \quad C = 9.8^{+0.95}_{+0.21} \text{mm},$$
$$D = 52.3^{+0.35}_{-0.19} \text{mm}$$

5. 表面热处理时的工序尺寸换算

如图 4-25(a)所示的轴承衬套经内孔渗氮处理，渗氮层深度 t_0 单边为 $0.3^{+0.2}_{0}$ mm，有关加工工序是：磨内孔保证尺寸

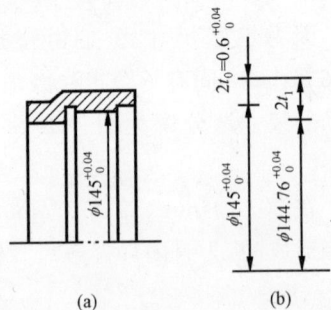

图 4-25　轴承衬套及其尺寸链示意图

$\phi 144.76^{+0.04}_{0}$ mm；渗氮并控制渗层深度为 t_1（单边）；最后精磨内孔，保证尺寸 $\phi 145^{+0.04}_{0}$ mm，同时保证渗层深度达到图纸要求。试确定 t_1 的数值。

由于图纸规定的渗层深度是精磨内孔后间接保证的尺寸 t_0，因此 t_0 是封闭环。解该尺寸链得

$$t_1 = 145/2 + 0.3 - 144.76/2 = 0.42 \text{(mm)}$$
$$ES_1 = 0.2 - 0.02 + 0 = 0.18 \text{(mm)}$$
$$EI_1 = 0 - 0 + 0.02 = 0.02 \text{(mm)}$$

故精磨前，渗氮层深度 $t_1 = 0.42^{+0.18}_{+0.02}$ mm。

6. 孔系坐标尺寸的换算

箱体类大多都有孔系。设计时一般都标出孔间距离尺寸及公差，此外还标有相关的角度。加工时，一般用坐标镗床按各孔的 x 和 y 坐标值进行加工。因此，必须将孔距尺寸公差换算为加工用的坐标尺寸及公差，这属于平面尺寸链的问题。

图 4-26(a) 为箱体零件孔系加工的工序简图，O_1 孔的坐标为 (x_1, y_1)，现需计算 O_2 及 O_3 孔相对 O_1 孔的坐标位置。

首先计算 O_2 孔的相对坐标尺寸 L_x 及 L_y。由图 4-26(b) 可知，L 是在按 L_x 及 L_y 坐标尺寸调整加工后得到的，是封闭环，L_x 及 L_y 则是组成环。将 L_x 及 L_y 向 L 尺寸线上投影，即可得到 $L_x\cos\alpha$、$L_y\sin\alpha$ 及 L 组成的线性尺寸链。由几何关系可知

$$L = L_x\cos\alpha + L_y\sin\alpha$$
$$L_x = L\cos 30° = 86.6 \text{mm}, L_y = L\sin 30° = 50 \text{mm}$$
$$T_L = T_{L_x}\cos\alpha + T_{L_y}\sin\alpha$$

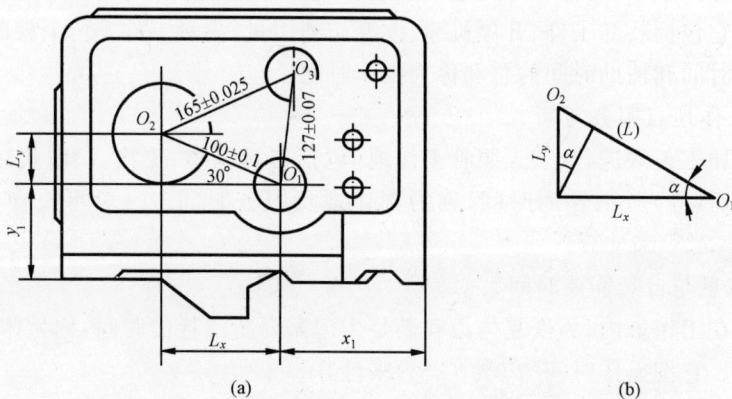

图 4-26 箱体零件镗孔工序图及其尺寸链示意图

用等公差法分配，即 $T_{L_x} = T_{L_y}$，则

$$T_{L_x} = T_{L_y} = \frac{T_L}{\cos\alpha + \sin\alpha} = \frac{0.2}{\cos30° + \sin30°} = 0.146(\text{mm})$$

若公差带对称分布,得镗 O_2 孔的工序尺寸为

$$L_x = 86.6 \pm 0.073 \text{ mm}, \quad L_y = 50 \pm 0.073 \text{ mm}$$

同理也可计算 O_3 孔的相对坐标尺寸。

4.7　时间定额及提高生产率的工艺途径

4.7.1　时间定额

1. 时间定额的概念

在一定生产条件下,规定完成一件产品或完成一道工序所消耗的时间,称为时间定额。合理的时间定额能促进工人生产技能的提高,从而不断提高生产率。时间定额是生产计划、成本核算的主要依据。对于新建厂,它是计算设备数量、工人数量、车间布置和生产组织的依据。

2. 时间定额的组成

1) 基本时间 t_j

直接改变生产对象的尺寸、形状、相对位置、表面状态或材料性质等工艺过程所消耗的时间,称为基本时间。对于机械加工,它包括刀具切入、切削加工和切出等时间。

2) 辅助时间 t_f

在一道工序中,为完成工艺过程所进行的各种辅助动作所消耗的时间,称为辅助时间。它包括装卸工件、开停机床、改变切削用量、测量工件等所消耗的时间。

基本时间和辅助时间的总和称为操作时间。

3) 工作地点服务时间 t_{fw}

为使加工正常进行,工人照管工作地(包括刀具调整、更换、润滑机床、清除切屑、收拾工具等)所消耗的时间,称为工作地点服务时间。一般可按操作时间的 $\alpha\%$ ($2\%\sim7\%$)来计算。

4) 休息与自然需要时间 t_x

工人在工作班内,为恢复体力和满足生理需要所消耗的时间,称为休息与自然需要时间。它按操作时间的 $\beta\%$ (2%)来计算。

所有上述时间的总和称为单件时间 t_d,则

$$t_d = t_j + t_f + t_{fw} + t_x = (t_j + t_f)(1 + \alpha\% + \beta\%)$$

5) 准备终结时间 t_{zz}

加工一批零件时,开始和终了时所做的准备终结工作而消耗的时间,称为准备

终结时间。如熟悉工艺文件、领取毛坯、安装刀具和夹具、调整机床以及归还工艺装备和送交成品等所消耗的时间。准备终结时间对一批零件只消耗一次。零件批量 N 越大,分摊到每个工件上的准备终结时间越小,所以成批生产时的单件时间定额

$$t_{de} = (t_j + t_f)(1 + \alpha\% + \beta\%) + t_{zz}/N$$

4.7.2 提高生产率的工艺途径

劳动生产率是指一个工人在单位时间内生产出合格产品的数量。劳动生产率是衡量生产效率的综合性指标,表示了一个工人在单位时间内为社会创造财富的多少。提高劳动生产率的主要工艺途径是缩短单件工时定额、采用高效的自动化加工及成组加工。

1. 缩短基本时间

(1) 提高切削用量。它是提高生产率的最有效办法。目前广泛采用高速车削和高速磨削,采用硬质合金车刀切削速度可达 200 m/min,采用陶瓷刀具切速可达 500 m/min,采用人造金刚石车刀切速可达 900 m/min;高速磨削可达 60 m/s。此外,采用强力磨削的磨削深度一次可达 6～12 mm。

(2) 减少切削行程长度。如多把车刀同时加工工件的同一表面,宽砂轮做切入磨削等,均可使切削行程长度减小。

(3) 合并工步。用几把刀具或一把复合刀具对工件的几个不同表面或同一表面同时加工,由于工步的基本时间全部或部分重合,可减少工序的基本时间,图 4-27 为复合刀具加工示意图。

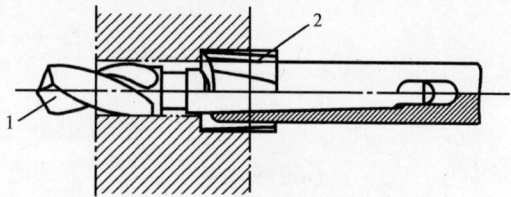

(4) 采用多件加工。机床在一次装夹中同时加工几个工件,分摊到每个工件上的基本时间和辅助时间大为减少。顺序多件、平行多件和平行顺序多件加工示意图分别如图 4-28(a)、图 4-28(b) 和图 4-28(c) 所示。

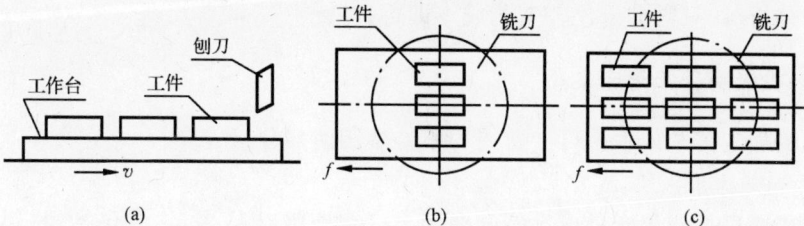

图 4-27 复合刀具加工示意图
1-钻孔;2-扩孔

图 4-28 顺序多件、平行多件和平行顺序多件加工示意图

2. 缩短辅助时间

缩短辅助时间有两种方法：其一是直接缩减辅助时间，即采用先进高效夹具和各种上下料装置，可缩短装卸工件的时间；其二是使辅助时间与基本时间重合，即采用交换夹具或交换托盘进行连续工作，使装卸工件的辅助时间与基本时间重合。

3. 缩短工作地点服务时间

主要是缩短微调刀具和每次换刀时间，提高刀具及砂轮耐用度，如采用各种微调刀具机构、专用对刀样板、机外的快换刀夹、机械夹固的可转位硬质合金刀片等。

4. 缩短准备与终结时间

主要方法是扩大零件的生产批量和减少工装的调整时间。可采用易调整的液压仿形机床、程控机床和数控机床等。

5. 采用新工艺和新方法

采用先进的毛坯制造方法，如精铸、精锻等；采用少、无切屑新工艺，如冷挤、滚压等；采用特种加工，如用电火花加工锻模等；改进加工方法，如以拉代铣、以铣代刨、以精磨代刮研等。

6. 高效自动化加工及成组加工

在成批大量生产中，采用组合机床及其自动线加工；在单件小批生产中，采用数控机床、加工中心机床、各种自动机床及成组加工等，均可有效地提高生产率。

4.8　工艺方案的比较与技术经济分析

设计机械加工工艺规程时，一般可拟出几种不同方案。在保证技术要求前提下，其生产成本都不相同。对工艺过程方案进行技术经济分析，就是比较不同方案的生产成本，以便选择在给定生产条件下最经济的方案。

生产成本是指制造一个零件或一件产品时所必需的一切费用的总和。它包括两类费用：第一类是与工艺过程直接有关的费用，称为工艺成本；第二类是与工艺过程无关的费用，如行政人员工资、厂房折旧及维护、照明、取暖和通风等。由于在同一生产条件下与工艺过程无关的费用基本上是相等的，因此，对零件工艺方案进行经济分析时，只需分析比较工艺成本即可。

4.8.1　机械加工工艺成本

机械加工工艺成本由可变费用与不变费用两部分组成。

1. 可变费用

可变费用是与年产量成比例的费用。可变费用以 V 表示，它包括：材料费、机床工人的工资、机床电费、普通机床折旧费、普通机床修理费、刀具费和通用夹具费等。

2. 不变费用

不变费用是与年产量的变化无直接关系的费用。当年产量在一定范围内变化时,全年的费用基本上保持不变。这类费用以 S 表示,它包括:调整工人的工资、专用机床折旧费、专用机床修理费和专用夹具费等。

因此,一种零件(或一道工序)全年的工艺成本

$$E = VN + S \qquad\qquad (4\text{-}12)$$

式中, V——可变费用,元/件;

N——年产量,件;

S——不变费用,元。

单件工艺成本(或一个工序)的工艺成本

$$E_d = V + S/N$$

4.8.2　工艺方案的经济性分析

在经济性分析时,对生产规模较大的主要零件的工艺方案应该通过计算工艺成本来评定其经济性;对于一般零件,可以利用各种技术经济指标,结合生产经验,进行不同方案的经济论证,选择最优的方案。

1. 基本投资或使用设备相同的情况分析

若两种方案基本投资相近,或者以现有设备为条件,则工艺成本即可作为评价各方案经济性的依据。

若两种不同工艺方案的全年工艺成本分别为

$$E_1 = VN_1 + S_1, \; E_2 = VN_2 + S_2$$

当产量一定时,先分别计算两种方案的全年工艺成本,比较后,选其小者;当年产量变化时,可根据式(4-12)作图,运用图 4-29 进行比较。若两条直线相交,如图 4-29 (a)所示,当计划产量 $N < N_K$ 时,则选第二方案;当 $N > N_K$ 时,则选第一方案。在图 4-29 (a)中,两条直线交点的横坐标值是 N_K 值,称为临界产量。

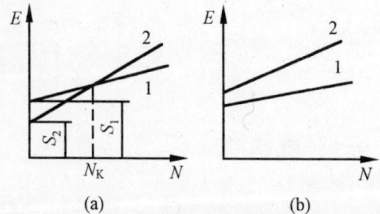

图 4-29　两种工艺方案对比示意图

若两条直线不相交,如图 4-29 (b)所示,则不论年产量如何,第一方案总是比较经济的。

2. 基本投资差额较大的情况分析

若两种方案的基本投资相差较大,例如,第一方案采用了生产率低但价格便宜的机床和工艺装备,所以基本投资小,但工艺成本高;第二方案采用了生产率高且价格较贵的机床和工艺装备,所以基本投资大,但工艺成本较小,也就是说工艺成

本低是由于增加投资而得到的。此时,单纯比较工艺成本难以评定其经济性,所以必须考虑基本投资的经济效益,即不同方案的基本投资差额的回收期。

回收期是指第二方案比第一方案多花费的投资,需多长的时间才能由工艺成本的降低而收回。

$$\tau = \frac{K_2 - K_1}{E_1 - E_2} = \frac{\Delta K}{\Delta E} \tag{4-13}$$

式中, τ——投资回收期,年;

K_i——基本投资,元(其中,$i=1,2$);

E_i——工艺成本,元/年(其中,$i=1,2$);

ΔK——基本投资差额,元;

ΔE——全年生产费用节约额,元/年。

回收期越短,则经济效果越好。一般回收期应满足以下要求:

(1)回收期应小于所用设备的使用年限。

(2)回收期应小于市场对该产品的需求年限。

(3)回收期应小于国家规定的标准回收期。例如,采用新夹具的标准回收期为2~3年,采用新机床的标准回收期为4~6年。

对工艺方案的技术经济分析,必要时可采用某些相对指标评定,其中有:每件产品所需的劳动量、每一工人的年产量、每台设备的年产量、每平方米生产面积的年产量、材料利用系数、设备负荷率、工艺装备系数、设备构成比(专用与通用之比)、钳工修配劳动量与机床加工工时之比、单件产品的原材料消耗与电力消耗等。

当工艺方案按工艺成本分析比较结果相差不大时,可选用上述指标补充论证。此外,还需考虑改善劳动条件、提高生产率、促进生产技术发展等因素的影响。

4.9　计算机辅助工艺设计技术

4.9.1　概述

1. 计算机辅助工艺设计(CAPP)的概念及作用

当前,机械产品市场是多品种小批量生产占主导地位,传统的工艺过程设计存在一系列不足。首先是设计质量不稳定,对从事工艺设计的技术人员的素质依赖性过大,亦即受主观因素影响大,设计出的工艺过程一致性差,达不到标准化、规范化,也难以实现最佳化。其次是工艺设计中有大量的制表、查表、填表、绘图和一般简单计算等烦琐的事务性工作,用手工完成不仅效率低、周期长、容易出错,更主要的是这些工作分散了工艺人员的精力,使工艺人员不能更好地从事新产品和新工艺的开发等创造性的思维和设计工作。

随着计算机应用技术的发展和应用,出现了 CAPP 技术,CAPP 技术是用计算机设计零件的制造工艺规程,包括指定工艺路线(选择加工方法及安排工序顺序等)和工序设计(选择加工设备、工装、确定切削用量和工时定额等),最后设计出完整的工艺文件。CAPP 技术的出现,为解决传统手工方法设计工艺过程的不足提供了新途径。

(1) 可以提高设计质量。①与传统手工工艺设计主要靠个人经验不同,CAPP 系统可以存储和利用成熟可靠的工艺知识,使老一辈工艺专家的经验得以保存和继承,正是由于 CAPP 系统的设计工作是建立在工艺专家群体经验的基础上,因而更具有权威性;② CAPP 系统设计工艺可以达到标准化、规范化,实现工艺方案的优化和工艺设计的一致性;③减少了计算失误和抄写错误的可能性。

(2) 可以提高设计效率、降低成本。①能快速完成工艺设计;②能方便迅速地进行修改补充;③提高工艺过程典型化和工装利用率;④减少和代替了大量的抄写、查表、计算等烦琐的、机械的、重复性劳动,节省工艺人员的劳动量。

(3) 有利于促进工艺学理论研究的开展。①能将大量工艺人员从繁重的、大量的、重复性的手工设计非创造性劳动中解脱出来,进而可以着重研究工艺过程的规律性的东西,开展工艺理论及新工艺、新技术的开发、研究;②开发 CAPP 系统也需要为各种工艺课题的求解建立数学模型,这将会进一步促进工艺学理论的发展。

(4) 实现计算机集成制造。工艺设计是产品设计到产品制造的桥梁,目前计算机辅助设计技术已相当普及,生产过程中大量采用的数控机床、加工中心以及柔性单元和柔性制造系统都已实现了计算机辅助制造。手工设计工艺显然已不适于 CAD 和 CAM 的集成,CAPP 技术的应用是连接 CAD 和 CAM 的桥梁和纽带,是实现计算机集成制造必不可少的一环。

2. CAPP 与 CIMS 系统间的信息流向

20 世纪 80 年代以来,随着机械制造业向 CIMS 或 IMS 方向发展,CAD/CAM 集成化的要求越来越强烈,CAPP 系统从 CAD 系统中获取零件的几何信息、材料信息、工艺信息等,以代替人机交互的零件信息输入,CAPP 系统的输出是 CAM 系统所需要各种信息。随着 CIMS 的发展和推广应用,人们已认识到 CAPP 技术是 CIMS 的主要技术之一。

(1) CAPP 系统接收来自 CAD 系统的产品几何拓扑、材料的信息以及精度、表面粗糙度等工艺信息;为满足并行产品设计的要求,需向 CAD 系统反馈产品的结构工艺性评价信息。

(2) CAPP 系统向 CAM 系统提供零件加工所需的设备信息、工装信息、切削参数、装夹参数以及反映零件切削过程刀具轨迹的文件;同时接收 CAM 系统反馈的工艺修改意见的信息。

(3) CAPP 系统向工装 CAD 系统提供工艺过程文件和工装设计任务书。

(4) CAPP 系统向管理信息系统(management information system,MIS)提供工艺过程、设备、工装、工时、材料定额等信息;同时接收 CAM 发出的技术准备计划,原材料库存,刀具、量具状况,设备变更等信息。

(5) CAPP 系统向制造自动化系统(manufacture automation system,MAS)提供各种工艺过程文件和工具、刀具等信息;同时接收由 MAS 反馈的工作报告和工艺修改意见的信息。

(6) CAPP 系统向质量保证系统(computer aided quality system,CAQS)提供工序、设备、工装、检测工艺数据,以生成质量控制计划和质量检测规程;同时接收 CAQS 反馈的控制数据,用以修改工艺过程。

由以上可以看出,CAPP 系统对于保证 CIMS 中信息流的畅通,从而实现真正意义上的集成是至关重要的。

并行产品设计制造已成为目前制造业热点问题之一,在并行环境下的 CAPP 系统接收产品设计信息,在完成工艺设计的同时,一方面对产品结构工艺性进行评价,从加工工艺的角度对产品的结构提出改进建议,另一方面向生产规划及调度系统传递工艺设计结果,生产规划及调度系统根据车间资源的动态变化情况,在满足资源合理配置的同时,对工艺设计所确定的工艺过程,在当前条件下对其加工过程可行性作出评价,如果当前的资源不能满足工艺设计的要求,则提出个性工艺过程的建议。因而并行环境下的 CAPP 系统,对并行产品设计制造在产品生命周期各进程中作出全局最优决策也是至关重要的。

3. CAPP 系统的结构组成

CAPP 系统的构成,与其开发环境、产品对象、规模大小有关,其基本模块如下:

(1) 控制模块。协调各模块运行,实现人机之间的信息交流,控制零件信息的获取方式。

(2) 零件信息获取模块。零件信息的输入可以通过人工交互输入、从 CAD 系统直接获取或来自集成环境下统一的产品数据模型来实现。

(3) 工艺过程设计模块。进行加工工艺流程的决策,生成工艺过程卡。

(4) 工序决策模块生成工序卡。

(5) 工步决策模块生成工步卡,及提供形成 NC 指令所需的刀位文件。

(6) NC 加工指令生成模块。根据刀位文件,生成控制数控机床的 NC 加工指令。

(7) 输出模块。可输出工艺过程卡、工序和工步卡、工序图等各类文档,并可利用编辑工具对现有文件进行修改后得到所需的工艺文件。

(8) 加工过程动态仿真。可检查工艺过程及 NC 指令的正确性。

上述的 CAPP 系统结构是一个比较完整的、广义的 CAPP 系统。实际上,并不一定所有的 CAPP 系统都必须包括上述全部内容。例如,传统概念的 CAPP 系统不包括 NC 指令生成及加工过程仿真的模块,实际系统组成可以根据实际生产的需要而调整。但它们的共同点应使 CAPP 系统的结构满足层次化、模块化的要求,具有开放性,便于不断扩充和维护。

4. CAPP 系统的基础技术

CAPP 系统的基础技术主要有以下几个方面:

(1) 成组技术(croup technology,CT)。我国 CAPP 系统的研究和开发可以说与成组技术密切相关,早期的 CAPP 系统一般多为以 CT 为基础的变异型 CAPP 系统。

(2) 零件信息的描述和获取。CAPP 系统与 CAD/CAM 系统一样,都是按照自己的特点而各自发展的。零件信息(几何拓扑及工艺信息)的输入是首当其冲的,即使是在集成化、智能化的 CAD/CAPP/CAM 系统中,零件信息的生成与获取同样也是一项关键技术。

(3) 工艺设计决策机制。其核心为特征型面加工方法的选择、零件加工工序及工步的安排及组合,故主要决策内容有工艺流程的决策、工序决策、工步决策、工艺参数决策。为保证工艺设计达到全局最优化,系统将这些内容集成在一起,进行综合分析、动态优化、交叉设计。

(4) 工艺知识的获取及表示。工艺设计是随设计人员、资源条件、技术水平、工艺习惯而变化的。要使工艺设计在企业内得到广泛而有效的应用,必须总结出适应本企业的零件加工的典型工艺及工艺决策的方法,按所开发 CAPP 系统的要求,用不同的形式表示这些经验及决策逻辑。

(5) 工序图及其他文档的自动生成。

(6) NC 加工指令的自动生成及加工过程动态仿真。

(7) 工艺数据库的建立。

4.9.2 CAPP 系统的类型及应用

目前已开发的 CAPP 系统种类很多,按工作原理可分为以下几种:

1. 检索型 CAPP 系统

检索型 CAPP 系统是最简单的 CAPP 系统,它根据输入信息直接检索整个工艺过程的解。在建立 CAPP 系统时,需要预先存入一系列标准工艺过程。运行 CAPP 系统时,则根据输入信息对标准工艺过程进行检索,若有符合加工要求的标准工艺过程,就作为求解结果而输出;否则就无解。因此,纯检索型 CAPP 系统不具备工艺路线的决策过程,严格来说,它只不过是一个工艺设计管理系统,所输出的工艺过程完全是由工艺人员手工编制并存入计算机的。因此,检索型 CAPP 系统经常用于工件种类很少、工件变化不大且相似程度很高的大批大量生产模式中。

2. 创成型 CAPP 系统

功能最复杂的 CAPP 系统为创成型 CAPP 系统。创成型 CAPP 系统中不存在标准工艺规程,但有一个收集大量工艺数据库和一个存储工艺专家知识的知识库。创成型 CAPP 系统运行的第一步也是进行检索,但它检索到的一不是零件的整个加工工艺过程的"实体",而是作为工艺过程最基本单元的"细胞"即工艺学中所称的工步。为此,在建立 CAPP 系统时,要预先存入针对不同单元表面、满足不同加工要求的各种工艺方法,内容越丰富,系统工作的基础越好。CAPP 系统运行的第二步是对检索出来的工步集合进行"规划",使无序的工步集合转换成一个完整的零件加工工艺过程,其中包括加工阶段的划分、加工工序的划分和排序、加工设备和工装的选择、基准的选择等。为此,在 CAPP 系统中,要建立复杂的能模拟工艺人员思考问题、解决问题的决策系统(推理机及相应的规则)。这部分工作被视为具有创造性,故称之为"创成型"(有时也称"生成型"或"产生型")的 CAPP 系统。建立创成型 CAPP 系统的具体工作步骤如下:①确定零件的建模方式;②确定 CAPP 系统获取零件信息的方式;③工艺分析和工艺知识总结;④确定和建立工艺决策模型;⑤建立工艺数据库;⑥系统主控模块设计;⑦人机接口设计;⑧文件管理和输出模块设计。

创成型 CAPP 系统不需太多的工艺信息储备就能生成新零件的工艺规程,而且对用户所掌握的工艺知识水平要求较低,同时可以利用人工智能技术,综合工艺专家的知识和经验进行决策,但由于许多技术难点尚待突破,特别是处理模糊型工艺课题的能力很弱,目前的纯创成型 CAPP 系统还处于研制阶段,尚未达到实用程度。为了实用,在最简单的检索 CAPP 系统和最复杂的创成型 CAPP 系统之间出现了一系列中间形式。

3. 变异型 CAPP 系统

变异型 CAPP 系统(又称派生型、修订型 CAPP 系统)是以成组技术为基础发展起来的,其工作原理是利用零件具有相似的工艺过程。

在建立系统时,首先对所有被加工零件按编码法则进行编码。然后按工艺相似性将零件分族(组),并为每族的零件设计典型工艺过程。各零件族的分组矩阵及对应的典型工艺过程都以文件形式存放在外部存储器中,同时,还要将有关刀具、夹具、量具和机床的数据及材料数据、切削参数等以文件形式存入外部存储器,再配以相应的计算机程序,组成了变异型 CAPP 系统。

当设计一个新零件的工艺规程时,第一步,先输入零件的原始信息,其中包括组成零件表面的型面特征及其参数。零件的特征编码可以作为原始信息输入,也可以由系统根据输入的零件型面特征及其参数自动生成。第二步,由零件族搜索模块,对文件中的零件族特征矩阵进行搜索,按编码寻找新零件属于哪一个零件族。第三步,若找不到所属零件族,则程序转向人机对话生成工艺规程模块;若找到所属族,则从典型工艺文件中将对应的典型工艺规程调入内存。第四步,程序根据输入的原始信息,对典型工艺过程进行编辑加工,生成新的加工工艺规程。确定出工序卡片上所要填写的各项内容,如切削用量、机动工时、工序成本等。最后将编制好的工艺规程存盘或输出。

变异型 CAPP 系统具有结构简单、容易开发、维护和使用方便、成本低、系统性能可靠稳定等优点,故应用比较广泛。此类系统存在的问题是不能完全摆脱对工艺过程编制人员经验的依赖,不易适应生产技术和生产条件的多变发展。目前大多数实用型的 CAPP 系统都属于这种类型。

4. 混合型 CAPP 系统

混合型 CAPP 系统也称为半创成型 CAPP 系统,它将变异型与创成型结合起来,即采取变异与自动决策相结合的工作方式。例如,当设计一个新零件的工艺规程时,首先通过计算机检索它所属零件族的标准工艺,然后根据零件的具体情况,对标准工艺进行修改,而工序设计则采用自动决策产生。这种系统既有变异性CAPP 系统的可靠成熟、结构简单、便于使用和维护的优点,又有创成型 CAPP 系统的能够存储、积累、应用工艺专家知识的优点。这种系统非常灵活,便于结合企业的具体情况进行开发,是一种实用性强、具有发展前景的 CAPP 模式。

5. 交互型 CAPP 系统

交互型 CAPP 系统是以人机对话的方式完成工艺过程设计。实际上是按"变异型＋创成型＋人工干预"方式开发的一种系统,它将一些经验性强、模糊难定的问题留给设计人员去完成,这就简化了系统的开发难度,使其更灵活、方便。但系统的运行效率低,对人的依赖性强。系统通过人机交互输入可产生零件的工艺过程卡、工序卡、机床使用一览表、刀具使用一览表、对零件加工过程动态模拟的刀位文件及 NC 加工指令等。

6. 智能型 CAPP 系统

智能型 CAPP 系统是将人工智能技术应用在 CAPP 系统中形成的 CAPP 专家系统。与创成型 CAPP 系统相比,虽然都可以自动生成工艺规程,但不同的是,创成型 CAPP 系统采用逻辑算术规则进行决策,而智能型 CAPP 系统则以推理加知识的专家系统技术来解决工艺设计中经验性强、模糊和不确定的若干问题。它更加完善和方便,是 CAPP 系统的发展方向,也是当今国内外研究的热点之一。

习题与思考题

4-1　什么是生产过程、工艺过程和工艺规程?

4-2　什么是工序、安装、工步、行程和工位?

4-3　生产类型是根据什么划分的？常用的有哪几种生产类型？它们各有哪些主要工艺特征？

4-4　什么叫基准？工艺基准包括哪些方面？

4-5　毛坯选择时，应考虑哪些因素？

4-6　粗基准、精基准的选择原则有哪些？

4-7　试分析下列加工情况的定位基准：①拉齿坯内孔时；②珩磨连杆大头孔时；③无心磨削活塞销外圆时；④磨削床身导轨面时；⑤用浮动镗刀块粗镗内孔时；⑥超精加工主轴轴颈时；⑦箱体零件攻螺纹时；⑧用与主轴浮动连接的铰刀铰孔时。

4-8　表面加工方法选择时应考虑哪些因素？

4-9　工件加工质量要求较高时，应划分哪几个加工阶段？划分加工阶段的原因是什么？

4-10　机械加工工序和热处理工序应如何安排？

4-11　什么是加工工序余量和加工总余量？影响加工余量的因素有哪些？

4-12　图 4-30 为轴套零件图，在车床上已加工好外圆、内孔及各面，现需在铣床上铣出右端槽，并保证尺寸 $5_{-0.06}^{0}$ mm 及 26 ± 0.2 mm，求试切调刀时的测量尺寸 H、A 及其上、下偏差。

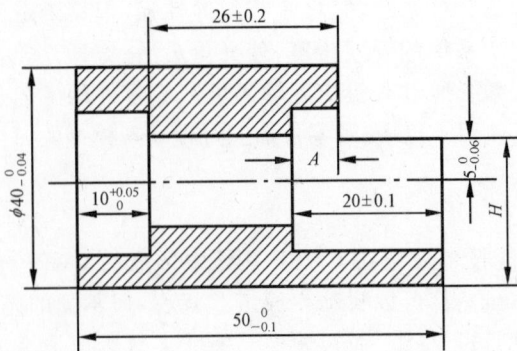

4-13　图 4-31 所示零件加工时，要求保证尺寸 (6 ± 0.2) mm，因这一尺寸不便直接测量，只好通过度量尺寸 L 来间接保证，试求工序尺寸 $L+T_L$。

图 4-30　轴套零件图　　　　　　　　图 4-31　阶梯形轴套零件图

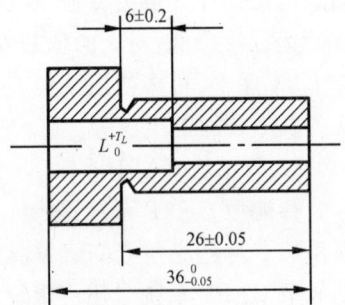

4-14　在图 4-32 所示的偏心零件中，表面 A 要求渗碳处理，渗碳层深度为 $0.5\sim0.8$mm，零件上与此有关的加工过程为：① 精车 A 面，保证尺寸 $\phi26.2_{-0.1}^{0}$ mm；② 渗碳处理，控制渗碳层深度为 H_1；③ 精磨 A 面，保证尺寸 $\phi25.8_{-0.016}^{0}$ mm，同时保证渗碳层深度达到规定的技术要求。试确定 H_1 的数值。

4-15　在图 4-33 中，以工件底面 1 为定位基准，镗孔 2，然后再以同样的定位基准镗孔 3。试分析：加工后，如果 $A_1 = 60^{+0.2}_{0}$ mm，$A_2 = 35^{0}_{-0.2}$ mm，尺寸 $25^{+0.4}_{+0.05}$ mm 能否保证？

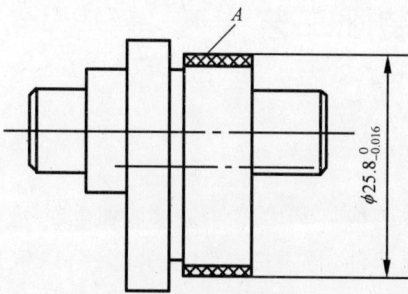

图 4-32　偏心零件图

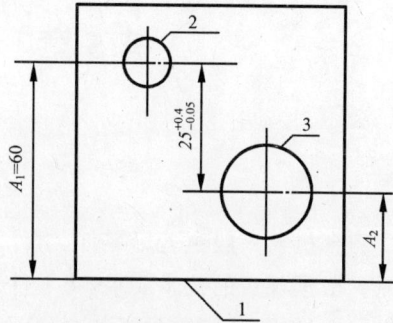

图 4-33　箱体零件图

4-16　何谓时间定额？批量生产时，时间定额由哪些部分组成？

4-17　提高机械加工劳动生产率的工艺措施有哪些？

第 5 章　机器装配工艺

5.1　概　　述

一台机器一般由若干零件、组件和部件所组成。其中零件是组成机器的基本单元。根据规定的技术要求,将零件先组合成组件、再进一步组合为部件、以致整个机器的过程,分别称为组装、部装和总装。对应的成品分别称为组件、部件和机器(或产品)。

机器的质量是以机器工作性能、使用效果、可靠性寿命等综合指标来评定的。这些指标,除与产品结构设计有关外,还取决于零件的制造质量(包括加工精度、表面质量、热处理等)和机器的装配工艺及装配精度。机器质量最终是通过装配工艺保证的。若装配不当,即使零件的制造质量都合格,也不一定能够装配出合格产品。反之,零件的质量不是很好,但只要在装配中采取合适的工艺措施,也能使产品达到规定的要求。因此,装配工艺及装配精度对保证机器的质量起到十分重要的作用。

另外,通过机器的装配,可以发现机器设计上的错误(不合理的结构、尺寸等)和零件加工工艺中存在的质量问题,并加以改进。因此,机器装配工艺过程又是机器生产的最终检验环节。目前,在多数工厂中,装配工作大多数靠手工劳动,生产效率不如机械加工。所以研究装配工艺,选择合适的装配方法,制定合理的装配工艺规程,不仅是保证机器装配质量的手段,也是提高产品生产效率、降低制造成本的有力措施。

5.1.1　装配工作的基本内容

机器装配是产品制造的最后阶段,装配过程中不是将合格零件简单地连接起来,而是要根据装配的技术要求,通过调整、修配、校正和反复检验等一系列工艺措施,最终保证产品质量的要求。常见的装配工作主要有以下几种:

1. 清洗

机械装配过程中,零、部件的清洗对保证产品的装配质量和延长产品的使用寿命均有重要的意义。清洗的目的是清除零件表面或部件中的油污及机械杂质。清洗方法有擦洗、浸洗、喷洗和超声清洗等。常用的清洗液有煤油、汽油、碱液及各种化学清洗液等。

清洗方法和清洗液种类的选择,应根据被清洗零件的材料、批量以及油污、杂质的性质等来选用。

2. 联接

在装配过程有大量的联接工作,联接的方式一般有两种:可拆卸联接和不可拆卸联接。

可拆卸联接是指可拆卸后仍可重新装配在一起的联接。常见的可拆卸联接有螺纹联接、键联接和销联接等。

不可拆卸联接是指在装配后一般不再拆卸,如要拆卸会损坏其中的某些零件的联接。常见的不可拆卸联接有焊接、铆接和过盈联接等。

3. 校正与配作

在产品装配过程中,特别在单件小批量生产时,为了保证装配精度,常需进行一些校正和配作。这是因为完全靠零件精度来保证装配精度往往是不经济的,有时甚至是不可能的。

校正是指产品中相关零、部件间相互位置的找正、找平,并通过各种调整方法以保证达到装配精度要求。配作是指配钻、配铰、配刮及配磨等,配作是和校正调整工作结合进行的。

4. 平衡

对于转速较高、运转平稳性要求高的机械,为防止使用中出现振动,装配时应对其旋转的零、部件进行平衡试验。

平衡试验有静平衡和动平衡试验两种。对于直径较大、长度较小的零件(如带轮和飞轮等),一般只需进行静平衡;对于长度较大的零件(如电机转子和机床轴等),则需进行动平衡。

对旋转体的不平衡量可采用下述方法校正:

(1) 用钻、铣、磨、锉、刮等方法去除多余质量。

(2) 用补焊、铆接、胶接、喷涂、螺纹联接等方式加配质量。

(3) 在预设的平衡槽内改变平衡块的位置和数量(如砂轮的静平衡),以保证平衡。

5. 验收试验

机械产品装配完后,应根据有关技术标准和规定,对产品进行较全面的检验和试验工作,合格后才准出厂。金属切削机床的验收试验工作,通常包括机床几何精度的检验、空运转试验、负荷试验和工作精度试验等。除上述装配工作外,油漆、包装等也属于装配工作。

5.1.2　装配的组织形式

在装配过程中,可根据产品结构特点和批量,以及现有生产条件,采用不同的装配组织形式。

（1）固定式装配。固定式装配是将产品和部件的全部装配工作安排在一固定的工作地上进行，装配过程中产品位置不变，装配所需的零、部件都汇集在工作地附近。

（2）移动式装配。移动式装配是将产品或部件置于装配线上，通过连续或间歇的移动使其顺次经过各装配工作地，从而完成全部装配工作。移动式装配有固定节奏和自由节奏两种装配方法。移动式装配的特点是，较细地划分装配工序，广泛采用专用设备及工装，生产效率高，对工人水平要求较低，质量容易保证，多用于大批量生产。

5.1.3　装配精度

1. 装配精度的概念

机器的质量是以其工作性能、使用效果、精度和寿命等作为指标来进行综合评定的。它主要取决于结构设计、零件质量及其装配精度。

装配精度不仅影响机器及部件的工作性能，而且影响它们的使用性能。对于机床来说，装配精度将直接影响在此机床上加工的零件精度。正确规定机器、部件的装配精度要求，是产品设计的重要一环，它不仅关系到产品的质量，也关系到产品制造的经济性。

对于一些系列化、标准化的产品，如通用机床、减速机等，其装配精度要求可根据国家、部委颁布的标准来制定。对于没有标准可循的产品，其装配精度可根据用户的使用要求，参照经过实践考验的类似产品或机器的已有数据，采用类比法确定。对于一些重要的产品，其装配精度要经过分析计算和实验研究后才能确定。

装配精度一般包括零、部件间的相互距离精度、相互位置精度和相对运动精度。

（1）相互距离精度。相互距离精度是指相关零、部件间的距离尺寸的精度，包括间隙、配合要求。例如，卧式车床前后两顶尖对床身导轨的等高度。

（2）相互位置精度。装配中的相互位置精度是指相关零、部件间的平行度、垂直度、同轴度及各种跳动等。例如，台式钻床主轴线对工作台台面的垂直度。

（3）相对运动精度。相对运动精度是指产品中有相对运动的零、部件在运动方向和相对速度上的精度，包括回转运动精度、直线运动精度和传动链精度等。例如，滚齿机滚刀与工作台的传动精度。

此外，装配精度还包括接触精度。例如，齿轮啮合、锥体配合以及导轨之间的接触精度等。

2. 装配精度与零件精度间的关系

机器的精度最终是在装配时达到的。保证零件的加工精度，其最终目的在于保证机器的装配精度,因此零件的精度和机器的装配精度有着密切的关系。

机器的某些装配精度往往与一个零件有关,而有些精度则往往与几个零件有关。前者在生产上俗称"单件自保",而后者则涉及装配尺寸链的问题。

如 X62W 万能卧式铣床,要求升降台垂直移动时对工作台面的垂直度:前后方向为 0.03 mm/300 mm(只允许台面前高,"前"是指靠近操作工人的方向);左右方向为 0.02 mm/300 mm,这项装配精度最终是要保证工作台台面和升降台垂直导轨之间垂直度的精度。这两个零件是通过回转盘、床鞍连接起来的,因此这项精度与工作台、回转盘、床鞍及升降台有关。影响这项精度的有:工作台台面对其下平导轨的平行度 $\delta_\text{工}$;回转盘上平导轨对其下回转面的平行度 $\delta_\text{回}$;床鞍上回转面对其下平导轨的平行度 $\delta_\text{鞍}$;升降台水平导轨对其垂直导轨的垂直度 $\delta_\text{升}$。如图 5-1 所示。因此要保证这项精度,则必须保证这四个零件的精度,而且这四个零件的精度不一定等同,可以有一个适当的分配,这就需要用尺寸链来求解。

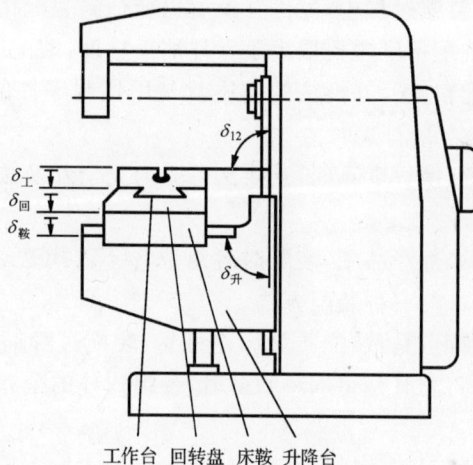

图 5-1　卧式万能铣床示意图

从上述分析中可以看出,在装配时零件加工误差的累积将会影响产品的装配精度。在加工条件允许的情况下,可以合理地规定有关零件的制造精度,使零件的累积误差不超出装配精度所规定的范围,从而简化装配工作,使之成为简单的联接过程,也就是可以不经任何修配和调整,这对大批大量生产过程是十分必要的。但是,零件的加工精度不但受工艺条件的影响,而且还受到经济性的限制。特别当产品装配精度要求较高时,控制零件加工精度来保证装配精度的方法,将给零件加工带来困难,这时常按经济加工精度确定零件的精度要求,使之易于加工,而在装配时采用一定的工艺措施(修配、调整等)来保证装配精度。应根据产品的性能、生产类型、装配条件来确定产品的装配方法。不同的装配方法,零件加工精度与装配精度具有不同的相互关系。为了定量分析这种关系,将尺寸链的基本理论应用于装配过程,即建立装配尺寸链的分析计算,可以很好地解决各种装配方法的装配精度与零件之间的关系问题。

5.2　装配方法

机械产品的精度,最终是靠装配精度来实现的。用较低的零件精度达到较高的装配精度,用较高的生产率来达到规定的装配精度,即合理地选择装配方法,是装配工艺的核心问题。常用的装配方法有互换装配法、选择装配法、修配装配法和调整装配法。

5.2.1　互换装配法

互换装配法是在装配过程中,零件互换后仍能达到装配精度要求的装配方法。产品采用互换法时,装配精度主要取决于零件加工精度,装配时不经任何的调整和修配,就可以达到装配精度。互换法的实质就是用控制零件的加工精度来保证装配精度。

根据互换零件的互换程度不同,互换法可分为完全互换法和大数互换法。

1. 完全互换法

完全互换法为在全部产品中,装配时各组成环不需挑选、修配和调整,装配后即能达到装配精度要求的一种装配方法。

这种装配方法的特点是:装配质量稳定可靠,装配过程简单,生产效率高。但是,当装配精度要求高,尤其是组成环数多时,各组成环的公差将很小,零件难以按经济精度加工。

这种装配方法适用于精度较低、组成环数较少的大批大量生产中。

采用完全互换法装配时,装配尺寸链采用极值法计算,即各组成环的公差之和应小于或等于封闭环的公差。

$$\sum_{i=1}^{n-1} T_i \leqslant T_0 \qquad\qquad (5\text{-}1)$$

式中,n——尺寸链环数,个;

　　　T_0——封闭环的公差,mm;

　　　T_i——组成环的公差($i=1,2,\cdots,n-1$),mm。

1) 装配尺寸链的正计算

已知组成环的公差,求封闭环的公差。用于图样的校核,校核按照给定的相关零件的公差,采用完全互换法装配是否满足装配精度要求。

2）装配尺寸链的反计算

已知封闭环的公差（装配精度），求各相关零件（各组成环）的公差。反计算时可按"等公差法"或"等精度法"进行。

如选择"等公差法"，先求出组成环的平均公差 $\bar{T}$，即

$$\bar{T} = \frac{T_0}{n-1} \tag{5-2}$$

然后根据各组成环尺寸大小和加工的难易程度，将它们适当调整。但调整后的各组成环公差和不得大于封闭环的公差。

在调整时可按照下列原则进行：

（1）当组成环为标准件时，其公差值和分布位置已为定值，只取标准值。

（2）当组成环为几个尺寸链的公共环时，其公差值和分布位置应由对其最严格的那个尺寸链先确定，而对其他尺寸链来说该环尺寸和公差已为定值。

（3）难加工或难测量的组成环，其公差值可取较大值。

在确定各组成环的极限偏差时，一般按"入体原则"确定；而孔与孔之间的中心距，则按对称偏差选取。

必须指出，如有可能，应使各组成环尺寸公差值和分布位置符合《公差和配合》的国家标准，这样可以利用标准极限量规（卡规、塞规）来测量尺寸。

这样一来，各组成环的公差值和分布位置，往往不能恰好满足封闭环的要求。因此，需要选一个组成环，其公差值和分布位置要经过计算确定，且不一定符合《公差和配合》国标，这个组成环称为协调环。协调环应根据具体情况加以选择，一般应选用便于加工和可以用通用量具测量的零件尺寸。

2. 大数互换法

完全互换法的装配过程虽然简单，但它是根据极大极小的极端情况来建立封闭环与组成环的关系的，在封闭环为既定值时，各组成环所获得的公差值过于严格，常使零件加工困难。由数理统计基本原理可知：首先，在一个稳定的工艺系统中进行大批大量加工时，零件加工误差出现极值的可能性很小。其次，在装配时，各零件的误差同时为极大、极小的"极值组合"的概率更小，实际上可以忽略不计。这样，完全互换法用严格的零件加工误差的代价换取装配时极少出现的极端情况，显然是不科学、不经济的。

在绝大多数产品中，装配时各组成环不需挑选、调整、修配，装配后即可达到装配精度要求，但少数产品有出现废品的可能性，这种装配方法称为大数互换法。

大数互换法的特点是：零件所规定的公差比互换法所规定的公差大，有利于零件的经济加工，装配过程与完全互换法一样简单、方便。个别产品存在超差的可能性，需采取适当的工艺加以解决。这种装配方法适用于大批大量生产，组成环数较多、装配精度要求较高的场合。

采用大数互换法装配时,装配尺寸链采用统计公差公式计算,即各组成环公差的平方和应小于或等于封闭环的平方公差。

$$\sum_{i=1}^{n-1} T_i^2 \leqslant T_0^2 \tag{5-3}$$

若按"等公差法"分配各组成环的公差,假如零件的公差分布是正态分布,则组成环的平均公差

$$\bar{T} = \frac{T_0}{\sqrt{n-1}} \tag{5-4}$$

其后的工作同完全互换法相同。

5.2.2　选择装配法

选择装配法是将尺寸链中组成环的公差放大到经济可行的程度,然后选择合适的零件进行装配,以保证装配精度的要求。

选择装配法有三种不同的形式:直接选配法、分组装配法和复合选配法。

1. 直接选配法

在装配时,工人从许多待装配的零件中,直接选择合适的零件进行装配,其优点是可以获得很高的装配精度,缺点是装配精度依赖于装配工人的技术水平和经验,装配时间不易控制。因此不宜用于生产节拍要求较严的大批大量生产中。

另外,采用直接选配法装配时,一批零件严格按同一精度装配,最后可能出现无法满足要求的"剩余零件"。

2. 分组装配法

当装配精度要求很高、环数较少时,采用完全互换法或大数互换法解尺寸链,组成环公差非常小,使得零件加工非常困难而又不经济。这时,在零件加工时,常常将各组成环的公差相对完全互换法所要求的公差数值放大数倍,使其尺寸能按经济精度加工,再按实际测量尺寸将零件分组,按对应组别进行装配,以达到装配精度要求。由于同组内零件可以互换,故这种方法称为分组互换法。

这种装配方法可以降低对组成环的加工精度,而不降低装配精度,但却增加了测量、分组和配套的工作量。当组成环数较多时,就变得复杂,因此,分组装配方法常用于装配精度要求很高而组成环数较少的成批或大批量生产中。

现以汽车发动机中活塞销轴与活塞销孔的装配为例,说明分组装配的装配过程。

活塞销和活塞销孔的装配关系如图 5-2 所示。基本尺寸为 $\phi28\text{mm}$,按装配精度要求,在冷态装配时应有 0.0025~0.0075mm 的过盈量,此为装配精度要求,即封闭环的公差

$$T_0 = 0.0075 - 0.0025 = 0.0050(\text{mm})$$

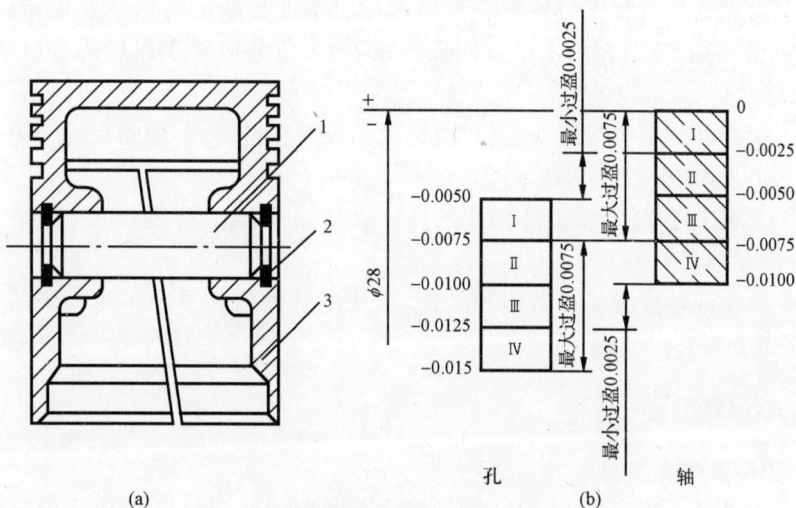

(a)　　　　　　　　　　　　　(b)

图 5-2　活塞销与活塞销孔的配合示意图

(a) 装配关系；(b) 分组尺寸公差带图

1-活塞销；2-卡簧；3-活塞

由于销轴与两个零件配合，所以选择销轴为基轴制(h)，以销孔为协调环，则

$$d = \phi 28_{-0.0025}^{0} \, \text{mm}, \quad D = \phi 28_{-0.0075}^{-0.0050} \, \text{mm}$$

如果采用完全互换法装配，则分配到销轴和孔的平均公差仅为 0.0025mm。显然制造这样精度的销轴与孔既困难又不经济。在实际生产中，采用分组装配法，将销轴与销孔的公差在相同方向放大四倍(采用上偏差不动，变动下偏差)，即

$$d = \phi 25_{-0.010}^{0} \, \text{mm}, \quad D = \phi 28_{-0.015}^{-0.005} \, \text{mm}$$

这样零件精度就可以按经济精度进行加工了，然后用精密量规测其尺寸，并按尺寸大小分成四组，涂上不同的颜色加以区别，或分别装入不同的容器，以便分组装配，表 5-1 所示为分组情况。

表 5-1　活塞销与活塞孔的分组尺寸

组别	标志颜色	活塞销直径/mm	活塞孔直径/mm
I	蓝	$\phi 28_{-0.0025}^{0}$	$\phi 28_{-0.0075}^{-0.0050}$
II	红	$\phi 28_{-0.0050}^{-0.0025}$	$\phi 28_{-0.010}^{-0.0075}$
III	白	$\phi 28_{-0.0075}^{-0.0050}$	$\phi 28_{-0.0125}^{-0.010}$
IV	黑	$\phi 28_{-0.0100}^{-0.0075}$	$\phi 28_{-0.0150}^{-0.0125}$

采用分组装配时应注意以下几点：

（1）为保证分组装配后的配合性质和配合精度与原装配精度要求相同，应使配合件的公差相等，公差增大的方向应一致，增大倍数应等于以后的分组数，如图5-2所示。

（2）配合件的形状精度、相互位置精度及表面粗糙度，不能随尺寸公差的放大而放大，应与分组公差相适应。

（3）分组数不宜过多，零件的公差只要放大到经济精度即可，否则工作量增加。

（4）为保证零件分组后数量相匹配，应使配合件的公差分布为相同的对称分布（如正态分布）。

5.2.3　修配装配法

1. 修配法的基本原理

修配装配法是在装配时修去指定零件上预留的修配量以达到装配精度的方法，简称修配法。

单件或成批生产中，当装配精度要求高、组成环数较多时，若按互换法装配，对组成环的公差要求过严，从而造成加工困难。而采用分组装配法又因生产零件数量少、种类多而难以分组，这时候，常采用修配装配法来保证装配精度的要求。

采用修配法时，尺寸链中各尺寸均按经济加工精度加工。在装配时，累积在封闭环上的总误差必然超出其公差。为了达到规定的装配精度，必须对尺寸链中指定的组成环进行修配，以补偿超差部分的误差，这个组成环叫做修配环，也称补偿环。

采用修配法装配时，首先应正确选择补偿环。作为补偿零件一般应满足以下要求：

（1）易于修配并且装卸方便。

（2）不是公共环。

（3）不要求表面处理的零件。

2. 修配尺寸链计算

当补偿环选定以后，求解装配尺寸链的主要问题是如何确定补偿环的尺寸验算修配量是否合适。其计算方法一般采用极值法。

修配过程中，修配环对封闭环的影响有两种情况：修配后使封闭环尺寸变大或使封闭环变小。用修配法解算装配尺寸链时，可分别计算这两种情况。下面讨论其中一种。

如图 5-3 所示，普通车床装配时，要求尾座中心线比主轴中心线高 $0 \sim 0.6$mm，已知 $A_1 = 160$mm，$A_2 = 30$mm，$A_3 = 130$mm，现采用修配法装配，试确定各组成环公差及分布。

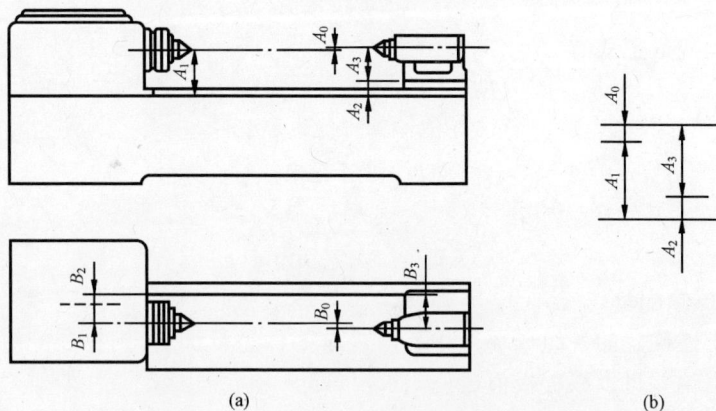

图 5-3 车床主轴箱与尾座中心线装配示意图

1) 确定各组成环的平均公差

画装配尺寸链，A_0 是封闭环，A_1 是减环，A_2、A_3 为增环。按照题意有

$$A_0 = 0^{+0.06}_{0} \text{mm}$$

若按完全互换法的极值公式计算各组成环的平均公差，则

$$\bar{T} = \frac{T_0}{n-1} = \frac{0.06}{3} = 0.02 (\text{mm})$$

显然，各组成环的公差太小，零件加工困难。所以，在生产中常按经济精度规定各组成环的公差，而在装配时采用修配法装配。

2) 选择修配环

组成环 A_2 为尾座底板的厚度，底板装卸方便，加工简单，故选它为修配环。

3) 确定各组成环的公差和偏差

A_1、A_2 可以采用镗模镗削加工，取经济公差 $T_1 = T_2 = 0.1\text{mm}$，底板 A_2 因要修配，按半精加工选取经济公差 $T_2 = 0.15\text{mm}$。除修配环外各环的尺寸如下：

$$A_1 = 160 \pm 0.05\text{mm}, \ A_3 = 130 \pm 0.05\text{mm}$$

按照上面确定各尺寸公差，装配时形成的封闭环公差

$$T_0 = T_1 + T_2 + T_3 = 0.1 + 0.15 + 0.1 = 0.35 (\text{mm})$$

显然，这时封闭环的公差已超出规定的装配精度，需要在装配时对修配环进行修配。

4) 确定修配环 A_2 的尺寸及偏差

从装配链可以看出，修配环 A_2 将使封闭环尺寸减小。若以 A_0 表示修配前的实际尺寸，A_0' 表示修配后的实际尺寸。

根据题意，封闭环的下偏差 $EI_0 = 0\text{mm}$，则

$$EI'_0 = EI_0 = (EI_2 + EI_3) - EI_1$$

将已知数据代入上式有

$$(EI_2 - 0.05) - 0.05 = 0$$

得

$$EI_2 = 0.1\text{mm}$$

于是

$$A_2 = 30^{+0.25}_{+0.1}\text{mm}$$

5）校核修配量

按照上述确定的各组成环尺寸及偏差对零件进行加工,则在装配时形成的封闭环的极限偏差可以根据极值法公式求出,即

$$ES'_0 = (ES_2 + ES_3) - EI_1$$
$$= (0.25 + 0.05) - (0.05) = 0.35(\text{mm})$$
$$EI'_0 = (EI_2 - EI_3) - ES_1$$
$$= (0.1 - 0.05) - 0.05 = 0(\text{mm})$$

即此时的封闭环尺寸及偏差 $A'_0 = 0^{+0.35}_0$ mm,显然不能满足所要求的装配精度 A_0 $= 0^{+0.06}_0$ mm,需要对补偿环进行修配。

在这个例子中,修配补偿环使封闭的尺寸变小,可以看出,当封闭环获得最小尺寸时,则不能再对补偿环进行修配,因此,补偿环的最小修配量 $F_{\min} = 0.1$mm,为此需要扩大补偿零件的尺寸,即

$$A_2 = 30.1^{+0.25}_{+0.1}\text{mm} = 30^{+0.35}_{+0.20}\text{mm}$$

此时,最大修配量 $F_{\max} = 0.29 + 0.1 = 0.39(\text{mm})$,最小修配量 $F_{\min} = 0.1$mm。

3. 修配法的种类

实际生产中,通过修配达到装配精度的方法很多,常见的有以下几种:

(1) 单件修配法。在多环装配尺寸链中,选定某一固定的零件做修配件(补偿环),装配时用除去金属层的方法改变其尺寸,以满足装配精度要求。

(2) 合件修配法。这种方法是将两个或多个零件合并在一起再进行加工修配,合并后的尺寸可以看作一个组成环,这样就可以减少装配尺寸链组成环的数目,并可相应地减少修配的工作量。

合件修配法由于零件在合并后再加工和装配,给组织装配生产带来很多不便,因此这种方法多用于单件小批生产中。

(3) 自身加工法。在机床制造中,有些装配精度高,若单纯依靠限制各零件的加工精度来保证,须要求各零件有很高的加工精度,甚至无法加工,而且不易选择合适的修配件。此时,在机床总装时,用机床本身加工自己的方法来保证机床的装配精度,这种修配法称为自身加工法。例如,在牛头刨床总装后,用自刨的方法加工工作台面,这样就可以容易地保证滑枕运动方向与工作台面的平行度。

5.2.4　调整装配法

调整装配法是在装配时用改变产品中可调整零件的相对位置或选用合适的调整件以达到装配精度的方法。

调整装配法与修配装配法的实质相同,即有关零件仍可按经济加工精度确定公差,选定一个组成环为补偿环(也称调整环),但在改变补偿环尺寸的方法上有所不同。修配法采用补充加工的方法除去补偿件的金属层,而调整法则采用调整的方法改变补偿的实际尺寸和位置,以补偿由于各组成环公差扩大后所产生的累积误差,从而保证加工精度要求。根据调整方法的不同,调整法分为固定调整法、可动调整法和误差抵消调整法三种。

1. 固定调整法

固定调整法是在装配尺寸链中,选择某一零件作为调整件,根据各组成环形成的累积误差的大小来更换不同尺寸的调整件,以确保装配精度要求的方法。固定调整法多用于装配精度要求高的大批大量生产中。

调整件是按一定尺寸间隙级别预先制成的若干组专门零件,根据装配时的需要,选用其中某一级别的零件来作补偿误差。常用的调整件有垫圈、垫片、轴套等。

采用固定调整法的关键是:①选择调整范围;②确定调整件的分组数;③确定每组调整件的尺寸。

固定调整法可降低对组成环的加工要求,利用调整的方法改变补偿环的实际尺寸,从而获得较高的装配精度,尤其是尺寸链中环数较多时,其优点更为明显。固定调整法在装配时不必修配补偿环,没有修配法的一些缺点,所以在大批大量生产中采用较多。固定调整法没有可动调整法中改变位置的补偿件,因而刚性较好,结构比较紧凑。但是,固定调整法在调整时要拆换补偿环,装拆和调整比较费事,所以设计时要选择装拆方便的结构。另外,由于要预选做好若干组不同尺寸的补偿环,这也给生产带来不便,为了简化补偿件的规格,生产中常用"多件组合法"。"多件组合法"是将补偿环(如垫片)做成几种规格,如厚度分别为 0.1 mm、0.2 mm、0.5 mm、1 mm 等,根据需要将不同规格的垫片组合起来满足封闭环公差要求(如同量规组合使用一样)。为了提高"多件组合法"的调整精度,生产中采用"套筒和垫片"的组合法,其中垫片的最小间隔为 0.1 mm,套筒的间隔为 0.02 mm(如做成 15.02 mm、15.04 mm、15.06 mm、15.08 mm、15.10 mm 五种)。调整时,用垫片做粗调整,用套筒做精调整。

固定调整法常用于大批大量生产和中批生产,以及封闭环要求较严的多环装配尺寸链中,尤其在比较精密的机械传动中用调整法还能补偿使用过程中的磨损和误差,恢复原有精度。如精密机械、机床和传动机械中的锥齿轮啮合精度的调整、轴承间隙或预紧度的调整等,都广泛采用固定调整法。

2. 可动调整法

可动调整法是采用改变调整件的位置来保证装配精度的方法。如图 5-4 所示,机床横刀架采用调整螺钉使楔块上下移动来调整丝杠和螺母的轴向间隙。如图 5-5 所示,主轴箱用螺钉来调整端盖的轴向位置,最后达到调整轴承间隙的目的。可动调整法不但调整方便,能获得比较高的精度,而且还可以补偿由于磨损和变形等所引起的误差,使设备恢复原有精度。所以,在一些传动机构或易磨损机构中,常用可动调整法。但是,可动调整法中因可动调整件的出现,削弱了机构的刚性,因而在刚性要求较高或机构比较紧凑而无法安排可动调整件时,就要采用其他调整法。

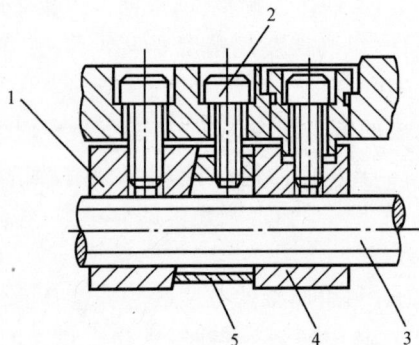

图 5-4　采用楔块调整丝杠和螺母间隙的示意图
1-前螺母;2-调节螺钉;3-丝杠;4-后螺母;5-楔块

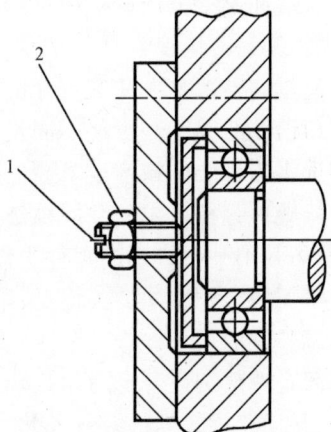

图 5-5　调整轴承间隙的示意图
1-调节螺钉;2-螺母

3. 误差抵消调整法

误差抵消调整法是产品装配时,通过调整有关零件的相互位置,使其加工误差相互抵消一部分,以提高装配精度的方法。它在机床装配中应用较多,如在组装机床主轴时,通过调整前后轴承径向跳动的方向,来控制主轴锥孔的径向跳动。

误差抵消调整法,可在不提高轴承和主轴的加工精度条件下,提高装配精度。它与其他调整法一样,常用于机床制造,且封闭环要求较严的多环装配尺寸链中。但由于误差抵消调整法需事先测出补偿环的误差方向和大小,装配时需技术等级高的工人,因而增加了装配时和装配前的工作量,并给装配组织工作带来了一定的麻烦。误差抵消调整法多用于批量不大的中小批生产和单件生产。

以上介绍了互换装配法、选择装配法、修配装配法及调整装配法等保证装配精度的方法。一个产品(或部件)究竟采用哪一种装配方法来保证装配精度,应当根据产品的装配精度要求、部件(或产品)的结构特点、尺寸链的环数、生产批量及现场生产条件等因素进行综合考虑,确定一种最佳的装配方案。而且,装配方法应该在产品设计阶段就首先确定。因为只有装配方法确定后,才能通过尺寸链计算,合理地确定出各零、部件在加工和装配中的技术要求。

5.3　装配工艺规程的制定

5.3.1　制定装配工艺规程的原则及准备

装配工作是整个机器生产的最后一个环节,它对整个机器的质量、生产率和经济性有很大的影响。装配工艺规程就是用文件的形式将装配内容、顺序、检验等规定下来,成为指导装配工作及处理装配工作中所发生问题的依据。大量生产的工艺所制定的装配工艺规程比较详细;单件小批生产的工厂所制定的装配工艺规程则比较简单,甚至没有装配工艺规程。既然装配工艺规程是生产上的指导性文件,那么单件小批生产也应有装配工艺规程,有了它对装配质量的保证、生产率的满足和生产成本的分析,以及对总结生产中的经验都会有积极的作用。

1. 制定装配工艺规程原则

1) 保证产品的质量

这是一项最基本的要求,因为产品的质量最终是由装配保证的。有了合格的零件才能装出合格的产品,如果装配不当,即使零件质量很高,却不一定能装出高质量的机器。装配过程可以反映设计及零件加工中所存在的问题,以便进一步保证和改进产品质量。

2) 满足装配周期的要求

装配周期是根据生产纲领的要求计算出来的,是必须要完成的。对于流水生产,就是要保证生产节拍,这往往是成批生产和大量生产的组织形式;而对于单件小批生产,则往往是规定月产数量,容易造成前松后紧、装配周期不均衡的现象。目前这一问题还是十分严重的。它不仅涉及装配工作本身,而且和整个零件的机械加工进程有关,需要统筹安排才行。因此装配周期一定要在零件机械加工的基础上才能最终保证。

3) 尽量减少手工劳动量

2. 原始资料准备

1) 产品的装配图

装配图包括总装配图和部件装配图,并能清楚地表示出:零、部件和相互连接情况及其联系尺寸;装配精度和其他技术要求;零件的明细表等。为了在装配时对某些零件进行补充机械加工和核算装配尺寸链,有时还需要某些零件图。验收技术条件应包括验收的内容和方法。

2）产品的生产纲领

生产纲领决定了产品的生产类型。不同的生产类型致使装配的组织形式、装配方法、工艺过程的划分、设备及工艺装备专业化或通用化水平、手工操作量的比例、对工人技术水平的要求和工艺文件格式等均有不同。

3）现有生产条件和标准资料

现有生产条件和标准资料包括现有装配设备、工艺装备、装配车间面积、工人技术水平、机械加工条件及各种工艺资料和标准等。掌握这些资料，能切合实际地从机械加工和装配的全局出发制定合理的装配工艺规程。

5.3.2　制定步骤及内容

1. 熟悉和审查产品的装配图

(1) 了解产品及部件的具体结构、装配技术要求和检查验收的内容及方法。

(2) 审查产品的结构工艺性。

(3) 研究设计人员所确定的装配方法，进行必要的装配尺寸链分析与计算。

2. 确定装配方法与装配的组织形式

选择合理的装配方法是保证装配精度的关键。一般说来，只要组成环零件的加工比较经济可行时，就要优先采用完全互换装配法。成批生产、组成环又较多时，可考虑采用大数互换装配法。当封闭环公差要求较严时，采用互换装配法将使组成环加工比较困难或不经济时，就采用其他方法。大量生产时，环数少的尺寸链采用分组装配法；环数多的尺寸链采用调整装配法。单件小批生产时，则常采用修配装配法。成批生产时可灵活应用调整装配法、修配装配法和分组装配法（后者在环数少时采用）。一种产品究竟采用何种装配方法来保证装配精度要求，通常在设计阶段即应确定。因为只有在装配方法确定后，才能通过尺寸链的计算，合理地确定各个零、部件在加工和装配中的技术要求。但是，同一种产品的同一装配精度要求，在不同的生产类型和生产条件下，可能采用不同的装配方法。要结合具体生产条件，从机械加工或装配的全过程出发应用尺寸链理论，同设计人员一起最终确定合理的装配方法。

装配的组织形式的选择，主要取决于产品的结构特点（包括质量、尺寸和复杂程度）、生产纲领和现有生产条件。装配的组织形式按产品在装配过程中移动与否分为固定式和移动式两种。固定式装配全部装配工作在一个固定的地点进行，产品在装配过程中不移动，多用于单件小批生产或重型产品的成批生产。固定式装配也可组织工人专业分工，按装配顺序轮流到各产品点进行装配，这种形式称为固定流水装配，多用于成批生产结构比较复杂、工序数多的产品，如机床、汽轮机的装配。移动式装配将零、部件用输送带或小车按装配顺序从一个装配地点移动到下一个装配地点，各装配地点分别完成一部分装配工作，全部装配地点完成产品的全部装配工作。移动式装配按移动的形式可分为连续移动和间歇移动两种。连续移动式装配即装配线连续按节拍移动,工人在装配时边装边随装配线走动,装配完毕立即回到原位继续重复装配;间歇移动式装配即装配时产品不动,工人在规定时间(节拍)内完成装配规定工作后,产品再被输送带或小车送到下一工作地。移动式装配按移动时节拍变化与否又可分为强制节拍和变节拍两种。变节拍式移动比较灵活,具有柔性适合多品种装配。移动式装配常用于大批大量生产组成流水作业线或自动线,如汽车、拖拉机、仪器仪表等产品的装配。

5.3.3　绘制装配单元系统图

1. 划分装配单元,确定装配顺序

将产品划分为可进行独立装配的单元是制定装配工艺规程中最重要的一个步骤,这对于大批大量生产结构复杂的产品时尤为重要。只有划分好装配单元,才能合理安排装配顺序和划分装配工序,组织流水作业。

机器是由零件、合件、组件和部件等装配单元组成的,零件是组成机器的基本单元。零件一般都预先装成合件、组件和部件后,再安装到机器上。合件由若干零件固定连接(铆或焊)而成,或连接后再经加工而成,如发动机连杆小头孔压入衬套后再精镗。组件是指一个或几个合件与零件的组合,没有显著完整的作用,如主轴箱中轴与其上齿轮、套、垫片、键和轴承的组合体。部件是若干组件、合件及零件的组合体,并在机器中能完成一定的功能,如车床中的主轴箱、进给箱和溜板箱部件等。机器是由上述各装配单元结合而成的整体,具有独立的、完整的功能。

上述各装配单元要选定某一零件或比它低一级的单元作为装配基准件,通常应选体积或质量较大、有足够支承面能保证装配时的稳定性的零件、组件或部件作为装配基准件。如床身零件是床身组件的装配基准件;床身组件是床身部件的装配基准组件;床身部件是机床产品的装配基准部件。

划分好装配单元,并确定装配基准件后,就可安排装配顺序。确定装配顺序的要求是保证装配精度,以及使装配时的连接、调整、校正和检验工作顺利地进行,前面工序不能妨碍后面工序进行,后面工序不应损坏前面工序的质量。

一般装配顺序的安排为:

(1)工件要预先处理,如工件的倒角、去毛刺与飞边、清洗、防锈和防腐处理、油漆和干燥等。

(2)先装配基准件、重大件,以便保证装配过程的稳定性。

(3)先装配复杂件、精密件和难装配件,以保证装配顺序进行。

(4)先进行易破坏后续装配质量的工作,如冲击性质的装配、压力装配和加热装配。

(5)集中安排使用相同设备及工艺装备的装配和有共同特殊装配环境的

装配。

（6）处于基准件同一方位的装配应尽可能集中进行。

（7）电线、油气管路的安装应与相应工序同时进行。

（8）易燃、易爆、易碎、有毒物质或零、部件的安装，尽可能放在最后，以减少安全防护工作量，保证装配工作顺利完成。

为了清晰表示装配顺序，常用装配单元系统图来表示，图 5-6（a）是产品装配单元系统图；图 5-6（b）是部件装配单元系统图。

在装配单元系统图上加注所需的工艺说明，如焊接、配钻、配刮、冷压、热压和检验等，就形成装配工艺系统图。

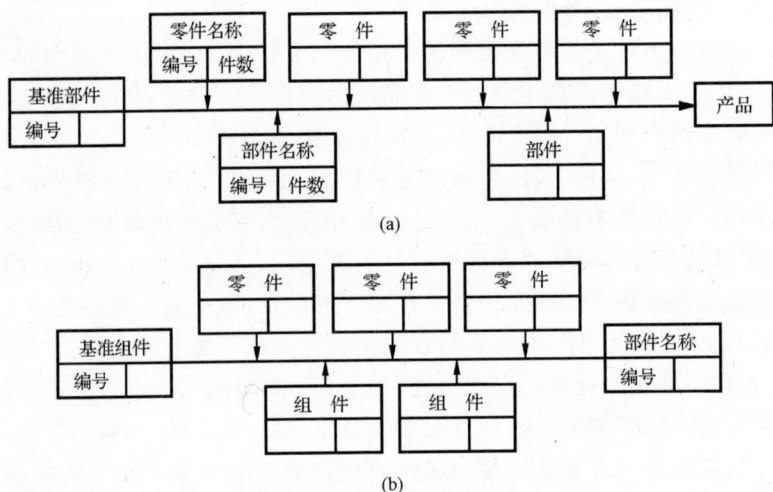

(a)

(b)

图 5-6　装配单位系统图

(a) 产品装配单元系统图；(b) 部件装配单元系统图

2. 装配工序的划分与设计

装配顺序确定后，可将装配工艺过程划分为若干个装配工序，并进行具体装配工序的设计。装配工序的划分主要是确定工序集中与工序分散的程度。装配工序的划分通常和装配工序设计一起进行。

装配工序设计的主要内容有：

（1）制定装配工序的操作规范，例如，过盈配合所需压力、变温装配的温度值、紧固螺栓联接的预紧扭矩、装配环境等。

（2）选择设备与工艺装备，若需要专用设备与工艺装备，则应提出设计任务书。

3. 填写工艺文件

单件小批量生产要求填写装配工艺过程卡。中批生产时,通常也只需填写装配工艺过程卡,对复杂产品则还需填写装配工序卡。大批量生产时,不仅要求填写装配工艺过程卡,而且要填写装配工序卡,以便指导工人进行装配。

4. 制定产品检测与实验规范

(1) 检测与实验的项目及检验质量指标。

(2) 检测与实验的方法、条件与环境要求。

(3) 检测与实验所需工艺装备的选择或设计。

(4) 质量问题的分析方法和处理措施。

习题与思考题

5-1 什么叫做装配? 它包括哪些内容?

5-2 零件精度和装配精度是什么关系?

5-3 装配精度包括哪些方面? 影响装配精度的主要因素有哪些?

5-4 保证装配精度的主要方法有哪几种?

5-5 完全互换装配法和大数互换装配法各有何特点,其应用场合是什么?

5-6 什么是分组装配法? 其特点和应用场合是什么?

5-7 什么是修配装配法? 其特点和应用场合是什么?

5-8 什么是调整装配法? 它有哪三种形式?

5-9 制定装配工艺规程时,应考虑哪些原则?

5-10 装配的组织形式有几种? 有何特点? 各应用于什么场合?

5-11 为什么要将机器装配划分为若干独立的装配单元?

第6章　机床夹具设计

6.1　概　　述

为了将工件加工出符合技术要求的零件,在加工前将工件安装到机床上所使用的工艺装备称为机床夹具(以下简称夹具)。在现代制造生产中,机床夹具是一种不可缺少的工艺装备,它直接影响着工件的加工精度、劳动生产率和产品的制造成本等,故机床夹具设计在企业的产品设计、制造以及生产技术准备中占有极其重要的作用。

工件安装是指将工件在机床上或夹具中定位并夹紧的过程,工件安装又称为工件的装夹。定位是指确定工件在机床或夹具上占有正确位置的过程。夹紧是指工件定位后将其固定,使其在加工过程中保持定位位置不变的操作。

6.1.1　夹具的组成

夹具主要由定位元件、夹紧装置、导向元件、夹具体和其他元件组成,如图 6-1 所示。

1. 定位元件

定位元件是用以确定工件在机床或夹具中占有正确位置的元件。图 6-1 中,夹具上的短 V 形块和大平面都是定位元件。

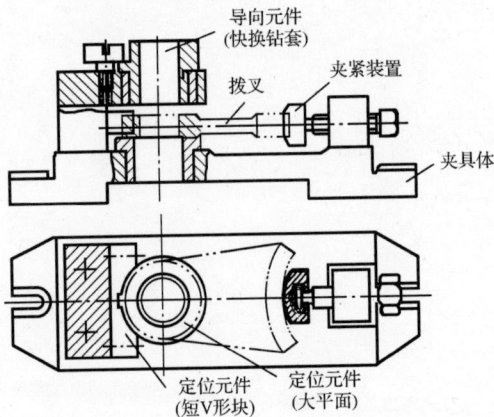

图 6-1　钻床夹具示意图

2. 夹紧装置

夹紧装置的作用是将工件压紧夹牢,保证工件在加工过程中受到外力(切削力等)作用时不离开已经占据的正确位置。

3. 导向元件

导向元件用于确定刀具相对于定位元件的正确位置。图 6-1 中快换钻套和钻模板组成导向装置,确定了钻头轴线相对定位元件的正确位置。

4. 夹具体

夹具体是机床夹具的基础件。用以连接夹具各元件及装置,使之成为一个整体,并通过它将夹具安装在机床上。

5. 其他元件

除上述各部分元件或装置外,在夹具中因特殊需要还设置一些元件或装置,如分度装置、连接元件、预定位装置、安全保护装置、吊装元件和对刀元件等。

6.1.2　夹具的作用

夹具的作用是使工件相对于机床或刀具占有正确的位置,并在加工过程中保持这个位置不变。在工件的加工过程中夹具的作用主要有以下几点:

1. 稳定地保证工件的加工质量

夹具的首要任务是保证工件的加工精度,特别是保证被加工工件的尺寸精度,以及定位面与被加工面之间的形位精度。使用夹具后,这种精度就可以靠夹具和机床来保证。

2. 提高劳动生产率,降低产品的制造成本

使用夹具装夹工件方便、迅速,工件加工所需的辅助工时减少,提高劳动生产率,而且易于实现多件和多工位加工。此外,在夹具上可广泛采用气动、液动、电动等方式夹紧,能提高劳动生产率,降低产品的制造成本。

3. 扩大机床的工艺范围

在机床上使用夹具可使加工变得方便,并可扩大机床的工艺范围。例如,在车床或钻床上使用镗模,可代替镗床镗孔。

另外,使用夹具还能减轻工人劳动强度、保证生产安全等。

6.1.3　夹具的分类

按应用范围,夹具通常分为以下几类:

1. 通用夹具

通用夹具是指已经标准化的,在一定范围内可用于加工不同工件的夹具。例如,车床上的三爪卡盘、四爪卡盘和顶尖;铣床上的平口钳、分度头和回转工作台等。它们具有通用性,无需调整或稍加调整就可以用于装夹不同的工件。这类夹

具一般由专业工厂生产,作为机床附件供用户使用。

　　2. 专用夹具

　　专用夹具是指专为某一工件的某道工序的加工而专门设计的夹具。专用夹具通常由使用厂根据要求自行设计和制造,适用于产品固定且批量较大的生产中。

　　3. 组合夹具

　　组合夹具是指按某一工件的某道工序的加工要求,由一套事先设计制造好的标准元件和部件组装而成的专用夹具。这种夹具用过之后可以拆卸存放,或供重新组装新夹具时使用。具有组装迅速、周期短、能反复使用的特点。适用于小批量生产或新产品试制中。

　　4. 成组夹具

　　成组夹具是指专为加工成组工艺中某一族(组)零件而设计的可调夹具,加工对象明确,只需调整或更换个别定位元件或夹紧元件便可使用,调整范围只限于本零件族(组)内的工件,适用于成组加工。

　　夹具也可按机床类型、夹具的用途和夹具的动力源等进行分类。

6.1.4　在夹具上加工的工件加工误差组成

　　采用夹具装夹造成的工件加工误差由三部分因素产生。

　　1. 工件安装误差

　　与工件在夹具中安装有关的加工误差,称为工件安装误差。其中包括工件在夹具中由于定位不准确所造成的加工误差(定位误差);以及工件在夹紧时,由于工件和夹具变形所造成的加工误差(夹紧误差)。

　　2. 夹具对定误差

　　与夹具相对刀具及切削成形运动有关的加工误差,称为夹具对定误差。其中包括夹具相对刀具位置有关的加工误差(对刀误差)和夹具相对成形运动位置有关的加工误差(夹具位置误差)。

　　3. 加工过程误差

　　在加工过程中,由工艺系统的受力变形、受热变形及刀具磨损等因素所造成的加工误差,称为加工过程误差。

　　为了得到合格零件,必须使上述各项误差之和等于或小于零件的相应公差 T,即

$$\delta_{安装} + \delta_{对定} + \delta_{过程} \leqslant T \tag{6-1}$$

式中, $\delta_{安装}$ ——工件安装误差,mm;

　　　　$\delta_{对定}$ ——夹具对定误差,mm;

　　　　$\delta_{过程}$ ——加工工程误差,mm。

　　式(6-1)称为加工误差的不等式。在设计或选用夹具时,需要仔细分析计算工件的安装误差和夹具对定误差,并从全局出发对其值予以控制。既要使工件的装

夹方便可靠,夹具的制造与调整容易,又要给加工过程误差留有余地。通常,初步计算时,安装误差和对定误差可粗略先按三项误差平均分配,各不超过公差的三分之一,并给过程误差留有余地即可。

$$\delta_{安装} < T/3, \delta_{对定} < T/3, \delta_{过程} < T$$

安装误差和对定误差与夹具的设计、使用和调整等有关。若这种单项分配不能满足不等式要求,也可综合考虑,即按 $\delta_{安装} + \delta_{对定} \leqslant 2T/3$ 进行计算。这样,可根据具体情况,在安装误差和对定误差之间进行调整。

6.2　工件的定位

为了保证工件加工达到技术要求,必须使工件相对刀具和机床处于正确的加工位置。对单个工件来说,就是使工件准确占据定位元件所规定的位置;而对一批逐次放入夹具的工件来说,则是使同一批工件在夹具中占据正确的位置。工件的定位是夹具设计中的关键技术问题之一。

6.2.1　工件定位的基本原理

1. 工件的自由度

一个尚未定位的工件,其位姿是不确定的,在空间具有六个自由度,即沿三个互相垂直坐标轴的移动及绕这三个坐标轴的转动,如图 6-2(a)所示。工件可沿 x、y、z 轴移动,也可以绕 x、y、z 轴转动,它们分别用 $\vec{x}$、$\vec{y}$、$\vec{z}$ 和 $\hat{x}$、$\hat{y}$、$\hat{z}$ 表示。其中,$\vec{x}$、$\vec{y}$、$\vec{z}$ 分别称为沿 x、y、z 轴线方向的移动自由度;$\hat{x}$、$\hat{y}$、$\hat{z}$ 分别称为绕 x、y、z 轴回转方向的转动自由度。定位的任务就是合理地对工件的自由度加以约束。

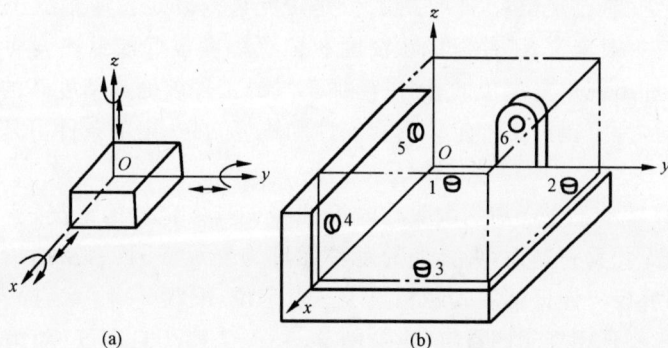

图 6-2　工件的六点定位示意图

2. 六点定位原理

将具体的定位元件抽象化,转化为相应的定位支承点,用这些定位支承点来限制工件的运动自由度,这样便于分析定位问题。工件在空间的六个自由度,可以用图 6-2(b)中合理设置的六个支承点与其保持接触来限制,这种使工件在空间得到确定定位姿的方法,称为六点定位原理。

如图 6-2(b)所示,在 xOy 平面上分别设置 1、2、3 三个支承点,限制工件的 $\vec{z}$、$\hat{x}$、$\hat{y}$ 方向的自由度;在 xOz 平面上分别设置两个支承点 4、5,限制工件的 $\vec{y}$、$\hat{z}$ 方向的自由度,在 yOz 平面设置一个支承点 6,限制工件的 $\vec{x}$ 方向的自由度。这样,工件的六个自由度就全被限制,在夹具中的位姿得到了确定。

3. 定位的种类

工件定位时,影响加工要求的自由度必须限制。不影响加工要求的自由度,有时要限制,有时可不限制,视具体情况而定。工件的定位种类通常有如下几种:

1) 完全定位

工件在夹具中定位,若六个自由度都被限制时,称为完全定位。

2) 部分定位(不完全定位)

工件在机床的夹具中定位,限制的自由度少于六个,但能满足加工要求,称为部分定位。

3) 欠定位

工件在机床上或夹具中定位时,若定位支承点数少于工序加工要求应予以限制的自由度数,则工件定位不足,称为欠定位。

工件的定位,若应限制的自由度没有被限制,出现欠定位,则不能保证一批工件在夹具中位姿的一致性和工序的加工精度要求,因而是不允许的。

4) 重复定位(过定位)

工件在机床上或夹具中定位,若几个定位支承点重复限制同一个或几个自由度,称为重复定位(过定位)。工件的定位是否允许重复定位应根据工件的不同情况进行分析。一般来说,工件以形状精度和位置精度很低的毛坯表面作为定位基准时,是不允许出现重复定位的;而以已加工过的工件表面或精度高的毛坯表面作为定位基准时,为了提高工件定位的稳定性和刚度,在一定的条件下是允许采用重复定位的。

图 6-3(a)显示了连杆加工大头孔时工件在夹具中定位的情况,连杆的定位基准为端面、小头孔及一侧面,夹具上的定位元件为支承板、长销及挡销。根据工件定位原理,支承板与连杆端面接触相当于三点定位,限制 $\vec{z}$、$\hat{x}$、$\hat{y}$ 三个自由度;长销与连杆小头孔配合相当于四点定位,限制 $\vec{x}$、$\vec{y}$、$\hat{x}$、$\hat{y}$ 四个自由度;挡销与连杆侧面接触,限制一个自由度 $\hat{z}$。这样,三个定位元件相当于八个定位支承点,共限制了八个自由度,其中 $\hat{x}$ 和 $\hat{y}$ 被重复限制,属于重复定位。若工件小头孔与端面有较大的垂直度误差,且长销与工件小头孔的配合间隙很小,则会产生连杆小头孔套入长销后,连杆端面与支承板不完全接触的情况(图 6-3(b))。当施加夹紧力 W 迫使

它们相接触后,则会造成长销或连杆的弯曲变形,降低了加工后大头孔与小头孔之间的精度(图 6-3(c))。如果将长销改为短销,使其失去限制 $\hat{x}$、$\hat{y}$ 的作用,以保证加工大头孔与端面的垂直度;或将支承板改为小的支承环,使其只起限制 $\vec{z}$ 的作用,以保证加工大头孔与小头孔的平行度,如图 6-3(d)所示。

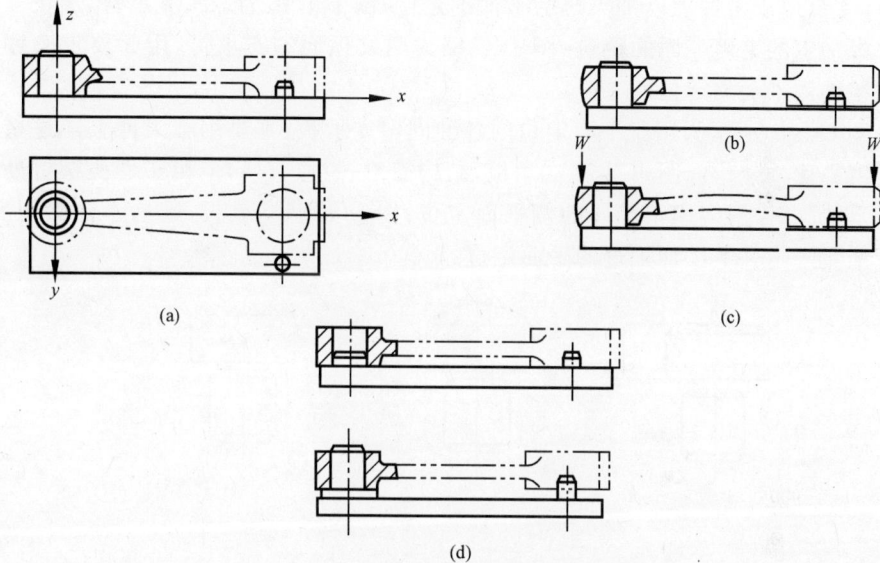

图 6-3　加工连杆大头孔时的定位示意图

总之,过定位应尽量避免。消除过定位一般有两种方法:其一是改变定位元件结构,以消除重复限制的自由度;其二是提高定位基面之间及夹具定位元件工作表面之间的位置精度,以减小或消除过定位引起的误差。

6.2.2　定位元件的选择与设计

工件在夹具中位置的确定,主要是通过各种类型的定位元件实现的。在机械加工中,虽然被加工工件的种类繁多和形状各异,但从它们的基本结构来看,不外乎是由平面、圆柱面、圆锥面及各种成形面所组成的。工件在夹具中定位时,可根据各自的结构特点和工序加工精度要求,选取其上的平面、圆柱面、圆锥面或它们之间的组合表面作为定位基准。为此,在夹具设计中应根据实际需要,合理选择相应类型的定位元件。

1. 工件以平面定位

在夹具设计中,常用的平面定位元件有固定支承、可调支承、自位支承及辅助支承等。上述支承中,除辅助支承外均对工件起主要定位作用。

1）固定支承

在夹具体上，支承点的位置固定不变的定位元件称为固定支承。根据工件上定位平面的不同，可选取如图 6-4 所示的支承钉或支承板。

图 6-4(a)所示为用于工件平面定位的各种固定支承钉。图中 A 型为平头支承钉，主要用于工件上已加工过的平面的定位；图中 B 型为球头支承钉，用于工件上未经加工的毛坯表面的定位；图中 C 型为网纹顶面的支承钉，用于要求摩擦力大的工件侧平面的定位。

图 6-4(b)所示为用于平面定位的各种固定支承板，主要用于工件上经过精加工过的平面的定位。图中 A 型支承板，结构简单、制造方便，但由于埋头螺钉处积屑不易清除，一般多用于工件的侧平面定位；图中 B 型支承板，则易于清除切屑，广泛应用于工件上已加工过的平面定位。

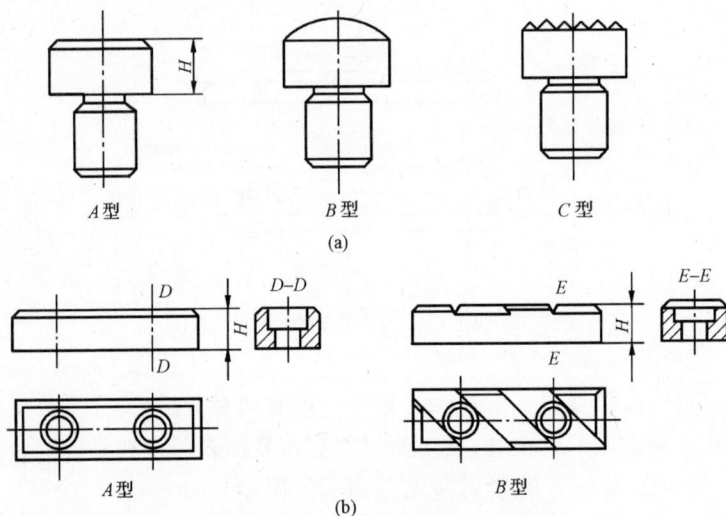

图 6-4　各种类型固定支承示意图

2）可调支承

在夹具中定位，支承点的位置可调节的定位元件，称为可调支承。图 6-5 所示为常用的几种可调支承结构，这几种可调支承都是通过螺钉和螺母来实现定位支承点位置的调节的。可调支承主要用于工件的毛坯制造精度不高，以未加工过的毛坯表面作为定位基准的工序中。尤其在中批生产的情况下，不同批的毛坯尺寸往往差别较大，若选用固定支承定位，在调整法加工的条件下，则由于各批毛坯尺寸的差异，而引起后续工序有关加工表面位置的变动。此时，因加工余量变化而影响其加工精度。为了避免发生上述情况，保证后续工序的加工精度，则需选用可调支承对不同批工件进行调整定位。

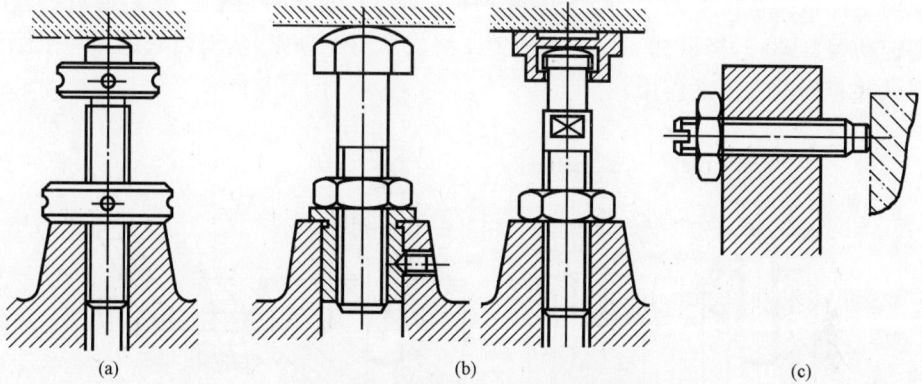

图 6-5　各种可调支承示意图

3）自位支承

自位支承是指定位支承点的位置在工件定位过程中,随工件定位基准位置变化而自动与之适应的定位元件。图 6-6 所示为经常采用的几种自位支承结构。

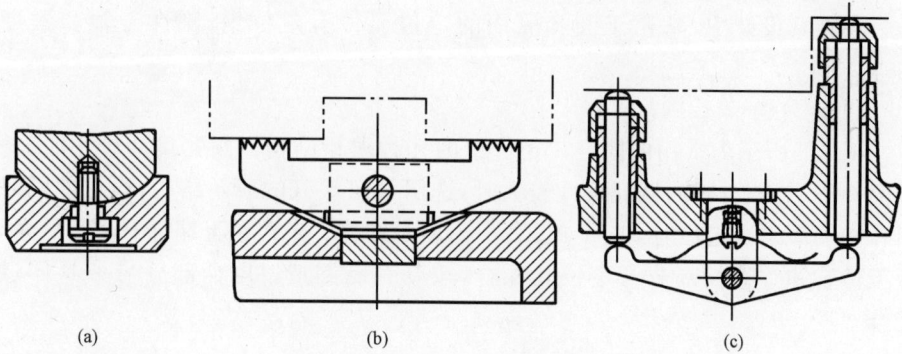

图 6-6　几种自位支承示意图

由于自位支承在结构上是活动或浮动的,虽然它们与工件定位表面可能是两点或三点接触,但实质上只能起到一个定位支承点的作用。这样,当以工件的毛坯表面定位,由于增加了与工件的接触点数,故可提高工件定位时的刚度。

4）辅助支承

辅助支承是指为增加工件的刚性和稳定性,而不起定位作用的支承件。辅助支承的结构很多,图 6-7 所示为三种常用的辅助支承。其中,图 6-7(a)、图 6-7(b)是简单的螺旋式辅助支承;图 6-7(c)是自位式辅助支承,主要由支承钉 1、螺母 2、弹簧 3、锁紧螺杆 6、操作手柄 7 等零件组成。在未放工件时,支承钉在弹簧的作用下,其位置略超过与工件相接触的位置。当工件放在主要支承上定位之后,支承钉受到工件重力被压下,并与其他主要支承一起保持与工件接触。然后通过操作手柄转动锁紧螺杆,经滑柱 5 使斜面顶销 4 将支承钉 1 锁紧,从而使它成为一个刚性支承并起到辅助支承作用。

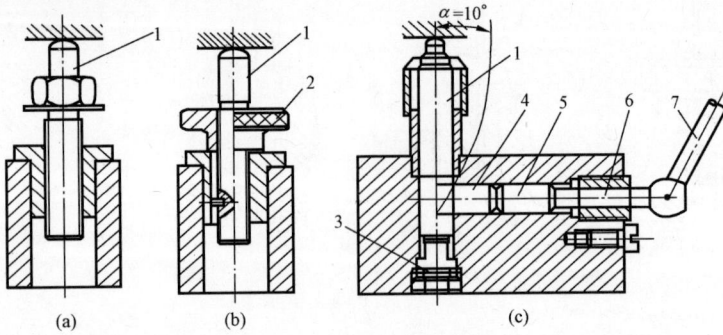

图 6-7　辅助支承示意图

1-支承钉;2-螺母;3-弹簧;4-斜面顶销;5-滑柱;6-锁紧螺杆;7-操作手柄

2. 工件以孔定位

在夹具设计中,常用于圆孔表面的定位元件有定位销、刚性心轴和锥度心轴等。

1) 定位销

图 6-8 所示为常用的固定式定位销的几种典型结构。圆孔尺寸较小时,选用如图 6-8(a)所示结构;圆孔尺寸较大时,选用如图 6-8(b)所示结构;当工件同时以圆孔和端面组合定位时,选用如图 6-8(c)所示结构。定位销上端部有较长倒角,便于工件装卸。直径部分与定位孔配合,按基孔制制造。尾柄部分与夹具体过盈配合。

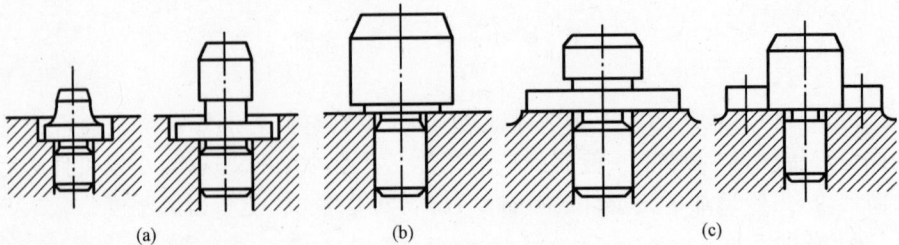

图 6-8　固定式定位销示意图

图 6-9(a)所示为便于更换的可换式定位销。一般长圆柱定位销限制四个自由度,短圆柱定位销限制二个自由度。图 6-9(b)所示锥面定位销,限制三个自由度,短削边销限制一个自由度。

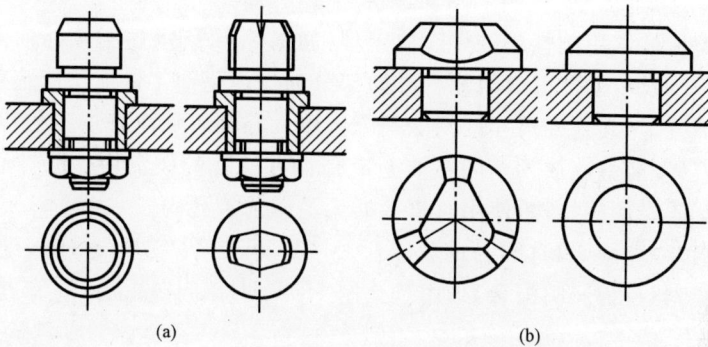

图 6-9　可换式定位销及锥面定位销示意图

　　箱体类零件加工时,往往以已加工的一个面及其上的两个工艺孔作为定位基准,通称一面二销定位。平面限制三个自由度,一个短圆柱销限制二个自由度,另一个是菱形销(或削边销),限制一个自由度,实现完全定位。

　　图 6-10(a)所示为常用削边销的形状,分别用于工件孔径 $D<3\text{mm}$、$3\text{mm}\leqslant D\leqslant 50\text{ mm}$、$D>50\text{ mm}$ 的定位。直径尺寸为 $3\sim 50\text{ mm}$ 削边销做成菱形,如图 6-10(b)所示。标准菱形销的结构尺寸可按表 6-1 所列数值直接选取。

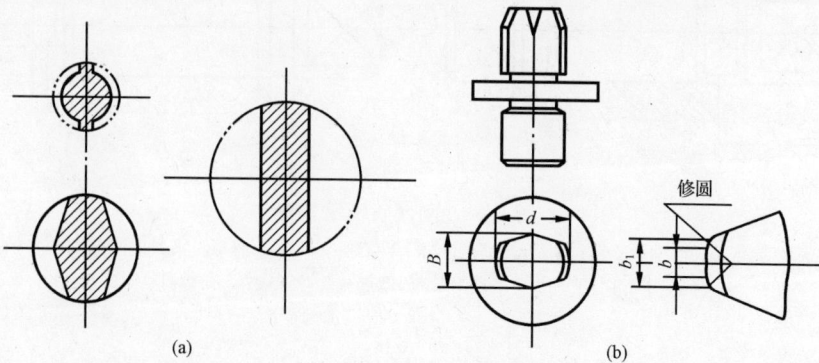

图 6-10　常用削边定位销示意图

表 6-1　标准菱形销的结构尺寸/mm

d	$>3\sim 6$	$>6\sim 8$	$>8\sim 20$	$>20\sim 25$	$>25\sim 32$	$>32\sim 40$	$>40\sim 50$
B	$d-0.5$	$d-1$	$d-2$	$d-3$	$d-4$	$d-5$	$d-6$
b	1	2	3	3	3	4	5
b_1	2	3	4	5	5	6	8

2）刚性心轴

对套类工件常用刚性心轴做定位元件,如图 6-11 所示。刚性心轴由导向部分 1、定位部分 2 及传动部分 3 组成。导向部分的作用是使工件能快速正确地套在心轴的定位部分上,其直径尺寸按间隙配合选取。心轴两端设有顶尖孔,其左端传动部分铣扁,以便能迅速放入车床主轴上带有长方槽孔的拨盘中。刚性心轴也可设计成带有莫氏锥柄的结构,使用时直接插入主轴前锥孔内。

图 6-11(a)和图 6-11(b)为过盈配合,采用基孔制 H/r、H/s、H/u 配合,定心精度高。图 6-11(c)为间隙配合,采用基孔制 H/h、H/g、H/f 配合,装卸方便。

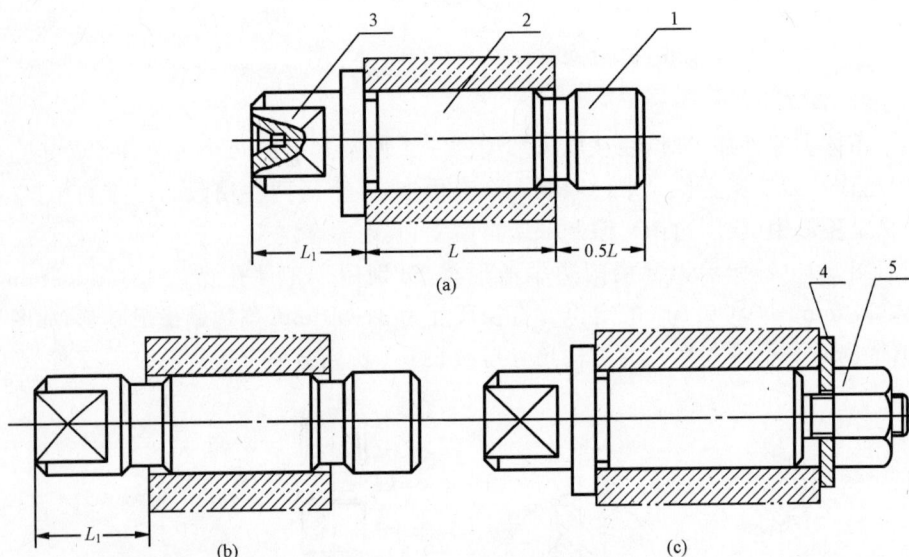

图 6-11　刚性心轴示意图

（a）带凸肩过盈配合心轴；（b）无凸肩过盈配合心轴；（c）带凸肩螺母夹紧的间隙配合心轴

1-导向部分；2-定位部分；3-传动部分；4-开口垫圈；5-螺母

刚性心轴定位时限制的自由度分析与定位销相同,对过盈配合的长心轴限制了四个自由度,对间隙配合的心轴则视其与工件圆孔接触的长短,确定是限制四个还是两个自由度。

除上述外,还有弹性心轴、液性塑料心轴、定心心轴等,它们在完成定位同时也夹紧了,使用方便,但结构复杂。

3）锥度心轴

为了消除工件与心轴的配合间隙,提高定心定位精度和便于装卸工件,还可选用锥度心轴。为了防止工件在心轴上定位时的倾斜,此类心轴的锥度 K 通常取 1/1000～1/5000。心轴的长度则根据被定位工件圆孔的长度、孔径尺寸公差和心轴锥度等参数确定。定位时,工件楔紧在心轴的锥面上,楔紧后孔表面的局部弹性变形使工件与心轴产生过盈配合,从而保证工件定位后不致倾斜。此外,加工时也靠其楔紧产生的过盈部分带动工件,而不需另外再进行夹紧,如图 6-12 所示。

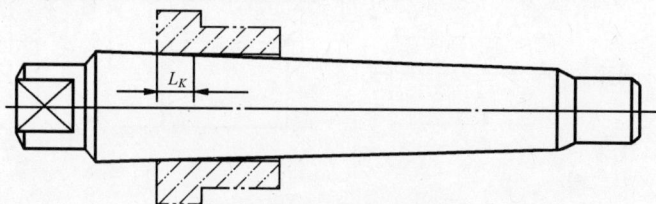

图 6-12　锥度心轴示意图

3. 工件以外圆定位

在工件装夹中,常用于外圆表面的定位元件有定位套、支承板和 V 形块等。各种定位套对工件外圆表面主要实现定心定位,支承板实现对外圆表面的支承定位,V 形块则实现对外圆表面的定心、对中定位。

1) 定位套

图 6-13 为各种类型定位套示意图。图 6-13(a)所示为短定位套和长定位套,它们的内孔分别限制两个和四个自由度;图 6-13(b)所示为锥面定位套,限制三个自由度;图 6-13(c)所示为便于装卸工件的半圆定位套,限制的自由度视其长短而定。

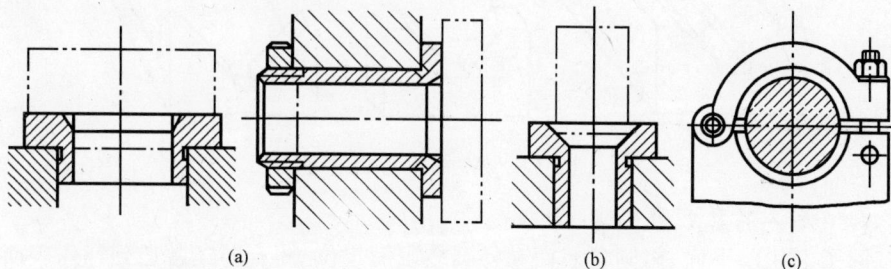

(a)　　　　　　　　　　　(b)　　　　　(c)

图 6-13　各种类型定位套示意图

2) 支承板

在夹具中,工件以外圆表面的侧母线定位时,常采用平面定位元件——支承板。支承板对工件外圆表面的定位属于支承定位,定位时限制自由度数的多少将由其与工件外圆侧母线接触的长短而定。如图 6-14(a)所示,当两者接触较短,支承板对工件限制了一个自由度;当两者接触较长,如图 6-14(b)所示,则限制了两个自由度。

3) V 形块

在夹具中,为了确定工件定位基准——外圆表面中心线的位置,常采用两个支

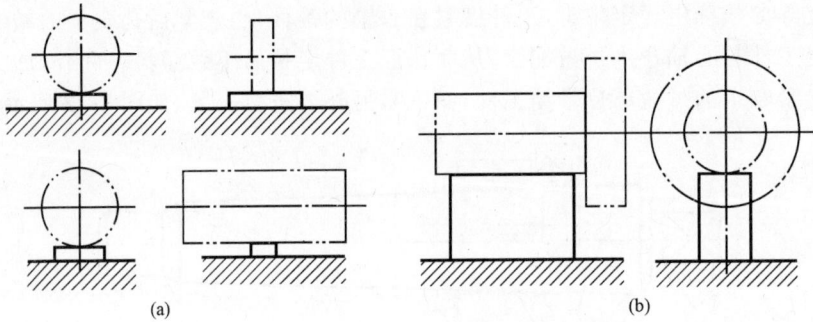

图 6-14　支承板对工件外圆表面定位示意图

承平面组成的 V 形块定位。此种 V 形块定位元件，还可对具有非完整外圆表面的工件进行定位。常见的 V 形块结构如图 6-15 所示。其中长 V 形块用于较长外圆表面的定位，限制四个自由度；短 V 形块只限制两个自由度。对由两个高度不等的短 V 形块组成的定位元件，还可实现对阶梯形的两段外圆表面中心连线的定位。V 形块除对工件外圆起定位作用，还可起对中作用，即通过与工件外圆两侧母线的接触，使工件上的外圆轴心线对中在 V 形块两支承面的对称面上。

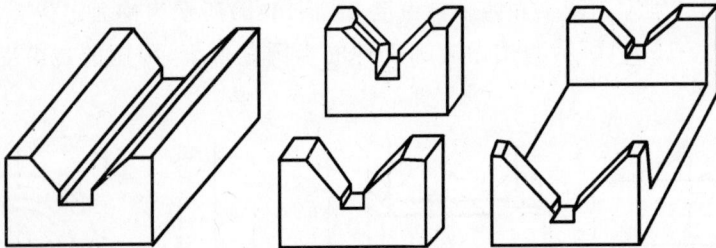

图 6-15　常见的 V 形块结构

4. 工件以特殊表面定位

除了上述以平面、内圆柱表面和外圆柱表面定位外，有时还常遇到特殊表面的定位。

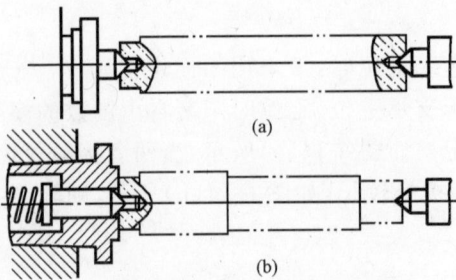

图 6-16　工件以中心孔定位示意图

1) 工件以中心孔定位

中心孔是轴类零件的辅助基准，应用极为广泛（图 6-16）。如图 6-16(a)所示，左端固定顶尖限制三个自由度，右端可移动顶尖只限制两个自由度，两顶尖共限制五个自由度，定心精度较高。图 6-16(b)所示为固定顶尖套和活动顶尖的结构,此时左端活动顶尖只限制两个自由度,固定顶尖套限制沿轴向移动的一个自由度,定位精度高。

2) 工件以导轨面定位

图 6-17 所示为三种燕尾导轨定位形式。图 6-17(a)为镶有圆柱定位块的结构;图 6-17(b)的圆柱定位块位置可以通过修配 A 和 B 平面,达到较高的精度;图 6-17(c)采用小斜面定位块,其结构简单。为了减少过定位的影响,工件的定位基面需经配制(或配磨)处理。

3) 工件以齿形表面定位

图 6-18 为用齿形表面定位的示意图。定位元件是三个滚柱。自动定心盘 1 通过滚柱 3 对齿轮 4 进行定心定位。

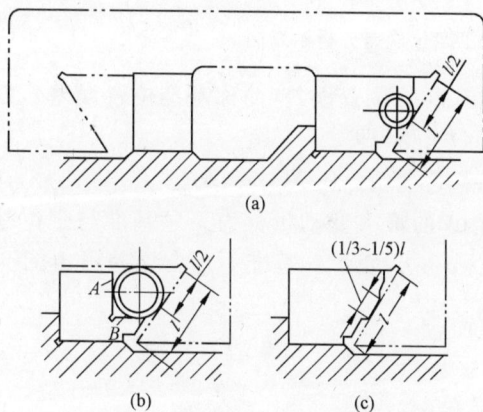

图 6-17　燕尾形导轨的定位

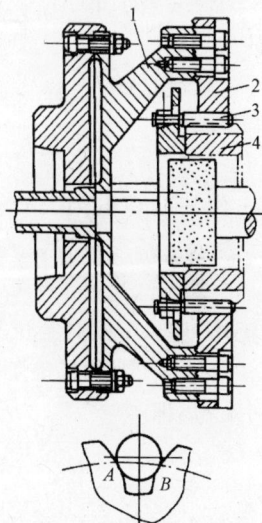

图 6-18　齿形表面定位

1-定心盘;2-卡爪;3-滚柱;4-齿轮

6.2.3　定位误差的分析与计算

1. 定位误差的分析

工件在夹具中的位姿是由定位元件确定的,当工件上的定位表面一旦与夹具上的定位元件相接触或相配合,作为一个整体的工件的位姿也就确定了。对于一批工件来说,由于在各个工件的有关表面之间,彼此在尺寸及位置上均存在误差,夹具定位元件本身和各定位元件之间也存在误差。这样一来,工件虽已定位,但每个被定位工件的某些具体表面都会有自己的位姿变动量,从而造成在工序尺寸和位姿要求方面的加工误差。

图 6-19 表示的是,当夹具上定位销尺寸按 $d_{1-T_{d1}}^{0}$、工件内孔及外圆尺寸分别

按 $D^{+T_D}_{\ \ 0}$ 及 $d^{\ \ 0}_{-T_d}$ 制造,且定位销与工件内孔的最小配合间隙 $D-d_1=X_{\min}$ 时,一批工件定位基准 O 和工序基准 A 相对定位基准理想位置 O' 的最大变动量。其中,图 6-19(a)中的 O_1、O_2、O_3 和 O_4 为定位基准 O 最大位置变动的几个极端位置;图 6-19(b)中的 A_1 和 A_2 表示工序基准 A 的两个极端位置。

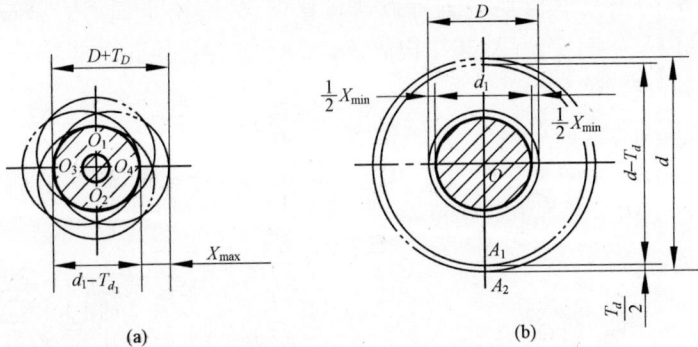

图 6-19　套类工件加工定位误差分析示意图

定位基准 O 的最大变动量称为定位基准的位置误差(简称基准位置误差),以 $\delta_{位置(O)}$ 表示。基准位置误差可由图 6-19(a)求得,即

$$\delta_{位置(O)} = O_1O_2 = O_3O_4 = T_D + T_{d_1} + X_{\min} = X_{\max}$$

工序基准 A 相对定位基准理想位置 O' 的最大变动量称为工序基准与定位基准不重合误差(简称基准不重合误差),以 $\delta_{不重(A)}$ 表示。基准不重合误差可由图 6-19(b)求得,即

$$\delta_{不重(A)} = A_1A_2 = \frac{1}{2}T_d$$

通过上面的分析,可以归纳得到如下结论:

(1) 定位误差是由于定位不准确造成的某一工序基准在工序尺寸方向上,相对于其理想位置的最大变动量。定位误差由基准位置误差和基准不重合误差两部分组成。

(2) 定位误差只发生在采用调整法加工一批工件的条件下。如果一批工件逐个按试切法加工,则不存在定位误差。

(3) 定位误差的表现形式为工序基准相对加工表面可能产生的最大尺寸或位置变动量。它的产生原因是工件的制造误差、定位元件的制造误差、两者配合间隙及基准不重合等。

(4) 定位误差是基准位置误差和基准不重合误差两部分的矢量和。

2. 定位误差的计算

1) 平面定位时的定位误差

在夹具设计中,平面定位的主要方式是支承定位,常用的定位元件为各种支承钉、支承板、自位支承和可调支承。

　　工件以未加工过的毛坯表面定位,工件的定位误差等于工件定位表面本身的制造误差。

　　工件以已加工过的表面定位,由于定位基准面本身的形状精度较高,对一批以已加工过的表面定位的工件,其定位基准的位置可认为没有任何变动的可能,工件的定位误差可以忽略不计。

　　2) 圆孔表面定位时的定位误差

　　圆孔表面定位的主要方式是定心定位,常用的定位元件为各种定位销及心轴。一批工件在夹具中以圆孔表面作为定位基准进行定位,其可能产生的定位误差随定位方式和定位时工件上圆孔与定位元件配合性质的不同而各不相同。

　　(1) 工件上圆孔与刚性心轴或定位销过盈配合。

　　如图 6-20(a)所示,在套类工件上铣一平面,要求保持与内孔中心 O 的距离尺寸为 H_1 或与外圆下母线 A 的距离尺寸为 H_2,工件上圆孔与刚性心轴过盈配合,现分析计算采用刚性心轴定位时的定位误差。

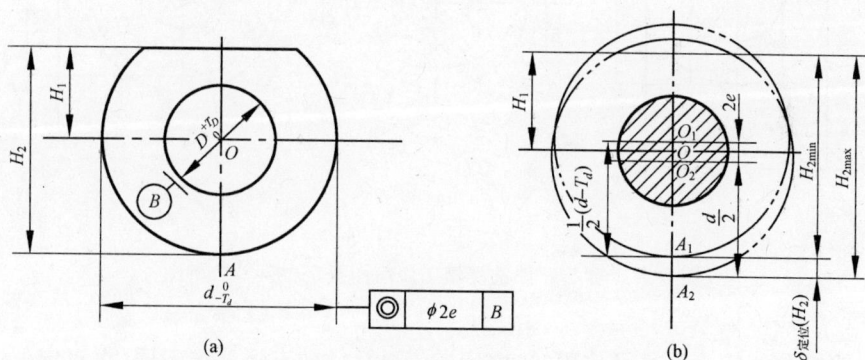

图 6-20　套类工件铣平面工序简图及定位误差分析

　　一批工件定位时可能出现的两种极端位置如图 6-20(b)所示。由图 6-20(a)可知,工序尺寸 H_1 的工序基准为 O,工序尺寸 H_2 的工序基准为 A,加工时的定位基准均为工件内孔中心 O。

　　当一批工件在刚性心轴上定位,虽然作为定位基准的内孔尺寸在其公差 T_D 的范围内变动,但由于与刚性心轴是过盈配合,故每个工件定位后的内孔中心 O 均与定位心轴中心 O' 重合。此时,一批工件的定位基准在定位时没有任何位置变动,即 $\delta_{位置(O)} = 0$。

　　对于工序尺寸 H_1,由于工序基准与定位基准重合,即 $\delta_{不重(O)} = 0$,故无论用哪种方法计算其定位误差均为

$$\delta_{\text{定位}(H_1)} = \delta_{\text{位置}(O)} \pm \delta_{\text{不重}(O)} = 0$$

对于工序尺寸 H_2，则因工件的外圆本身尺寸及其对内孔位置均有公差，故工序基准 A 相对定位基准理想位置的最大变动量为工件外圆尺寸公差之半与同轴度公差之和，故 H_2 的定位误差

$$\delta_{\text{定位}(H_2)} = A_1 A_2 = H_{2\max} - H_{2\min} = \frac{T_d}{2} + 2e = \delta_{\text{不重}(A)}$$

经分析计算可知，采用这种定位方案设计夹具，可能产生的定位误差仅与工件有关表面的加工精度有关，而与定位元件的精度无关。

（2）工件上圆孔与刚性心轴或定位销间隙配合。

如图 6-21(a)所示，在套类工件上铣一键槽，要求保持工序尺寸分别为 H_1、H_2 和 H_3，工件上圆孔与刚性心轴间隙配合，现分析计算采用定位销定位时的定位误差。

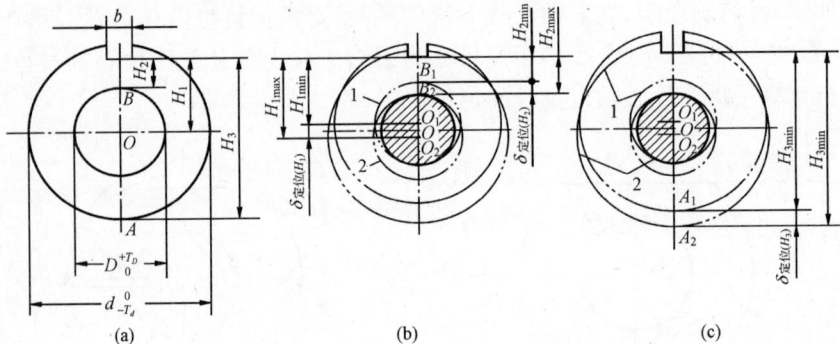

图 6-21　套类工件铣键槽工序简图及定位误差分析图

当定位销垂直或水平放置时，由于各工序尺寸的工序基准不同，在对定位误差进行分析时，所依据的两个极端位置也有所不同，现分别对三个工序尺寸的定位误差分析计算。

对于工序尺寸 H_1 或 H_2，取定位销尺寸最小（$d_1 - T_{d_1}$）、工件内孔尺寸最大（$D + T_D$），且工件内孔分别与定位销上、下母线接触，如图 6-21(b)所示，它们的定位误差分别为

$$\delta_{\text{定位}(H_1)} = O_1 O_2 = H_{1\max} - H_{1\min} = T_D + T_{d_1} + X_{\min} = \delta_{\text{位置}(O)}$$

$$\delta_{\text{定位}(H_2)} = B_1 B_2 = H_{2\max} - H_{2\min} = T_D + T_{d_1} + X_{\min} = \delta_{\text{位置}(O)}$$

对于工序尺寸 H_3，分别取两种极端位置进行分析：一种取定位销尺寸最小（$d_1 - T_{d_1}$），工件内孔尺寸最大（$D + T_D$）且与定位销下母线接触，工件外圆尺寸最小（$d - T_d$）；另一种取定位销尺寸最小，工件内孔尺寸最大且与定位销上母线接触，工件外圆尺寸最大（d）。如图 6-21(c)所示。工序尺寸 H_3 的定位误差

$$\delta_{定位(H_3)} = A_1 A_2 = H_{3max} - H_{3min} = O_1 A_2 - O_1 A_1$$

$$= \frac{d}{2} + O_1 O_2 - \frac{d - T_d}{2} = T_D + T_{d_1} + X_{min} + \frac{T_d}{2}$$

3) 外圆表面定位时的定位误差

在夹具设计中,外圆表面定位的方式是定心定位或支承定位,常用的定位元件为各种定位套、支承板和 V 形块。采用各种定位套或支承板定位,定位误差的分析计算与前述圆孔定位和平面定位相同,现着重分析外圆表面在 V 形块上的定位。

如图 6-22(a)所示,在一轴类工件上铣一键槽,要求键槽与外圆中心线对称并保证工序尺寸 H_1、H_2 和 H_3,现分别计算采用 V 形块定位时各工序尺寸的定位误差。

工件以其外圆在 V 形块上定位,虽然工件与 V 形块(相当两个成 α 角的支承板)接触,即与工件外圆上的侧母线接触,但由于定位是两个侧母线同时接触,故从定位作用来看可以认为属于对中-定心定位,此时定位基准为工件外圆的中心线。当 V 形块和工件外圆均制造得非常准确,则被定位工件外圆的中心是确定的,并与 V 形块所确定的理想中心位置重合。但是,实际上对一批工件来说,其外圆尺

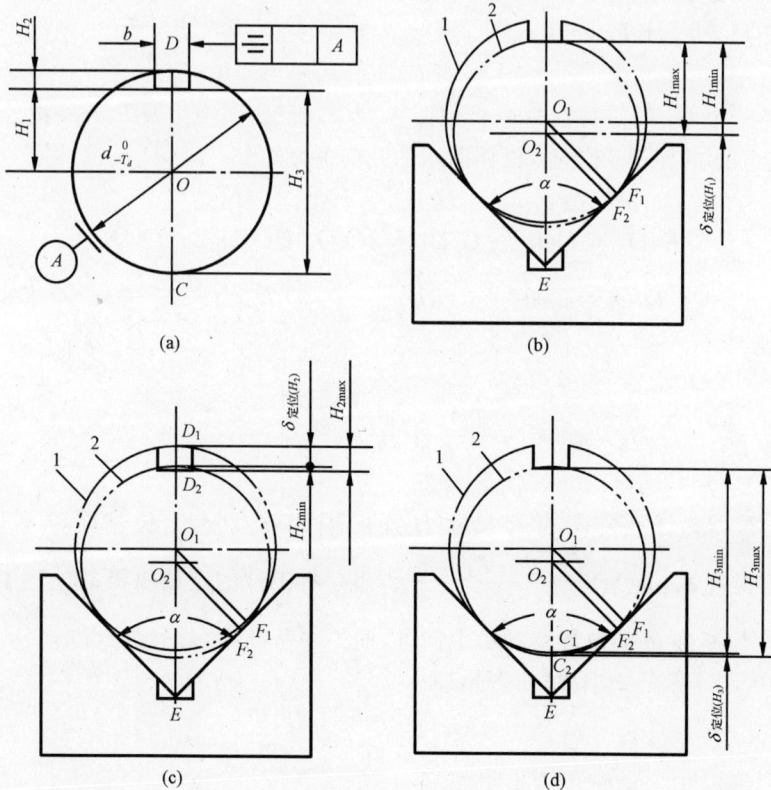

图 6-22　轴类工件上铣键槽工序简图及定位误差分析图

寸有制造误差,此项误差将引起工件外圆中心在 V 形块的对称中心面上相对理想中心位置的偏移,从而造成有关工序尺寸的定位误差。工序尺寸 H_1 的定位误差分析如图 6-22(b)所示,图中 1 及 2 为一批工件在 V 形块上定位的两种极端位置,根据图示的几何关系可知

$$\delta_{\text{定位}(H_1)} = O_1 O_2 = H_{1\max} - H_{1\min}$$

$$O_1 O_2 = O_1 E - O_2 E = \frac{O_1 F_1}{\sin \frac{\alpha}{2}} - \frac{O_2 F_2}{\sin \frac{\alpha}{2}} = \frac{O_1 F_1 - O_2 F_2}{\sin \frac{\alpha}{2}}$$

$$O_1 F_1 - O_2 F_2 = \frac{d}{2} - \frac{d - T_d}{2} = \frac{T_d}{2}$$

$$\delta_{\text{定位}(H_1)} = \frac{T_d}{2\sin \frac{\alpha}{2}}$$

此外,按定位误差计算公式也可以求出工序尺寸 H_1 的定位误差。对于工序尺寸 H_1,工序基准为工件外圆中心 O,在 V 形块上定位属于定心定位,其定位基准也为工件外圆中心 O,故属于工序基准与定位基准重合,即 $\delta_{\text{不重}(O)}=0$。

$$\delta_{\text{定位}(H_1)} = \delta_{\text{位置}(O)} \pm \delta_{\text{不重}(O)} = O_1 O_2 \pm 0 = \frac{T_d}{2\sin \frac{\alpha}{2}}$$

工序尺寸 H_2 的定位误差分析如图 6-22(c)所示,图中 1 及 2 为一批工件在 V 形块上定位的两种极端位置,根据图示的几何关系可知

$$\delta_{\text{定位}(H_2)} = D_1 D_2 = H_{2\max} - H_{2\min}$$

$$D_1 D_2 = O_2 D_1 - O_2 D_2 = (O_1 O_2 + O_1 D_1) - O_2 D_2$$

$$O_1 O_2 = \frac{T_d}{2\sin \frac{\alpha}{2}}, \ O_1 D_1 = \frac{d}{2}, \ O_2 D_2 = \frac{d - T_d}{2}$$

$$\delta_{\text{定位}(H_2)} = \frac{T_d}{2\sin \frac{\alpha}{2}} + \frac{T_d}{2} = \frac{T_d}{2} \left(\frac{1}{\sin \frac{\alpha}{2}} + 1 \right)$$

按定位误差计算公式,工序尺寸 H_2 的工序基准 D 与定位基准 O 不重合,基准不重合误差 $\delta_{\text{不重}(D)} = \frac{d}{2} - \frac{d - T_d}{2} = \frac{T_d}{2}$。当一批工件的定位由极端位置 1 到极端位置 2,定位基准 O 的位置变动由上向下,而工序基准相对理想位置的变动也是由上向下,故在计算公式中取"+"号,即

$$\delta_{\text{定位}(H_2)} = \delta_{\text{位置}(O)} + \delta_{\text{不重}(D)} = \frac{T_d}{2\sin \frac{\alpha}{2}} + \frac{T_d}{2} = \frac{T_d}{2} \left(\frac{1}{\sin \frac{\alpha}{2}} + 1 \right)$$

工序尺寸 H_3 的定位误差分析如图 6-22(d)所示,图中 1 及 2 为一批工件在 V 形块上定位的两种极端位置,根据图示的几何关系可知

$$\delta_{定位(H_2)} = C_1C_2 = H_{3max} - H_{3min}$$

$$C_1C_2 = O_1C_2 - O_1C_1 = (O_1O_2 + O_2C_2) - O_1C_1$$

$$O_1O_2 = \frac{T_d}{2\sin\frac{\alpha}{2}},\ O_2C_2 = \frac{d - T_d}{2},\ O_1C_1 = \frac{d}{2}$$

$$\delta_{定位(H_3)} = \frac{T_d}{2\sin\frac{\alpha}{2}} - \frac{T_d}{2} = \frac{T_d}{2}\left|\frac{1}{\sin\frac{\alpha}{2}} - 1\right|$$

按定位误差计算公式,工序尺寸 H_3 的工序基准 C 与定位基准 O 不重合,基准不重合误差 $\delta_{不重(C)} = \frac{d}{2} - \frac{d - T_d}{2} = \frac{T_d}{2}$。当一批工件的定位,由极端位置 1 到极端位置 2,定位基准 O 的位置变动由上向下,而工序基准相对定位基准理想位置的变动则由下向上,故在计算公式中取"－"号,即

$$\delta_{定位(H_3)} = \delta_{位置(O)} - \delta_{不重(C)} = \frac{T_d}{2\sin\frac{\alpha}{2}} - \frac{T_d}{2} = \frac{T_d}{2}\left|\frac{1}{\sin\frac{\alpha}{2}} - 1\right|$$

机械加工中采用的夹具,有很多工件是以多个表面作为定位基准来实现表面组合定位的。如箱体类工件以三个相互垂直的平面或一面两孔组合定位,套类、盘类或连杆类工件以平面和内孔表面组合定位,阶梯轴类工件以两个外圆表面组合定位等。

采用表面组合定位时,由于各个定位基准面之间存在位置误差,故定位误差的分析和计算也必须加以考虑。为了便于分析和计算,通常将限制自由度最多的主要定位表面称为第一定位基准,然后再依次划定为第二、第三定位基准。一般来说,采用多个表面组合定位的工件,其第一定位基准的位置误差要求最小,第二定位基准的次之,第三定位基准的再次之。

4) 工件以一面二孔组合定位时的定位误差

图 6-23 为工件以一面二孔定位的示意图,夹具采用一面二销。工件底面 A 为第一定位基准限制三个自由度,孔 O_1 用短圆销定位限制两个自由度,孔 O_2 用短削边销定位限

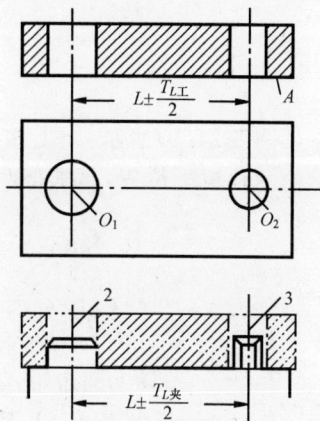

图 6-23　工件以一面二销定位示意图

制一个自由度。假设工件上的第一定位基准底面 A 没有基准位置误差。但第二、第三定位基准 O_1、O_2 与定位销配合的间隙，以及两孔、两销中心距误差将引起基准位置误差。如图 6-24(a)所示，当 O_1 孔径最大、d_1 销径最小，且考虑两孔中心距误差，根据图示的两种极端位置可知

$$\delta_{位置(O_1)} = O_1'O_1'' = T_{D1} + T_{d1} + X_{1min}（任意方向）$$

$$\delta_{位置(O_2)} = O_2'O_2'' = O_1'O_1'' + T_{L工}$$

$$= T_{D1} + T_{d1} + X_{1min} + T_{L工}（横向）$$

式中，T_{D1}——工件内孔 D_1 公差，mm；

　　　T_{d1}——夹具上短圆销 d_1 公差，mm；

　　　X_{1min}——工件内孔 O_1 与销最小配合的间隙，mm；

　　　$T_{L工}$——工件两孔中心距公差，mm。

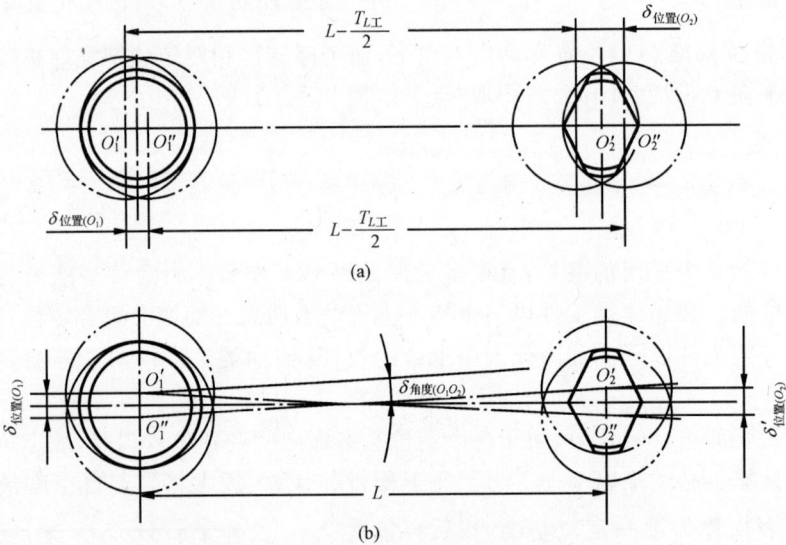

图 6-24　一面两孔时的定位误差分析示意图

如图 6-24(b)所示，当工件 O_2 孔径最大、削边销 d_2 直径最小，根据图 6-24(b)所示的两种极端位置，可求得两孔中心连线 O_1O_2 的角度误差，即

$$\delta_{角度(O_1O_2)} = \pm \arctan \frac{\delta_{位置(O_1)} + \delta'_{位置(O_2)}}{2L}$$

$$\delta'_{位置(O_2)} = T_{D2} + T_{d2} + X_{2min}（垂直方向）$$

式中，T_{D2}——工件内孔 D_2 公差，mm；

　　　T_{d2}——夹具上削边销 d_2 公差，mm；

　　　X_{2min}——工件内孔 O_2 与削边销最小配合的间隙，mm；

　　　L——两销中心距，mm。

6.2.4　提高工件在夹具中定位精度的主要措施

一批工件在夹具中定位,由于定位不准产生的定位误差主要由基准位置误差和基准不重合误差两个部分组成,故提高定位精度的主要措施,就在于减少或消除这两方面的误差。

1) 消除或减少基准位置误差的措施

(1) 选用基准位置误差小的定位元件。对以平面为主要定位基准的工件,若以未加工过的毛坯表面定位,往往由于一批工件定位表面状况的不同,当采用三个球头支承钉定位时会产生较大的基准位置误差。若将三个球头支承钉改为三个多点自位支承,由于自位支承上的两个或三个支承点与工件接触时仅反映这几个接触点处毛坯表面的平均状况,故可减少此毛坯表面的位置误差。

(2) 正确选取工件上的第一、第二和第三定位基准。通过各种类型的表面组合定位的分析可知,第一定位基准的位置误差最小,第二和第三定位基准的位置误差则较大。为此,设计夹具选取定位基准时,应以直接与工件加工精度有关的基准为第一定位基准。如图 6-25 所示,在一法兰套上钻一小孔,若要求孔与法兰套端面平行,则应选此端面 B 为第一定位基准;若要求孔与法兰套内孔垂直,则应选内孔中心线 A 为第一定位基准。

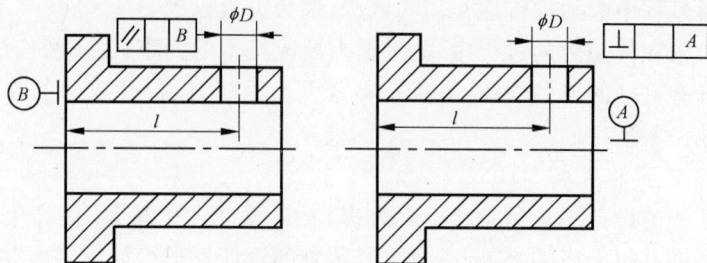

图 6-25　第一定位基准选择示意图

此外,提高工件定位表面与定位元件的配合精度、合理布置定位元件在夹具中的位置等措施均会消除或减少基准位置误差。

2) 消除或减少基准不重合误差的措施

在夹具设计时,为了消除或减小基准不重合误差,应尽可能选择该工序的工序基准为定位基准。如图 6-26 所示的工件,为保证钻孔的工序尺寸 H,在定位时消除基准不重合误差,应以工件下母线定位,采用图 6-26 所示的定位方案。

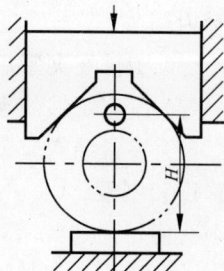

图 6-26　消除基准不重合误差的定位方案

6.3 工件的夹紧

机械加工过程中,为保证工件定位时所确定的正确加工位置,防止工件在切削力、惯性力、离心力及重力等外力作用下发生位移和振动,以保证加工质量和生产安全,就必须在机床夹具上采用夹紧装置将工件夹紧。因此夹紧装置的合理、可靠和安全性,对工件加工的技术和经济效益有重大影响。工件定位后将其固定,使其在加工过程中保持定位位置不变的装置,称为夹紧装置。

6.3.1 夹紧装置的组成及要求

1. 夹紧装置的组成

夹紧装置的种类很多,其结构一般由动力源和夹紧机构组成。

1) 动力源——产生夹紧力

夹紧力的动力源主要分两类:一是手动夹紧——人力;二是机动夹紧——动力装置。常用的动力装置有液压、气压、电磁、电动、气-液联动装置和真空装置等。

2) 夹紧机构——传递夹紧力

要使动力装置所产生的力或人力正确地作用到工件上,需有适当的传递机构。在工件夹紧过程中起力的传递作用的机构,称为夹紧机构。

夹紧机构在传递力的过程中,能根据需要改变力的大小、方向和作用点。夹紧机构需要具有良好的自锁性能,对手动夹紧尤为重要,以保证人力的作用停止后,仍能可靠地夹紧工件。

2. 夹紧装置的要求

夹紧装置的设计和选用是否正确合理,对于保证加工质量、提高生产率、减轻工人劳动强度有很大影响。为此,对夹紧装置的设计提出了如下基本要求:

(1) 夹紧力应有助于定位,而不应破坏定位。

(2) 夹紧力的大小应能保证加工过程中工件不发生移动和振动,并能在一定范围内调节。

(3) 工件在夹紧后的变形和受压表面的损伤不应超出允许的范围。

(4) 应有足够的夹紧行程,要有一定的自锁功能。

(5) 夹紧结构应紧凑、动作灵活,制造、操作、维护方便,省力、安全,并有足够的强度和刚度。

为满足上述要求,夹紧装置设计的核心问题是正确地确定夹紧力。

6.3.2 夹紧力的确定

夹紧力包括夹紧力的方向、作用点和大小三个要素。依据工件的结构特点、加工要求、切削力和其他外力作用工件的情况,以及定位元件的结构和布置方式等综合考虑夹紧力。

1. 夹紧力的方向

在实际生产中,尽管工件的安装方式不同,但对夹紧力作用方向的选择必须考虑下面的几点:

(1) 夹紧力的方向应有助于定位稳定,且主夹紧力应朝向主要定位基面。图 6-27 所示为对直角支座零件进行镗孔的夹紧,要求孔与端面 A 垂直,因此应选 A 面为主要定位基准,主要夹紧力应朝向 A 面。如果夹紧力指向 B 面,则加工要求将不能满足。

(2) 夹紧力方向应是工件刚性较好的方向,以减小工件夹紧变形。这一原则对刚性差的工件特别重要。图 6-28 为薄壁套筒的夹紧示意图。采用图 6-28(a)方式夹紧,易引起夹紧变形,镗孔后会出现圆度误差;采用图 6-28(b)方式夹紧,工件形状精度就容易保证。

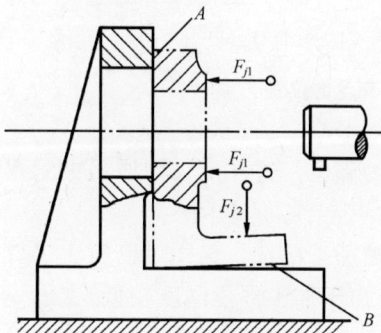

图 6-27　夹紧力方向选择示意图

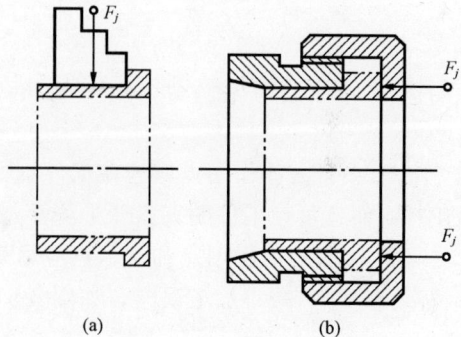

图 6-28　薄壁套筒夹紧示意图

(3) 在保证夹紧可靠的情况下,减小夹紧力可以提高生产效率,同时还可以使机构轻便、紧凑,减少工件变形。为此,夹紧力 W 的方向最好与切削力 F、工件的重力 G 方向重合,这时所需要的夹紧力最小。图 6-29 所示为工件在夹具中加工时常见的几种受力情况。其中,图 6-29(a)的受力方向是合理的,图 6-29(d)的受力

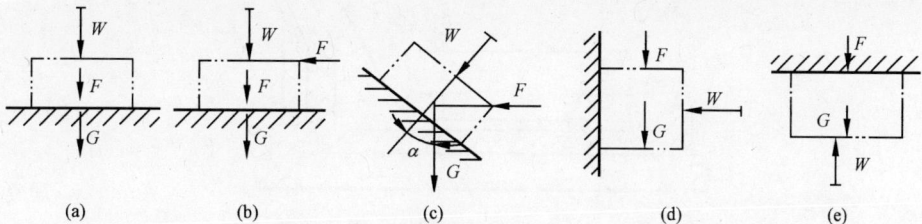

图 6-29　夹紧力与切削力的方向示意图

情况最差。

2. 夹紧力的作用点

选择作用点的问题,是指在夹紧方向已定的情况下确定夹紧力作用点的位置和数目。合理选择夹紧力作用点必须注意以下几点:

(1) 夹紧力的作用点应落在定位元件的支承范围内,如图 6-30(a)所示;夹紧力作用在支承面范围之外,夹紧时会使工件倾斜或移动,从而破坏工件的定位,如图 6-30(b)所示。

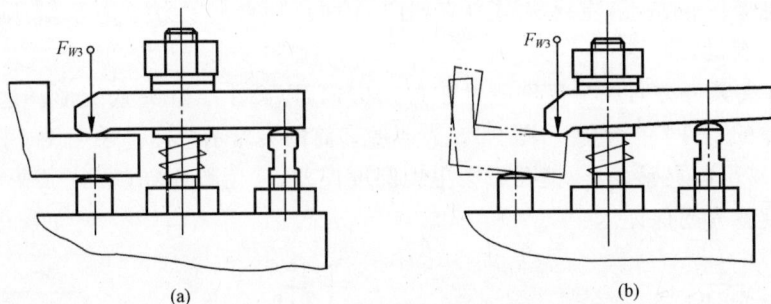

图 6-30　夹紧力作用点与定位支承的位置关系

(2) 夹紧力的作用点应选在工件刚性较好的部位。这样不仅能增强夹紧系统的刚性,而且可使工件的夹紧变形降至最小。

(3) 夹紧力的作用点和支承点应尽量靠近被加工部位。这样可以防止工件产生振动和变形,减小加工误差。如图 6-31 所示,由于加工部位刚度较低,支承 a 应

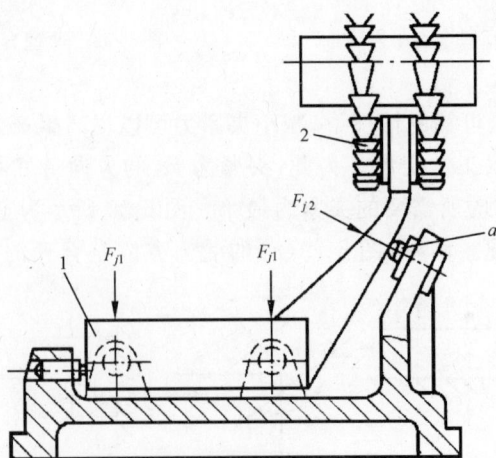

图 6-31　辅助支承和辅助夹紧示意图

1-工件；2-刀具

尽量靠近被加工表面,同时给予夹紧力 F_{j2},这样不仅使翻转力矩小且增加了工件的刚性,从而保证了定位夹紧的可靠性,减小了振动和变形。

3. 夹紧力的大小

夹紧力的大小必须适当。夹紧力过小,工件可能在加工过程中移动而破坏定位,不仅影响质量,还可能造成事故;夹紧力过大,不但会使工件和夹具产生变形,对加工质量不利,而且造成人力、物力的浪费。

加工过程中,工件受到切削力、离心力、惯性力及重力等的作用,理论上夹紧力的大小应与这些力或力矩的作用相平衡。而实际上,夹紧力的大小还与工艺系统的刚度、夹紧机构的传递效率等因素有关,而且切削力的大小在工件的加工过程中是变化的。

当采用估算法确定夹紧力的大小时,为简化计算,通常将夹具和工件看作一个刚性系统。根据工件所受切削力、夹紧力(大型工件应考虑重力、惯性力等)的作用情况,分析加工过程中对夹紧力最不利的状态,估算此状态所需的夹紧力,只考虑主要因素在力系中的影响,按静力平衡原理计算出理论夹紧力,最后再乘以安全系数作为实际所需夹紧力,即

$$W_0 = K \times W \tag{6-2}$$

式中,W_0——实际所需要的夹紧力,N;

　　　W——理论夹紧力,N;

　　　K——安全系数。

根据生产经验,一般取 $K=1.5\sim3$。用于粗加工时,取 $K=2.5\sim3$;用于精加工时,取 $K=1.5\sim2.5$。

6.3.3　夹紧机构设计

夹紧机构的种类很多,但其结构大都由斜楔夹紧机构演变而来。

1. 斜楔夹紧机构

1) 斜楔夹紧机构的工作原理及夹紧力的计算

斜楔是夹紧机构中最基本的增力和锁紧元件。利用楔块上的斜面直接或间接将工件夹紧的机构称为斜楔夹紧机构。

如图 6-32(a)所示,工件 2 是在六个支承钉 1 上定位进行钻孔加工的。夹具体上有导槽,将斜楔 3 插入导槽中,敲击大端即可将工件夹紧。

由图 6-32(b)可知,斜楔受 Q、W' 和 N' 共同作用,根据三力平衡有

$$Q = W\tan(\alpha + \phi_1) + W\tan\phi_2$$
$$W = Q/[\tan(\alpha + \phi_1) + \tan\phi_2]$$

式中,α——斜楔的楔角,(°);

　　　Q——原始作用力,N;

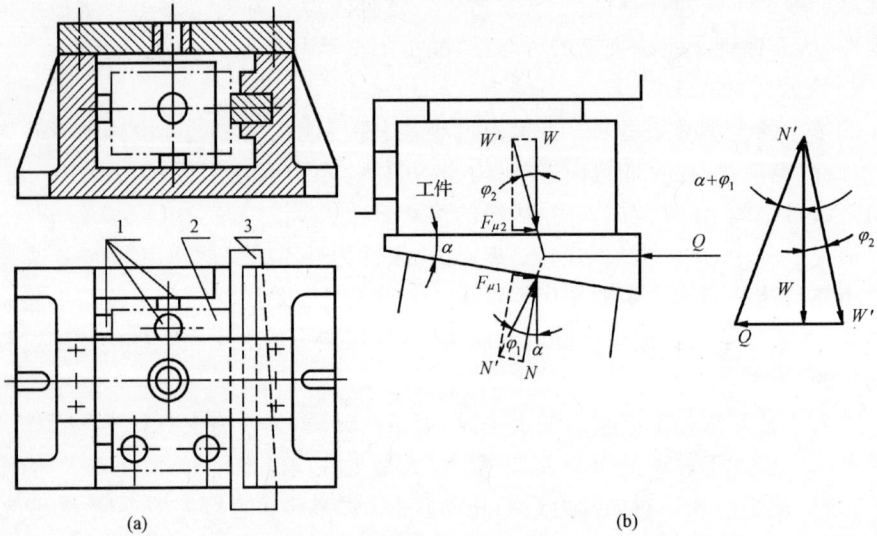

图 6-32　斜楔夹紧机构的作用原理及受力分析图
1-支承钉；2-工件；3-斜楔

φ_1——斜楔与夹具体间的摩擦角，(°)；

φ_2——斜楔与工件间的摩擦角，(°)。

2) 自锁条件

一般夹紧机构都要求具有自锁性能。所谓自锁，就是当外加的作用力一旦消失或撤除后，夹紧机构在摩擦力的作用下，仍应保持夹紧状态而不松开。对于斜楔夹紧机构而言，这时摩擦力的方向应与斜楔企图松开和退出的方向相反，如图 6-33(b)所示。由图可知，斜楔要满足自锁要求，则必须使

$$F_{\mu 2} \geqslant N' \sin(\alpha - \varphi_1)$$

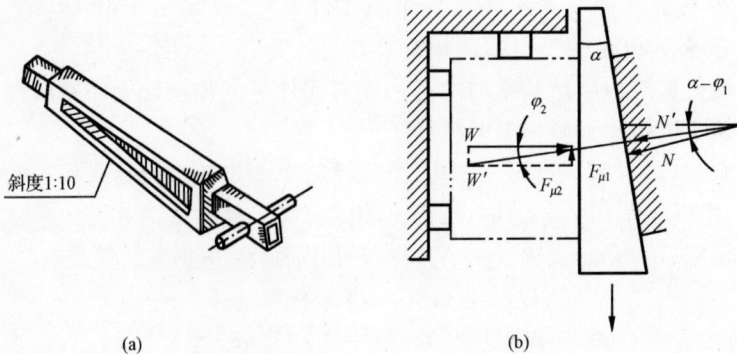

图 6-33　斜楔结构及自锁条件分析示意图

$$F_{\mu2} = W\tan\phi_2 , \ W = N'\cos(\alpha - \varphi_1)$$

$$W\tan\phi_2 \geqslant W\tan(\alpha - \varphi_1)$$

$$\alpha \leqslant \varphi_1 + \varphi_2 \tag{6-3}$$

因此,斜楔的自锁条件为,斜楔的升角小于或等于斜楔与工件、斜楔与夹具体之间的两摩擦角之和。通常取 $\varphi_1 = \varphi_2 = 6°$,因此 $\alpha \leqslant 12°$ 夹紧可靠,则实际取 $\alpha = 6°$,此时 $\tan6° \approx 0.1 = 1/10$。

3) 斜楔特点

斜楔主要有以下特点:

(1) 斜楔可改变原始作用力方向。

(2) 斜楔有扩力作用,一般扩力比 $i_p = W/Q$。

(3) 夹紧行程小,夹紧行程与楔角有关,楔角越小,夹紧行程越小;如果要求较大的夹紧行程,且机构又要求自锁,可以采用双升角的斜楔。图 6-34 所示的夹紧机构,其前端大升角仅用于加大夹紧行程,后端小升角则用于夹紧并自锁。

(4) 夹紧效率低,因斜楔与工件和夹具体为滑动摩擦,故夹紧效率低。为提高效率,可采用带滚子的斜楔夹紧机构。

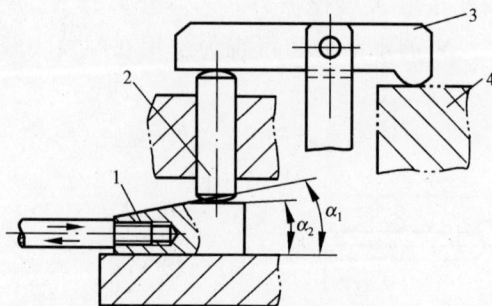

图 6-34 双斜面斜楔夹紧机构

1-斜楔;2-滑柱;3-压板;4-工件

2. 螺旋夹紧机构

螺旋夹紧机构是斜楔夹紧机构的一种转化形式,螺纹相当于绕在圆柱体上的楔块。通过转动螺旋,使绕在圆柱体上的斜楔高度发生变化来实现工件夹紧。利用螺旋直接夹紧工件,或者与其他元件或机构组成复合夹紧机构来夹紧工件,是应用广泛的一种夹紧装置。

1) 工作原理及夹紧力计算

螺旋夹紧机构中所用的螺旋,实际上相当于将斜楔绕在圆柱体上,因此它的夹紧作用原理与斜楔是一样的。

图 6-35(a) 所示为最简单的螺旋夹紧机构,直接用螺杆来压紧工件表面。

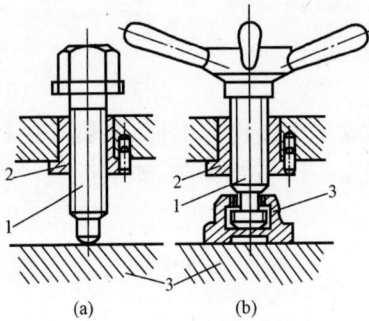

图 6-35　螺旋夹紧机构
1-螺杆；2-螺母套筒；3-压块

图 6-35(b)所示为典型的螺旋夹紧机构(单螺杆夹紧)。手柄固定在螺杆 1 上,旋转手柄,则螺杆在螺母套筒 2 的内螺纹中转动而起夹紧或松开作用。螺母套筒以螺纹拧在夹具体上,使螺杆不直接与夹具体接触,以防止夹具体磨损。止动螺钉防止螺母套筒松动。若用螺杆头部直接压紧工件,易破坏工件表面,而且在拧动螺杆时,会带动工件偏转而破坏原有的定位,因此在螺杆头部装有摆动的压块 3。

　　螺旋夹紧机构的夹紧力计算与斜楔相似。若沿螺旋中径展开,则螺旋相当于斜楔作用在工件与螺母之间,受力情况如图 6-36所示。螺杆受到原始力矩 $M=QL$ 的作用。工件对螺杆的反作用力有垂直方向的 W(夹紧力)及摩擦力 $F_{\mu 2}=W\tan\phi_2$,该摩擦力存在于螺杆端面的一环面内,可视为集中作用于当量半径为 r' 的圆环上,其力矩 $M_2=F_{\mu 2}\cdot r'=W\tan\phi_2\cdot r'$。螺母对螺杆的作用力有正压力 N 及摩擦力 $F_{\mu 1}$,其合力为 N',N' 的轴向分力与工件的反作用力 W 平衡。N' 的水平分力可视为作用在螺纹中径 d_0 上,对螺杆产生力矩

$$M_1 = W\tan(\alpha + \phi_1)d_0/2$$

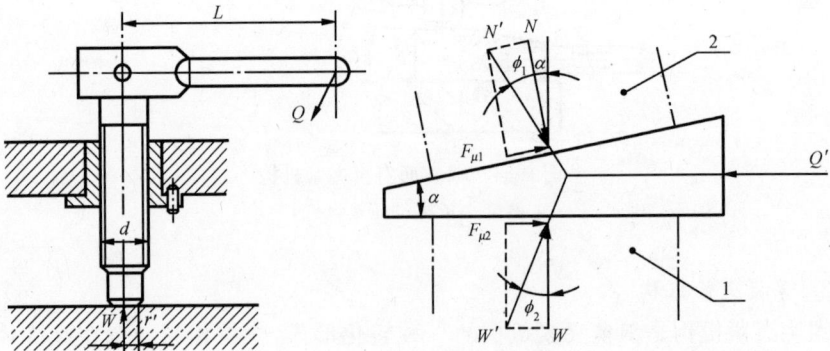

图 6-36　螺杆受力分析示意图

螺杆上的力矩 M、M_1 和 M_2 平衡,则有下式

$$QL - M_2 - M_1 = 0$$
$$OL - W\tan\phi_2 r' - W\tan(\alpha + \phi_1)d_0/2 = 0$$
$$W = QL/[\tan(\alpha + \phi_1)d_0/2 + \tan\phi_2 r']$$

2) 螺旋夹紧机构适用范围

尽管螺旋夹紧机构具有动作慢、效率低的缺点,但由于螺旋夹紧机构具有结构简单、制造容易、夹紧可靠、扩力比大、夹紧行程不受限制等优点,所以螺旋夹紧机构在手动夹紧装置中被广泛使用。

3. 圆偏心夹紧机构

圆偏心夹紧也是斜楔夹紧的一种转化形式,常见的有圆偏心和曲线偏心。圆偏心结构中的偏心轮结构已经标准化,设计时可参阅有关国家标准。

由于圆偏心的夹紧力小,自锁性能又不是很好,所以只适用于切削负荷不大、又无很大振动的场合。为满足自锁条件,圆偏心夹紧机构夹紧行程也相应受到限制,一般用于夹紧行程较小的情况。圆偏心夹紧机构一般很少直接用于夹紧工作,大多与其他夹紧机构联合使用。

1) 夹紧工作原理和几何特性

(1) 工作原理。如图 6-37(a)所示的偏心圆,其几何中心为 c,直径为 D,回转中心为 O,偏心距为 e。当偏心圆顺时针绕 O 回转时,因半径变化,从而将工件压紧。

(2) 几何特性。偏心圆工作表面上任意夹紧点 x 的升角 α_x 是 Ox 和 cx 之间的夹角。若以 $\overgroup{mk}$ 为横坐标,以半径的变化值为纵坐标,将特形斜楔展开,如图 6-37(b)曲线所示。从展开图中可看出,m 和 n 点升角最小,p 点升角最大,且其附近升角变化小。在 $\triangle Oxc$ 中有

$$\sin\alpha_x / e = \sin(180° - \phi)/(D/2)$$

$$\sin\alpha_x = 2e\sin\phi/D$$

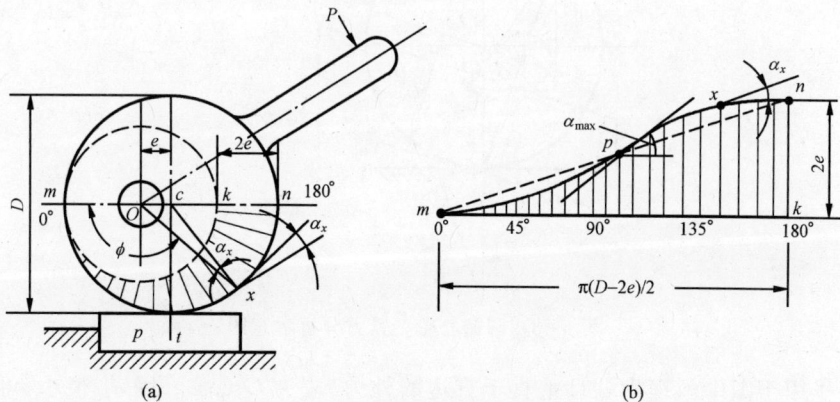

图 6-37　圆偏心轮分析示意图

当 $\varphi = 90°$ 时,有

$$\sin\alpha_p = 2e/D = \sin\alpha_{max}$$

当 α 较小时,有

$$\sin\alpha_p \approx \tan\alpha_p \approx \alpha_p$$

2) 自锁条件

圆偏心夹紧和斜楔夹紧一样,应满足如下条件:

$$\alpha_{\max} \leqslant \phi_1 + \phi_2 \tag{6-4}$$

式中, $\alpha_{\max}$——偏心圆工作弧段最大升角,(°);

　　　ϕ_1——偏心圆与工件间摩擦角,(°);

　　　ϕ_2——偏心圆转轴处摩擦角,(°)。

3) 夹紧力计算

圆偏心工作情况与斜楔相似,因此可近似地计算出圆偏心的夹紧力。

如图 6-38 所示,圆偏心夹紧相当于在转轴和工件之间加入一个升角为 α_p 的楔。原动力 P 产生力矩 PL,由 O 点将力 P 移到 p 点,作用力为 Q',产生力矩 $Q'\rho$,即

$$PL = Q'\rho$$
$$Q' = PL/\rho$$

式中, ρ——回转中心到夹紧点的距离,mm。

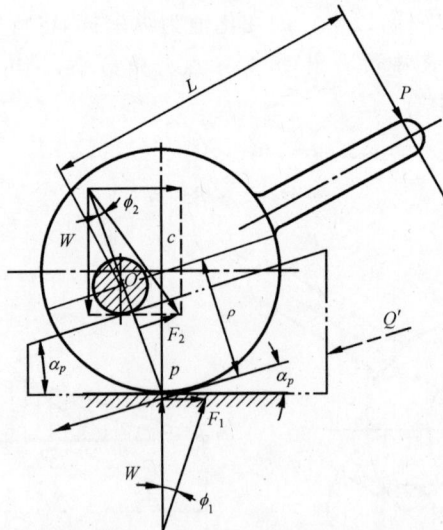

图 6-38　圆偏心轮夹紧力分析示意图

作用于图中斜楔大端且垂直于直边的外力,应为 $Q'\cos\alpha_p$,因 α_p 很小,可认为 Q' 为水平方向,即 $Q'\cos\alpha_p \approx Q'$。按斜楔夹紧,由平衡关系得夹紧力

$$W = Q'/[\tan\phi_1 + \tan(\alpha_p + \phi_2)]$$
$$= PL/[\rho(\tan\phi_1 + \tan(\alpha_p + \phi_2))]$$

4）圆偏心夹紧机构特点

（1）结构简单,制造容易,操作方便,夹紧迅速。

（2）夹紧行程小、自锁性差,适合于加工负荷小振动不大的场合。

（3）偏心轮是增力机构,可与其他元件联合使用。

6.3.4　夹紧机构动力装置

现代高效率的夹具大多采用机动夹紧方式,如气动、液动、电动等。其中以气动和液动装置应用最为普遍,下面主要介绍气动和液动夹紧装置。

1. 气动夹紧

气动夹紧的动力源是压缩空气。一般压缩空气由压缩空气站供应。经过管路损失之后,通到夹紧装置中的压缩空气压力通常为 0.4～0.6MPa。

1）夹紧气缸

气动夹紧的主要动力部件是气缸,有两种基本形式,即活塞式和薄膜式。

（1）活塞式气缸。活塞式气缸,按其工作中的运动情况可分为固定式、摆动式、差动式和回转式等;按气缸进气情况又可分为单作用和双作用两种。图 6-39（a）和图 6-39（b）分别为单作用气缸和双作用气缸的结构简图。活塞式气缸的工作行程可按需要设计,但结构较大,制造成本高,易漏气。

（2）薄膜式气缸。薄膜式气缸又称为气室,如图 6-39（c）所示。其特点是结构简单,维修方便,密封性好,寿命长,但缺点是行程小。

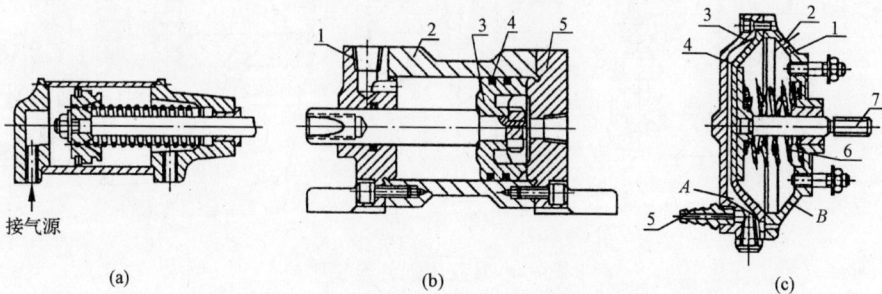

图 6-39　活塞式气缸和膜片式气缸结构示意图
（a）单向作用活塞式气缸；（b）双向作用活塞式气缸：
1-前盖；2-气缸体；3-活塞；4-O 形密封圈；5-后盖；（c）薄膜式气缸：
1-气室壳体；2-排气孔；3-气室壳体；4-薄膜；5-管接头；6-弹簧；7-推杆

2）气动夹紧特点

气动夹紧的主要优点包括:①夹紧力基本稳定,夹紧动作迅速,这就有利于缩短辅助时间,从而显著地提高生产率;②采用气动夹紧后,操作只需转动分配阀手柄,而不必像手动夹紧那样费时费力,因而大大减轻劳动强度。

气动夹紧不足之处在于:① 空气是可以压缩的,因此夹紧刚度差,一般不适用于切削力很大的场合;② 压缩空气的工作压力较小,所以对于同样的作用力来说,气动夹紧的气缸直径比液动夹紧的油缸直径要大,因而结构较庞大。另外,车间噪声较大。

2. 液动夹紧

液动夹紧所采用的油缸结构和工作原理基本上与气动相同,只是工作介质不同。前者是用液压油,后者是空气。由于油压比气压高(一般可达 6MPa 以上),加上液体的不可压缩性,因此当产生同样大小的作用力时,油缸尺寸比气缸小得多,而且液动夹紧刚度比气动夹紧刚度大得多,工作平稳,没有气动夹紧时那种噪音,劳动条件好。但液动不如气动应用广泛,主要原因是需要单独为液压装置配置专门泵站,成本高,因此,它大多应用在本身已具有液压传动系统装置的机床设备上。一些小型液压缸可直接安装在机床工作台或夹具体上,如图 6-40 所示。图 6-40(a)为通过 T 形槽安装在工作台上;图 6-40(b)液压缸安装在夹具体孔中,并用螺钉紧固;图 6-40(c)所示液压缸直接旋入夹具体螺纹孔中。

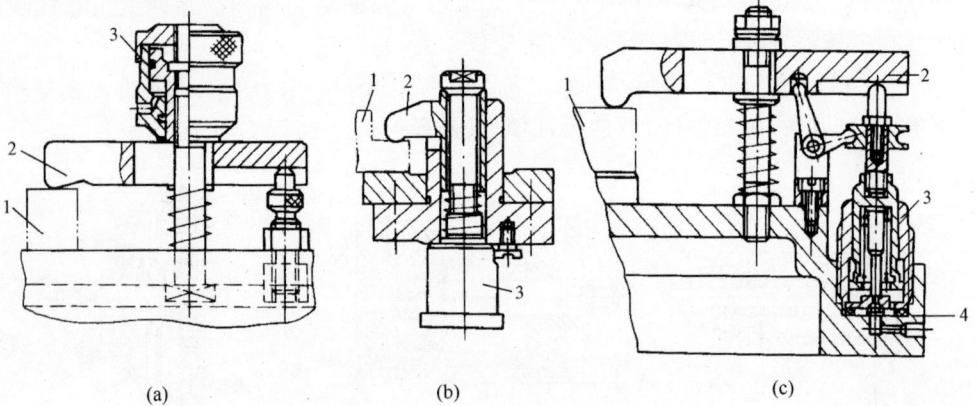

图 6-40　小型液压缸的安装形式
1-工件;2-压板;3-液压缸;4-夹具体

6.4　夹具在机床上的定位、对刀和分度

6.4.1　夹具在机床上的定位

1. 夹具在机床上定位的目的

为了保证工件的尺寸精度和形位精度,工艺系统各环节之间必须具有正确的

几何关系。一批工件通过其定位基准面和夹具定位表面的接触或配合,占有一致的、确定的位置,这是满足上述要求的一个方面。夹具的定位表面相对于机床工作台和导轨或主轴轴线具有正确的位置关系,是满足上述要求另一个极为重要的方面。只有同时满足这两方面的要求,才能使夹具定位表面和工件加工表面相对刀具及切削成形运动处于理想位置。夹具在机床上的定位,其本质是夹具定位元件对刀具切削成形运动的定位。为此,就要解决好夹具与机床的连接与配合问题,以及正确规定定位元件的定位面对夹具安装面的位置要求。为了保证夹具安装面与工作台面有良好的接触,夹具安装面的结构形式及加工精度都应有一定的要求。

2. 夹具在机床上的定位方式

夹具通过连接元件实现其在机床上的定位,根据机床的结构与加工特点,夹具在机床上的连接定位通常有两种方式:夹具连接定位在机床的工作台面上(如铣、刨、镗、钻床及平面磨床等),以及夹具连接定位在机床的主轴上(如车床,内、外圆磨床等)。

夹具在工作台面上,是用夹具安装面及定位键定位的。定位键有矩形和圆形两种,常用的是矩形定位键,其结构尺寸已标准化,可参阅"夹具标准"(GB/T 2206—1991)。

两定位键间的距离越大,定向精度越高。除定位之外,定位键还能承受部分切削扭矩,减轻夹具固定螺栓的负荷,增强夹具在工作过程中的稳定性。

定向精度要求高的铣床夹具,可不设置定位键,而在夹具体的侧面加工出一窄长平面作为夹具安装时的找正基面,通过找正获得较高的定向精度。

夹具在机床主轴上的连接定位方式,则取决于机床主轴端部结构。

3. 夹具在机床上的定位误差

夹具安装在机床上时,由于夹具定位元件对夹具体安装基面存在位置误差,夹具安装面本身有制造误差,夹具安装面与机床装夹面有连接误差,这就使夹具定位元件相对机床装夹面存在位置误差。为提高工件在夹具中加工时的加工精度,必须研究各类夹具定位误差的计算方法及减少这些误差的措施。

6.4.2　夹具在机床上的对刀

夹具在机床上安装完毕,在进行加工之前,尚需进行对刀,使刀具相对夹具定位元件处于正确位置。

1. 铣床夹具的对刀

铣床夹具的对刀方法通常有三种:一种方法是单件试切;第二种方法是每加工一批工件,即安装调整一次夹具,通过试切数个工件来对刀;第三种方法是用样件或对刀装置对刀,这时只是在制造样件或调整对刀装置时,才需要试切一些工件,而在每次安装使用夹具时,不需再试切工件,这是最方便的方法。

　　铣床夹具的对刀装置主要由对刀块和塞尺组成,对刀装置的结构形式取决于加工表面的形状。图 6-41 是几种常见的铣刀的对刀装置。

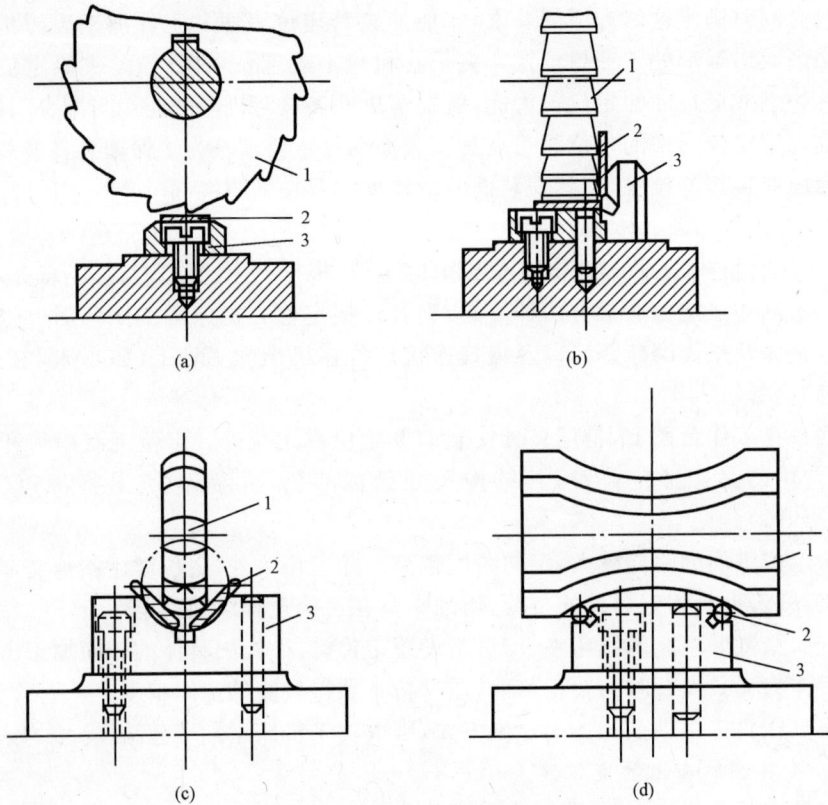

图 6-41　铣刀对刀装置示意图
1-铣刀；2-塞尺；3-对刀块

　　对刀块为标准件,其结构、材料、尺寸的选择可参照标准。对刀时,铣刀不能与对刀块的工作表面直接接触,以免损坏切削刃或造成对刀块过早磨损,而应通过塞尺来校准它们之间的相对位置,即将塞尺放在刃具与对刀块工作表面之间,凭借抽动塞尺的松紧感觉来判断铣刀的位置。

　　2. 钻床夹具中刀具的对准和导引

　　在钻床夹具中,通常用钻套实现刀具的对准,钻套是钻床夹具上特有的元件,用来引导刀具,以保证被加工孔的位置精度和提高工艺系统的刚度。

　　1) 钻套的类型

　　钻套可分为标准钻套和特殊钻套两大类。已列入国家标准的钻套称为标准钻套，其结构参数、材料、热处理等可查"夹具标准"。

标准钻套可分为固定钻套、可换钻套和快换钻套三种，如图 6-42 所示。

图 6-42(a)为固定钻套的两种结构，A 型为无肩的，B 型为带肩的。带肩的主要用于钻模板较薄时，用以保持钻套必要的导引长度。钻套外圆以过盈配合直接压入夹具体或钻模板孔中。这种钻套的缺点是磨损后不易更换，因此主要用于中小批生产用的钻床夹具上，或用来加工孔距小和孔距精度要求较高的孔。为防止切屑进入钻套孔内，钻套的上下端应以稍突出钻模板为宜，一般不能低于钻模板。

可换钻套的实际功用和固定钻套一样，可供钻、扩、铰孔工序使用，在批量较大时，磨损后可迅速更换。可换钻套的结构如图 6-42(b)所示，它的凸缘铣有台肩，防转螺钉的头部与此台肩有一定间隙，以防止可换钻套转动。拧去螺钉便可取出可换钻套。为了避免钻模板的磨损，钻套不直接压配在夹具体或钻模板上，而是以间隙配合装进衬套的内孔中，并用防转螺钉防止在加工过程中刀具、切屑与钻套内孔的摩擦力使钻套产生转动，或退刀时随刀具抬起。

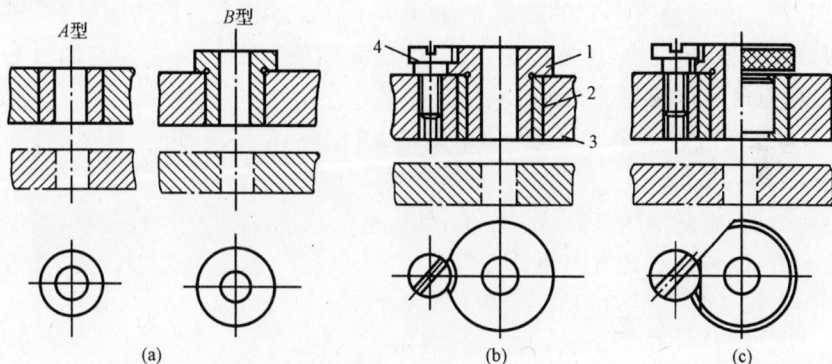

图 6-42　钻套示意图
(a) 固定钻套；(b) 可换钻套；(c) 快换钻套
1-钻套；2-衬套；3-钻模板；4-螺钉

快换钻套是供同一个孔，经多个加工工步(如钻、扩、铰、锪面、攻丝等)所用的。由于在加工过程中，需依次更换、取出钻套，以适应不同加工刀具的需要，所以采用快换钻套。图 6-42(c)是标准快换钻套结构。它除在其凸缘铣有台肩以供防转螺钉压住外，同时还铣出一削边平面。当此削边平面转至钻套螺钉位置时，便可向上快速取出钻套。

当钻削特殊表面时，可自行设计特殊钻套以补充标准钻套的不足。

2) 钻套导引孔尺寸和公差的确定

在选用标准结构的钻套时，钻套导引孔的尺寸与公差需由设计者按下述原则确定：钻套导引孔直径的基本尺寸，应等于所导引刀具的最大极限尺寸，且钻套导引孔与刀具之间应保证有一定的配合间隙,以防止卡住和咬死,导引孔的公差带根据所导引刀具的种类和加工精度要求选定。钻孔和扩孔分别选 F7 和 F8;粗铰时选 G7;精铰时选 G6。钻套导引孔与刀具的配合,应按基轴制选定。

3) 钻套高度 H 的确定

钻套高度由孔距精度、工件材料、孔加工深度、刀具耐用度、工件表面形状等因素决定。一般在材料强度高、钻头刚度低(钻头悬伸长度与直径之比大于.15)和在斜面上钻孔时,采用长钻套。

钻一般的螺钉孔、销子孔,工件孔距精度在±0.25mm 或是经济尺寸公差时,钻套的高度 $H=(1.5\sim2)d$。钻套内径采用基轴制 F8 的公差。

加工 IT6、IT7 级精度,孔径在 $\phi12mm$ 以上的孔或加工工件孔距精度要求在±0.10~±0.15mm 时,钻套的高度取 $H=(2.5\sim6.5)d$。钻套内径采用基轴制 G7 的公差。

4) 钻套与工件距离的确定

钻套与工件间留有一定的距离 h,如果 h 太大,会增大钻头的倾斜量,使钻套不能很好的导向;h 过小,切屑排出困难(特别是钢件),不仅会增大工件加工表面的粗糙度,有时可能将钻头折断。

h 值可按下面经验公式选取:加工铸铁、黄铜时,$h=(0.6\sim0.7)d$;加工钢件时,$h=(0.7\sim1.5)d$。

材料越硬,则式中的系数应取小值;钻头直径越小,即钻头刚性越差,式中的系数取最大值,以免切屑堵塞而使钻头折断。

6.4.3　夹具的分度装置

在机械加工中经常会有工件的多工位加工,如刻度尺的刻线、叶片液压泵转子叶片槽的铣削、齿轮和齿条的加工、多线螺纹的车削以及其他等分孔或等分槽的加工等。由于这些表面是按一定角度或一定距离分布的,因而要求夹具在工件加工过程中能进行分度。即当工件加工完一个表面后,夹具的某些部分应能连同工件转过一定角度或移动一定距离,可实现上述要求的装置叫做分度装置。

1. 分度装置的类型

分度装置可分为两大类:回转分度装置及直线分度装置。

(1) 回转分度装置。它是一种对圆周角分度的装置,又称圆分度装置,用于工件表面圆周分度孔或槽的加工。

(2) 直线分度装置。它是指对直线方向上的尺寸进行分度的装置,其分度原理与回转分度装置相同。

2. 分度装置的组成

由图 6-43 可知,用机械式分度装置实现分度必须有两个主要部分:分度盘和分度定位机构。一般分度盘与转轴相连,并带动工件一起转动,用以改变工件被加工面的位置。分度定位机构则装在固定不动的分度夹具的底座上。此外,为了防止切削中产生振动,以及避免分度销受力而影响分度精度,还需要有锁紧机构,用来把分度后的分度盘锁紧到夹具体上。分度装置一般由以下几个部分组成:

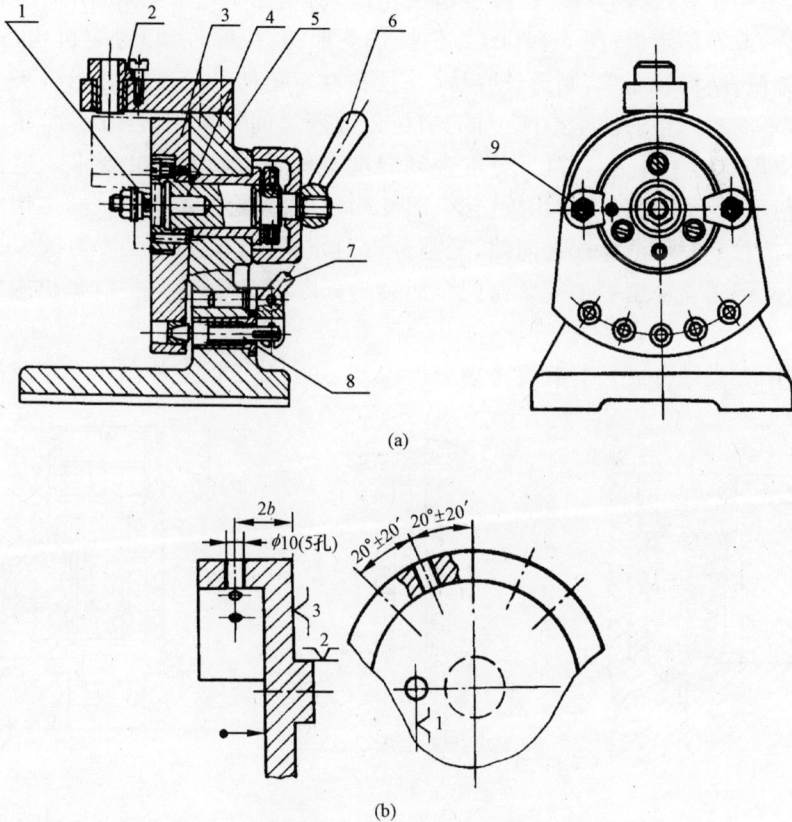

图 6-43　钻孔用分度装置
1-菱形销;2-钻套;3-分度盘;4-转轴;5-夹具体;6-锁紧手柄;7-拔销手柄;8-分度销;9-压板

(1) 转动(或移动)部分。它实现工件的转位(或移位),如图 6-43 中的分度盘 3。

(2) 固定部分。它是分度装置的基体,常与夹具体连接成一体,如图 6-43 中的夹具体 5。

(3) 对定机构。它保证工件正确的分度位置,并完成插销、拔销动作,如图 6-43 中的分度盘 3、分度销 8 及拔销手柄 7 等。

(4) 夹紧机构。它将转动(或移动)部分与固定部分紧固在一起,起到减小加工时的振动和保护对定机构的作用,如图 6-43 中的锁紧手柄 6、压板 9。

此外,分度装置还需有润滑系统来减少摩擦面的磨损,使分度机构操作灵活。

3. 分度对定机构

分度对定机构的结构形式很多,如图 6-44 所示。其中,图 6-44(a)为钢球对定机构,其结构简单,操作方便,但分度精度不高,对定也不可靠,因此常用于精度不高的场合,或作预定位;图 6-44(b)为手拉式菱形销(或圆柱销)对定机构,这类机构操纵方便,结构较简单,制造较容易,并且在对定销插入分度套时能将灰尘和污物推出,不需要严格的防尘措施,对定销与分度套之间常采用间隙配合,在回转分度装置中用菱形销对定,可降低分度套到分度盘转轴中心的尺寸要求。这种结构在中等精度的分度装置中应用较广泛;图 6-44(c)为齿轮齿条操纵的圆锥销对定机构,圆锥销对定时可消除配合间隙,提高分度对定精度,但灰尘或污物进入分度套后,会使圆锥销与分度套不能紧密配合而影响分度精度,因此这类对定机构应有防尘措施。

此外,在设计分度装置时要考虑分度误差,并将分度误差控制在一定范围内。

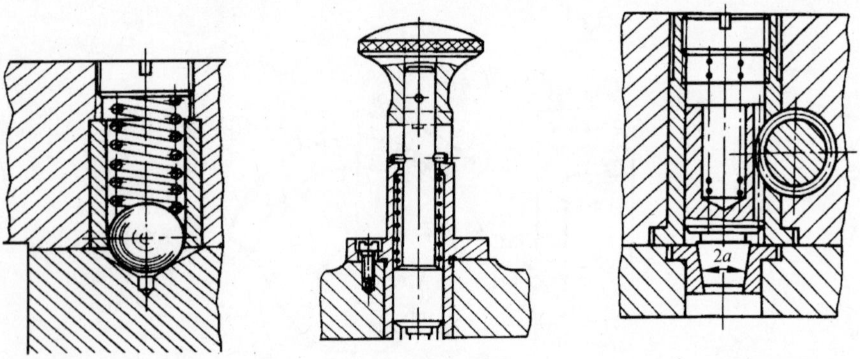

　　　　(a)　　　　　　　　　　　(b)　　　　　　　　　　　(c)

图 6-44　分度对定机构示意图

6.5　专用机床夹具的设计要求及设计方法

6.5.1　典型机床夹具设计要求

1. 钻床夹具

钻床夹具又称钻模,一般都有刀具导向装置,即钻套,钻套安装到钻模板上。

1) 钻模的结构形式

(1) 固定式钻模。加工中夹具相对于工件的位置保持不变,常用于立钻上加工单孔,或者摇臂钻、组合钻床上加工平行孔系。

(2) 回转式钻模。这类夹具有分度、回转装置,能够绕一固定轴线回转,主要用于加工以轴线为中心分布的轴向或径向孔系。

(3) 翻转式钻模。此类夹具可以做 90°不同方位的翻转,连同工件一起手工操作。

(4) 盖板式钻模。这是最原始的一种夹具。它没有夹具体,钻套、定位和夹紧元件都固定在钻模板上。使用时将其盖在工件上,定位夹紧后即可加工。

(5) 滑柱式钻模。这是一种通用可调夹具,其定位元件、夹紧元件和钻套可根据工件不同来更换,而钻模板、滑柱、夹具体、传动、锁紧等可保持不变。它适用于小型零件的不同类型生产。

2) 钻模板形式

钻模板与夹具体的连接,考虑到工件的大小、操作空间和工件装卸,一般分为固定式、分离式、铰链式、悬挂式和可调式等。

2. 镗床夹具

镗床夹具都具有镗杆导向的镗套,一般称为镗模。

1) 镗模导向支架的布置

镗模导向支架的布置主要依据镗孔的长径比 L/D 的大小来选取,一般有如下四种形式:

(1) 单面前导向。单面前导向如图 6-45 所示,适用于 $D>60\text{mm}$、$L/D<1$ 的通孔,或小型箱体上同轴线的几个通孔。

(2) 单面后导向。单面后导向如图 6-46 所示,主要用于 $D<60\text{ mm}$ 的不通孔,或通孔但无法设置前导向的场合。主轴与镗杆刚性连接。当 $L<D$ 时采用图 6-46(a)所示结构;当 $L>D$ 时采用图 6-46(b)所示结构。

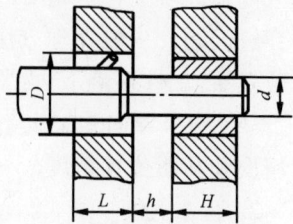

图 6-45 单面前导向

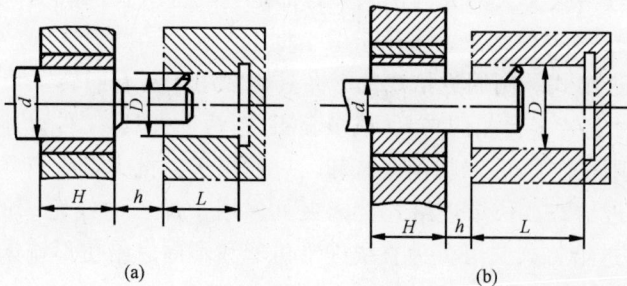

(a)

(b)

图 6-46 单面后导向

（3）单面双导向。镗杆与主轴浮动连接，导向精度和回转精度取决于两镗套的精度和支承长度 L，一般 $L=(1.5\sim5)d$。伸出长度一般不超过 $5d$，如图 6-47 所示。

（4）双面单导向。如图 6-48 所示，镗杆与主轴浮动连接，孔的精度由镗套保证。适用于加工 $L>1.5D$ 的通孔，同轴线的几个短孔、有较高同轴度或中心距要求的孔系。当 $L>10d$ 时，还应在中间加导向镗套或支架。

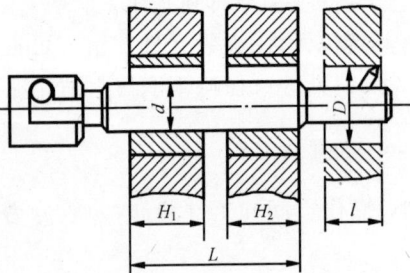

图 6-47　单面双导向　　　　　　　图 6-48　双边单导向

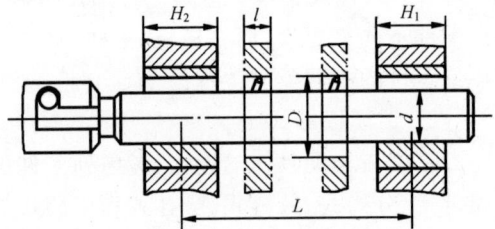

2）设计注意事项

（1）若镗刀调整好后，伸入镗模进行加工，须注意镗刀从镗套中穿过时的刀具引入问题。若镗杆上是多刀加工工件上同轴线的多孔，须注意刀具从未加工毛孔中穿过问题。一般处理方法是刀尖都准停在刀杆上部，将工件先抬高，刀具进入加工位置后，工件再落下，夹紧固定。

（2）镗模导向支架上不允许安装夹紧机构及元件，以防受力变形，影响孔的加工精度和孔系位置精度。

3.　铣床夹具

1）铣床夹具的类型

因夹具大都与工作台一起做进给运动，其结构常取决于铣削的进给方式。

（1）直线进给式。大部分的铣床夹具都是直线进给式，其中有单工件、多工件之分，或单工位、多工位之分。多用于中小批生产。

（2）圆周进给式。圆周进给式铣床夹具通常用在具有回转工作台的立式铣床上，工作台同时安装多台相同夹具，或多套粗、精两种夹具，工件呈连续圆周进给方式，工件经切削区加工，在非切削区装卸。一般用于大批大量生产。

（3）仿形进给式。仿形进给式铣床夹具多用于加工曲线轮廓的工件，常用于立式铣床。按进给方式又可分为直线进给仿形和圆周进给仿形铣床夹具。

2）设计注意事项

（1）夹具受力元件及夹具体要有足够的强度和刚度，因为铣削加工是断续切削,夹紧力大且易产生切削振动。

（2）一般均设置对刀装置和定向键,保证工件与刀具、工件与进给运动之间的位置精度。

（3）铣床夹具一般要在工作台上对定后固定。对于矩形工作台,一般通过两侧 T 形槽用 T 形螺钉来固定夹具,因此夹具底板两侧平台上应开有两个 U 形口,U 形口中心和定向键中心距必须与选用工作台上 T 形槽的尺寸相符。

4. 车床夹具

车床夹具与外圆磨床夹具类似,特点是夹具装在机床主轴上并带动工件回转。对于回转体工件,以外圆定位的车床夹具如卡盘、卡头,以内孔定位的车床夹具如各类心轴,以中心孔定位的车床夹具如各类顶尖、拨盘,此类夹具较简单,有些已经标准化、通用化了。对于非回转体工件,在设计车床夹具时要注意以下几点:

（1）夹具与主轴的连接,定心精度要高,连接方式要与选用机床主轴端部结构相符,定心后要压紧或拉紧,保证可靠与安全。

（2）由于车床夹具带动工件高速回转,受切削力、离心力等作用,因此夹紧力应足够大,且须有可靠的自锁。

（3）结构应尽可能简单、紧凑,减轻质量,提高刚度。

（4）机构非对称布置时,应注意动平衡,设置必要的配重并能调节,以免破坏主轴回转精度。

（5）因夹具高速回转,必须注意安全。各部分不得有突出夹具体转盘外径的部分,工作中不能松动。

机床夹具设计是工艺装备设计的一个重要组成部分。设计质量的高低,应以能稳定地保证工件的加工质量,生产效率高,成本低,排屑方便,操作安全,省力,制造、维护容易等为其衡量指标。利用夹具设计的基本原理,正确掌握夹具设计的基本方法,才能设计出先进、合理和实用的专用机床夹具。

6.5.2　专用夹具设计方法及步骤

1. 研究原始资料、分析设计任务

工艺人员在编制零件的工艺规程时,提出了相应的夹具设计任务书,其中对定位基准、夹紧方案及有关要求作了说明。夹具设计人员应根据任务书进行夹具的结构设计。为了使所设计的夹具能够满足设计的基本要求,设计前要认真收集和研究下列资料:

（1）生产纲领。工件的生产纲领对于工艺规程的制定及专用夹具的设计有着十分重要的影响。夹具结构的合理性及经济性与生产纲领有着密切的关系。大批大量生产多采用气动或其他机动夹具,自动化程度高,同时夹紧的工件数量多,结构也比较复杂。单件小批生产时,宜采用结构简单、成本低廉的手动夹具,以及万能通用夹具或组合夹具,以提高效率。

(2) 零件图及工序图。零件图是夹具设计的重要资料之一,它给出了工件在尺寸、位置等方面的精度要求。工序图则给出了所用夹具加工工件的工序尺寸、工序基准、已加工表面、待加工表面、工序精度要求等,它是设计夹具的主要依据。

(3) 零件工艺规程。了解零件的工艺规程主要是指了解该工序所使用的机床、刀具、加工余量、切削用量、工步安排、工时定额、同时安装的工件数目等。关于机床、刀具方面应了解机床主要技术参数、规格、机床与夹具连接部分的结构与尺寸,刀具的主要结构尺寸、制造精度等。

(4) 夹具结构及标准。收集有关夹具零、部件标准(国标、厂标等)、典型夹具结构图册。了解本厂制造、使用夹具的情况及国内外同类型夹具的资料。结合本厂实际,吸收先进经验,设计高效、安全、保证加工质量的夹具。

2. 确定夹具的结构方案

确定夹具结构方案主要包括:

(1) 根据工件的定位原理,确定工件的定位方式,选择定位元件。

(2) 确定刀具的对准及导引方式,选择刀具的对准及导引元件。

(3) 确定工件的夹紧方式,选择适宜的夹紧机构。

(4) 确定其他元件或装置的结构形式,如定向元件、分度装置等。

(5) 协调各装置、元件的布局,确定夹具体结构尺寸和总体结构。

在确定夹具结构方案的过程中,定位、夹紧、对刀等各个部分的结构及总体布局都会有几种不同方案可供选择,应画出草图,经过分析比较,从中选取较为合理的方案。

3. 绘制夹具总图

绘制夹具总图时应遵循国家制图标准,绘图比例应尽量取 1∶1,以便使图形有良好的直观性。如工件尺寸大,夹具总图可按 1∶2 或 1∶5 的比例绘制;零件尺寸过小,总图可按 2∶1 或 5∶1 的比例绘制。总图中视图的布置也应符合国家制图标准,在清楚表达夹具内部结构及各装置、元件位置关系的情况下,视图的数目应尽量少。

绘制总图时,主视图应取操作者实际工作时的位置,以便于夹具装配及使用时参考。工件看作"透明体",所画的工件轮廓线与夹具的任何线条彼此独立,不相干涉。工件的外廓以黑色双点画线表示。

绘制总图的顺序是:先用双点画线绘出工件的轮廓外形和主要表面,并用网纹线表示出加工余量。围绕工件的几个视图依次绘出定位元件、对定元件、夹紧机构以及其他元件、装置,最后绘制出夹具体及连接件,将夹具的各组成元件、装置连成一体。

夹具总图上应画出零件明细表和标题栏,写明夹具名称及零件明细表上所规定的内容。

4. 确定并标注有关尺寸及配合

在夹具总图上应标注的尺寸及配合有下列五类：

（1）工件与定位元件的联系尺寸，常指工件以孔在心轴或定位销上定位时，工件孔与上述定位元件间的配合尺寸及公差等级。

（2）夹具与刀具的联系尺寸，即用来确定夹具上对刀、导引元件位置的尺寸。对于铣、刨夹具而言是指对刀元件与定位元件的位置尺寸；对于钻、镗夹具来说，是指钻（镗）套与定位元件间的位置尺寸、钻（镗）套之间的位置尺寸及钻（镗）套与刀具导向部分的配合尺寸。

（3）夹具与机床的联系尺寸，即用于确定夹具在机床上正确位置的尺寸。对于车、磨床夹具，主要是指夹具与主轴端的连接尺寸；对于铣、刨夹具则是指夹具上的定向键与机床工作台上 T 型槽的配合尺寸。标注尺寸时，还常以夹具上的定位元件作为位置尺寸的基准。

（4）夹具内部的配合尺寸，与工件、机床、刀具无关，主要是为了保证夹具装配后能满足规定的使用要求。

（5）夹具的外廓尺寸，一般指夹具最大外形轮廓尺寸。当夹具上有可动部分时，应包括可动部分处于极限位置时所占的空间尺寸。例如，夹具体上有超出夹具体外的移动、旋转部分时，应标出最大旋转半径；有升降部分时，应标出最高及最低位置。标出夹具最大外形轮廓尺寸，就能知道夹具在空间实际所占的位置和可能活动的范围，以便能够发现夹具是否会与机床、刀具发生干涉。

上述诸尺寸公差的确定可分两种情况处理：夹具上定位元件之间以及对刀、导引元件之间的尺寸公差，直接对工件上相应的尺寸发生影响，因而根据工件相应尺寸的公差确定，一般取工件相应尺寸公差的 $1/3\sim1/5$。定位元件与夹具体的配合尺寸公差、夹紧装置各组成零件间的配合尺寸公差等，应根据其功用和装配要求，按一般公差与配合原则决定。

当加工尺寸未标注公差时，取 $\pm0.1\text{mm}$。未标注形位公差的加工面，按 GB1184 中 16 级精度的规定选取。

夹具的有关公差都应在工件公差带的中间位置，即不管工件公差对称与否，都要将其化成对称公差，然后取其 $1/3\sim1/5$ 以确定夹具的有关基本尺寸和公差。

对于工作时有相对运动但无精度要求的部分，如夹紧机构为铰链连接，则可选用 H9/d9、H11/c11 等配合；对于需要固定的构件可选用 H7/n6、H7/p6、H7/r6 等配合；若用 H7/js6、H7/k6、H7/m6 等配合，则应加紧固螺钉使构件固定。

5. 应标注的技术要求

在夹具装配图上应标注的技术条件（位置精度要求）主要有如下几个方面：

（1）定位元件之间或定位元件与夹具体底面间的位置要求，其作用是保证加工面与定位基面间的位置精度。

(2) 定位元件与连接元件(或找正基面)间的位置要求。

(3) 对刀元件与连接元件(或找正基面)间的位置要求。

(4) 定位元件与导引元件的位置要求。

一般情况下,上述技术要求是保证工件相应的加工要求所必需的,根据经验,其数值也可取工件相应技术要求所规定数值的 $1/3 \sim 1/5$。

此外,夹具在制造和使用上还包括其他技术要求,如夹具的密封、装配性能和要求、有关机构的调整参数、主要元件的磨损范围和极限、打印标记和编号及使用中的注意事项等,要用文字标注在夹具的总装配图上。

传统夹具设计的设计效率低,周期长;一般都采用经验设计,很难实现必要的工程计算,设计精确性差;所设计的夹具结构典型化、标准化程度低,不仅使设计本身效率低,而且也给制造带来困难,提高了夹具的制造成本,从而影响了专用夹具的经济效益。计算机辅助夹具设计(CAFD)为克服传统设计方法的缺点提供了新的途径,可以大大缩短夹具设计和制造周期,实现优化设计,提高夹具标准化和通用化程度,使夹具制造方便,还可以进一步提高夹具的质量和降低制造成本。

6.6　计算机辅助夹具设计

6.6.1　概述

为了在市场竞争中立于不败之地,必须最大程度地缩短产品的设计、制造和装配周期。人工设计夹具由于工作量大,而且需要经验丰富的技术人员来完成,因此不适应现代制造技术的发展。组合夹具的使用提高了夹具元件的使用效率,但使用范围有限,且不能充分利用已有夹具的设计信息。因此快速实现夹具设计已成为企业的迫切要求。将计算机辅助设计技术应用到夹具设计的过程是解决这一问题的必然选择。随着计算机技术的发展和应用,计算机辅助夹具设计在理论和应用上都得到了迅速发展,大大提高了夹具的设计效率,缩短了生产准备周期。

计算机辅助夹具设计的研究,可上溯到 20 世纪 70 年代。1977 年,德国学者 Imhof 和 Gra 率先对夹具 CAD 进行全面研究,夹具自动设计研究始于法国学者 Ingrand 和 Latombe(1980 年开发了第一个 CAFD 专家系统),我国最早开始 CAFD 研究的学者是北京理工大学 Jiang 等人。CAFD 发展大致经历了三个阶段:

(1) 20 世纪 80 年代初,开发出第一代交互式设计系统(I-CAFD)。

(2) 20 世纪 80 年代中期后,出现两条路线:① 基于 GT 的变异式 CAFD 系统;② 基于知识的生成式 CAFD 专家系统。

（3）20 世纪 90 年代后期，着力于开发商品化夹具构形设计软件。

目前 CAFD 系统的研究方向主要包括以下几个方面：

（1）集成化。CAFD 是生产准备的重要部分。确定该工序所使用的夹具，给出夹具的装配图和零件图是连接 CAD 与 CAM 的桥梁。集成化的 CAFD 应首先实现与 CAPP 的集成。集成化是 CAFD 系统发展的必然方向，是企业信息集成的必然要求。

（2）标准化。标准化是提高 CAFD 系统适应性和促进集成的基础。功能模块标准化将有利于实现 CAFD 系统与 CAPP 的集成。

（3）并行化。以往的 CAFD 总是在 CAPP 制定完所有工序之后才开始进行，并行化则强调 CAFD 与 CAPP 并行实现。CAFD 并行化的发展将大大提高夹具设计效率，缩短生产准备周期。

（4）智能化。人工智能技术在 CAFD 系统中最初的主要应用是专家系统。但是，专家系统在知识获取、推理方法等方面还存在一些问题。各种技术的综合应用，如模糊数学与神经网络的结合，将更进一步推进 CAFD 智能化的发展。

如何使 CAFD 系统更加实用是当前 CAFD 研究者们最为关注的问题。CAFD 系统将继续朝着集成化、标准化、并行化和智能化的方向发展，同时各方向间相互交叉、互相促进是 CAFD 系统发展的必然方向。

6.6.2　CAFD 的设计内容及方法

1. 计算机辅助夹具设计内容及过程

CAFD 系统包括四个方面的内容：① 安装规划；② 夹具规划；③ 夹具结构设计；④ 性能评价（CAFDV）。有时，系统还要有夹具信息管理系统。

Z. M. Bi 和 W. J. Zhang（2001）从柔性夹具设计和自动化的角度，认为 CAFD 只用来决定具体夹具构形，其设计过程是在假设整个柔性夹具系统已经给定的情况下，以装夹需求为基础，完成三项任务：选择备选元件、决定元件内部参数及其外部装配。这个过程包括四个部分：设计问题描述、夹具分析、夹具综合和构形验证。

1）设计问题描述

该问题是优化问题，所以有三要素：设计变量、设计约束和设计目标。夹具设计的设计变量取决于给定柔性夹具系统的体系结构，元件的选择、元件装配关系的选择、元件内部可调参数的选择都可以定义为设计变量。根据夹具的装夹功能提出装夹需求并进一步表述为三大类设计约束。

（1）形封闭。通过力旋量的合成来平衡任何作用在对象的外部扰动。该需求主要有三类表达。① 静止稳定性：所有支承部件必须保持与工件的接触；② 夹紧稳定性：夹紧次序不影响稳定和精确定位，夹紧后夹具应该完全抵消加工阶段任何可能的切削力和力偶；③ 工艺过程稳定性：工艺过程中，大部分切削力应该由支承和定位元件来承受。

（2）可及性。可及性有两种类型，单个工件表面的可及性及工件到夹具的易装卸性。

（3）变形约束。工件变形是夹具设计过程中最重要的考虑因素。

2）夹具分析

建立起从设计变量向设计约束映射的关系模型，为 CAFDV 服务。

（1）运动学分析，建立运动学模型。目的是为了避免加工干涉，预留可及空间和拆卸空间，保证决定性定位（完全定位）。

（2）受力分析，建立静力学模型。目的是检验夹紧力能否保证加工中的静态平衡。

（3）变形分析，建立公差模型（分析工件变形对公差的影响）。这是计算量较大的步骤。特别地，对于柔性零件和需要去除大量材料的零件，变形分析必须考虑。

（4）评估模型。下列指标常用来评估备选构形的性能：受力数目、夹紧力、工件平衡、工件稳定性、工件变形、夹具灵巧性、夹具安装时间，它们由评估模型得出。

3）夹具综合

得出一定的设计变量集合（对应一个夹具构型），在获得最佳性能的同时能够满足设计约束。组合夹具设计变量较多，为了简化计算和提高设计效率，综合被分解为几个子活动：组件类型选择，定位和支承点确定，夹紧确定，夹具构形的装配规划，等等。

4）设计验证

夹具验证即 CAFDV，它集成在夹具设计过程中。

2. 计算机辅助夹具设计方法

从需求和约束描述、分析建模、综合搜索策略三个角度讨论夹具设计方法。

1）描述方法

描述方法分为夹具几何表达法、基于 GT 的方法和基于特征的方法。这些方法决定着分析和综合阶段方法的选择。① 夹具几何表达法，是描述设计需求的最直接方法，常用在柔性夹具系统和专用夹具构形的详细设计阶段；② 基于 GT 的方法，适应计算机辅助设计，组合夹具元件必须编码；③ 基于特征的方法。后两种方法都可以与夹具综合阶段的专家系统和基于规则的系统兼容。但是由于设计需求的详细描述很困难，GT 实际上只适用于概念设计。

2）夹具分析方法

设计分析阶段主要建立关系模型。只有建立全部约束和目标，夹具构形设计的优化方程才是完全的。

（1）几何方法。这是一种广泛采用的方法。运用几何方法，大部分需求信息可以从 CAD 系统中检索得到。值得一提的是 Asada 和 Andre 基于雅克比矩阵，在三维空间中对夹具和工件之间的运动学关系进行建模，产生可由机器人自动装配的夹具构形。在考虑可重构夹具系统中夹具组件之间干涉的情况下，Wu 和 Rong 集中运用几何分析方法，对自动夹具规划进行了根本性的研究，建立了组合夹具装配的初始条件，以及夹具组件和待分析工件之间的几何关系。

（2）螺旋理论。螺旋理论基于三维空间中刚体的运动，工件的受力和运动可以被建模为"力"旋量和"运动"旋量。为了建立一些用来评估抓取的高质量措施，Chou 借助于螺旋理论提出了数学方法。解决适用于棱柱形工件的机床夹具的自动构形设计。螺旋理论用来产生：① 接触（定位和夹紧）点的最少数目；② 接触点集引起的许用运动；③ 特定接触处的反力；④ 平衡切削力所需的夹紧力。

（3）有限元方法（FEM）。由于在产生相应压应力和位移方面的能力，有限元方法已经应用在许多变形相关的研究中（Lee 和 Haynes），该方法多用于优化设计。

（4）基于规则或者基于特征的分析。在基于特征的模型中，典型方法是用一个特征集描述零件。Tseng 对基于特征的夹具设计进行了深入研究。Nee 等人设计出第一个基于规则的完全的夹具设计专家系统。

（5）力学分析方法。力学分析方法广泛应用于建模工件和夹具之间力的作用和工件变形。Meyer 和 Liou 开发了一种在工件-夹具系统中处理动态外力的综合方法。Lin 推出了一个刚度矩阵公式用于顺应夹具的准确高效建模，该公式很适合于自动规划算法。

3）夹具综合方法

夹具综合主要考虑两个问题——简化综合过程和削减计算；另外，在可行的夹具构形空间中的搜索策略也很重要。

（1）分析方法。该方法只能处理少量设计变量。Brost 和 Goldberg 提出了一种二维的"完全算法"，用多边形来描述工件轮廓，通过扩展工件边将定位元件理想化为一个点，从而有效地建立起在平面上动态约束工件的全部可行夹具设计集。Rong 和 Bai 基于 MFEARG，开发出从夹具接触点的作用高度出发来搜索全部合适的备选装夹单元的综合算法，并在干涉检查的基础上将装夹单元安装到适合的位置。

（2）基于规则的推理（RBR）。这种自动化系统大多以专家系统的形式出现（Nee），通常只能提供初步的装夹构形。

（3）基因算法。一般认为夹具设计是一个复杂的多态离散问题。相比较而言，基因算法较适合此类问题。Wu 和 Chan 将基因算法用于夹具构形优化，依靠从 CAFDV 系统中获得的信息，通过评估来决定大量候选方案中静态稳定性最好的夹具构形。

（4）基于案例推理（CBR）。这里使用问题解决领域的 CBR。过去的经验在案例库中储存为情景。每一情景至少记录两种信息：问题描述和解决。CBR 系统中要有索引系统和相似度评价模块。遇到新问题时，最似旧例被检索和修改以满足新情况（Sun）。应用 CBR，设计者可获得设计草案。

（5）神经网络算法。经过网络训练，工件的装夹方式可以推导出来，可以彻底选择出所有的夹具元件。该方法主要用于概念设计。

（6）基于"黑板"的设计。该方法主要用在并行设计或者协作解决问题过程中（Roy），不必要过程被封装，必要接口提供给协作者。

6.6.3 CAFD 的典型系统

CAFD 实际上是一种专用的 CAD 系统，一方面具有 CAD 系统的共同特点，需要系统软件、支撑软件的支持。系统软件主要包括操作系统、高级语言及其编译系统和数据库管理系统等。支撑软件主要指以系统软件为基础，进行 CAD 应用开发所需的软件平台，如 CAD 等图形支撑软件等。另一方面具有面向夹具设计的特点，有独特的应用软件。目前应用的计算机辅助夹具设计系统主要有三种典型系统。

1. 交互式夹具设计系统

最初的交互式设计系统由设计人员简单应用 CAD 软件的图形功能，建立一个标准夹具元件数据库，设计者根据经验选择元件，并装配成夹具。随后开发的 CAFD 系统建立了定位方法选择、工件信息检索等模块，大大提高了 CAFD 系统的实用性。这些都是基于二维平台开发的。随着计算机技术的发展，三维绘图成了计算机辅助设计的有力工具。多数三维绘图软件都建立了标准件库，同时允许用户建立自己的元件库。这为交互式夹具设计提供了更好的平台。

交互式夹具设计步骤以传统夹具设计步骤为基础。首先根据工件特征、工序信息及夹具信息，调用有关的程序和数据，协助技术人员来完成夹具的定位方案、导向方案、夹紧方案的设计，并通过人机交互的方式完成各功能元件和部件的选择和设计。然后进入三维绘图环境，采用人工交互的方式进行参数化驱动，以获得尺寸满足要求的零件和部件，装配后绘出装配图和零件图。

交互式夹具设计系统适合于开发新产品和需要加工新工件、没有已有夹具信息可以利用的情况。对于大多数制造业来说，待加工的工件相似性高，因此要设计的夹具只需要在尺寸或结构上进行部分修改，但这也使夹具设计中的重复性工作多，需要烦琐的人工绘图工作。如何充分利用已有夹具信息成为 CAFD 系统的关键环节。因此基于实例推理（CBR）的夹具设计理论得到了发展和实际应用。

2. 检索式夹具设计系统

检索式夹具设计系统，基于成组技术原理，针对某一类工件的某一工序，事先设计好相应的标准化夹具。系统运行时先根据工序内容,检索出相应的夹具结构形式,然后计算出夹具的具体尺寸和元件规格等数据。

3. 基于实例推理的夹具设计

基于实例推理的基本思想,是利用原有解决相似问题的经验,对于新的问题进行推理求解。CBR 与其他设计方法最大的不同之处就是不但存储和利用夹具设计的结果,而且同时存储夹具设计过程的信息。将基于实例推理技术应用到计算机辅助设计的具体设计中,CBR 的基本推理步骤为:

(1) 提出问题,即输入待解决问题的要求、初始条件及相关信息。

(2) 提取实例,即根据要求及初始条件,从实例库中提取一组与当前问题相似的实例。

(3) 修改实例,即从相似实例中找出最相似的实例或通过对目标方案的修改来满足当前的要求。

(4) 存储实例,即问题解决之后,当前的解即可作为新的实例存入实例库中,以备设计新产品时调用。

将基于实例的设计技术应用到夹具设计中,通过对夹具实例的描述、组织、管理等,实现基于实例的夹具 CAD 系统。

随着 CIMS、并行工程和敏捷制造技术的发展,企业对 CAFD 的需求也越来越迫切。采用 CAFD 不仅可以提高夹具的设计效率,缩短夹具设计周期,而且可以提高设计质量,进一步促进 CAD/CAM 的集成。

习题与思考题

6-1　什么是机床夹具? 它在机械加工中有何作用?

6-2　机床夹具由哪些部分组成? 各部分有何作用?

6-3　机床夹具按应用范围分哪些类型?

6-4　什么是"六点定位原理"? 工件的合理定位是否一定要限制其在夹具中的六个自由度?

6-5　什么是定位误差? 定位误差是由哪些因素引起的? 定位误差的数值一般应控制在零件公差的什么范围内?

6-6　以图 6-49 所示的定位方式在阶梯轴上铣槽,V 形块的夹角 $\alpha=90°$,试计算加工尺寸 74 ± 0.1mm 的定位误差。

6-7　夹紧装置设计的基本要求是什么? 如何确定夹紧力的方向和作用点?

6-8　定位与夹紧的区别是什么?

6-9　对刀装置的作用是什么? 铣床夹具、钻床夹具如何对刀?

6-10　什么是分度装置? 它由哪些部分组成?

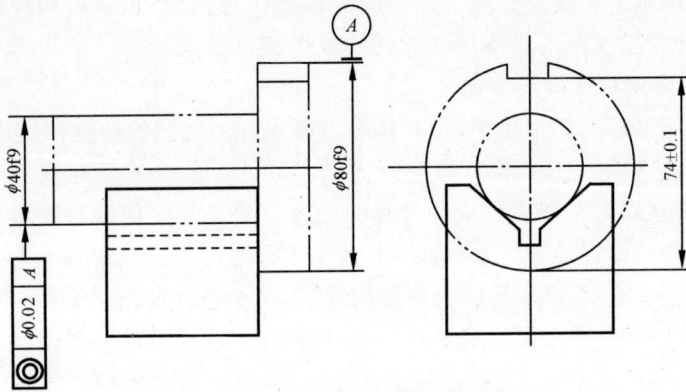

图 6-49　在阶梯轴上铣槽的定位方式

6-11　钻套的结构分几种类型？各有何特点？

6-12　夹具设计有哪些基本要求？

第7章 先进制造技术

随着计算机技术、微电子技术、信息和自动化技术的迅速发展,传统的机械制造技术正逐渐向先进制造技术方向发生根本的变革。先进制造技术包括现代设计技术、现代制造工艺技术、制造自动化技术以及以现代管理理论和方法为基础的先进制造生产管理模式等四个方面。

7.1 现代制造技术的发展

先进制造技术(advanced manufacturing technology, AMT)是在传统制造技术的基础上,不断吸收机械、电子、信息、材料、能源及现代管理等技术成果,并将其综合应用于产品设计、制造、检测、管理、售后服务等机械制造全过程,实现优质、高效、低耗、清洁、灵活生产,提高对动态多变的产品市场的适应能力和竞争能力的各种现代制造技术的总称。

先进制造技术的主要特征是强调实用性,以提高企业的综合经济效益为目的,所以被认为是提高制造业竞争能力的主要手段,对促进国民经济的发展有着不可估量的影响。通俗地讲:"现代制造技术=传统制造技术的发展+信息技术+现代管理技术"。

7.1.1 先进制造技术的形成和特征

随着计算机、微电子、信息和自动化技术的迅速发展,20世纪末制造业开始了一场新技术变革。20世纪80年代以来,各国制造业面临复杂多变的外部环境:科学技术突飞猛进,社会需求多样化,产品更新日新月异,市场竞争日趋激烈,对市场的响应速度要求越来越高。因此,政府和企业界都在寻求对策,以获取全球范围内竞争优势。传统的制造技术已变得越来越不适应当今快速变化的环境,先进的制造技术尤其是计算机技术和信息技术在制造业中的广泛应用,使人们正在或已经摆脱传统观念的束缚,跨入制造业的新纪元。

先进制造技术这一概念,就是在这种大环境下,为增强制造业竞争力、夺回制造工业的优势、促进国家经济的发展而提出的。从技术的角度来看,以计算机为中心的新一代信息技术的发展,使制造业技术达到了前所未有的新高度,先进制造技术的提出也是这种进程的反映。先进制造技术一经提出,立即获得美国、欧洲各国、日本及亚洲新兴工业化国家的响应。

相对于传统制造技术,先进制造技术具有以下特征:

1. 先进制造技术的实用性

先进制造技术最重要的特点在于,它首先是一项面向工业应用、具有很强实用性的新技术。从先进制造技术的发展过程到其应用范围,特别是达到目标与效果,无不反映这是一项对国民经济的发展起到重大作用的实用技术。先进制造技术的发展往往是针对某一具体的制造业(如汽车制造、电子工业)的需求而发展起来的先进的、适用的制造技术,具有明确的需求导向的特征;先进制造技术不是以追求技术的高新为目的,而是注重产生最好的实践效果,以提高效率为中心,以提高企业竞争力和促进国家经济增长和综合实力为目标。

2. 先进制造技术应用的广泛性

在应用范围上,传统制造技术通常只是指各种将原材料变成成品的加工工艺,而先进制造技术虽然仍大量应用于加工和装配过程,但由于其组成中包括了设计技术、自动化技术、系统管理技术,因而将其综合应用于制造的全过程,覆盖了产品设计、生产准备、加工与装配、销售使用、维修服务甚至回收再生的整个过程。

3. 先进制造技术的动态特征

由于先进制造技术是在针对一定的应用目标并不断地吸收各种高新技术的基础逐渐形成、不断发展的新技术,因而其内涵不是绝对的和一成不变的。反映在不同的时期,先进制造技术有其自身的特点;反映在不同的国家和地区,先进制造技术有其本身重点发展的目标和内容。

4. 先进制造技术的集成性

传统制造技术的学科、专业单一独立,相互界限分明;先进制造技术由于专业和学科间的不断渗透、交叉、融合,界线逐渐被淡化甚至消失,技术趋于系统化、集成化,已发展成为集机械、电子、信息、材料和管理技术为一体的新型交叉学科,因此可以称其为"制造工程"。

5. 先进制造技术的系统性

传统制造技术一般只能驾驭生产过程中的物质流和能量流。随着微电子、信息技术的引入,先进制造技术还能驾驭信息生成、采集、传递、反馈、调整的信息流动过程。先进制造技术是可以驾驭生产过程的物质流、能量流和信息流的系统工程。一项先进制造技术的产生往往要系统地考虑制造的全过程,如并行工程就是集成地、并行地设计产品及其零、部件和相关各种过程的一种系统方法。

6. 先进制造技术的核心

先进制造技术的核心是优质、高效、低耗、清洁等基础制造技术,它是从传统的制造工艺发展起来的,并与新技术实现了局部或系统集成,其重要的特征是实现优质、高效、低耗、清洁、灵活的生产。这意味着先进制造技术除了通常追求的优质、高效外,还要针对21世纪面临的有限资源与日益增长的环保压力的挑战,实现可持续发展,实现低耗、清洁。

7. 先进制造技术的环保性

先进制造技术强调环境保护,既要求其产品是所谓的"绿色商品"(对资源的消耗最少、对环境的污染最小甚至为零、对人体的危害最小甚至为零、报废后便于回收利用、发生事故的可能性为零、所占空间最小),又要求产品的生产过程是环保型的(对资源的消耗最少、对环境的污染最小甚至为零、对人体的危害最小甚至为零)。

8. 先进制造技术最终的目标

先进制造技术最终的目标是要提高对动态多变的产品市场的适应能力和竞争能力,为确保生产和经济效益持续稳步的提高,能对市场变化作出更灵捷的反应,提高企业的竞争能力。先进制造技术比传统的制造技术更加重视技术与管理的结合,更加重视制造过程组织和管理体制的简化以及合理化,从而产生了一系列先进的制造模式。随着世界自由贸易体制的进一步完善,以及全球交通运输体系和通信网络的建立,制造业将形成全球化与一体化的格局,新的先进制造技术也必将是全球化的模式。

7.1.2 先进制造技术分类

先进制造技术可分为现代设计技术、现代制造工艺技术、制造自动化技术,以及以现代管理理论和方法为基础的先进制造生产管理模式等四大类。

1. 现代设计技术

现代设计技术包括现代设计理论与设计方法学、计算机辅助设计 CAD、计算机辅助工程分析 CAE、计算机辅助工艺规程设计 CAPP、设计过程管理与设计数据库、性能优良设计、反求工程技术、快速响应设计、智能设计、模块化设计、并行工程 CE 设计、仿真与虚拟设计、绿色设计等。

2. 现代制造工艺技术

现代制造工艺技术包括精密铸造、精密锻压、精密切割、超精密加工、超高速加工、微米/纳米加工技术、复杂型面数控加工、特种加工工艺、快速成形制造、少或无污染制造、虚拟制造与成形加工技术等。

3. 制造自动化技术

制造自动化技术包括数控技术、工业机器人、柔性制造系统、计算机集成制造技术、自动检测及识别技术、过程设备工况监测与控制等。

4. 先进制造生产管理模式

先进制造生产管理模式包括敏捷制造、精益生产、并行工程、智能制造、绿色制造、虚拟制造等。

7.2　现代制造工艺技术

7.2.1　特种加工技术

由于材料科学、高新技术的发展和激烈的市场竞争、发展尖端国防及科学研究的急需,不仅新产品更新换代日益加快,而且产品要求具有很高的强度重量比和性能价格比,并正朝着高速度、高精度、高可靠性、耐腐蚀、高温高压、大功率、尺寸大小两极分化的方向发展。

为此,各种新材料、新结构、形状复杂的精密机械零件大量涌现,用通常的金属切削加工方法加工这些零件已十分困难,甚至无法加工,这对机械制造业提出了一系列迫切需要解决的问题。于是一种本质上区别于传统加工的特种加工于 20 世纪 40 年代应运而生。

特种加工是将电、磁、声、光、化学等能量或其组合施加在工件的被加工部位上,从而实现材料被去除、变形、性能改变或被镀覆等的非传统加工方法。其主要特点是:

(1)非机械能加工。有些加工方法,如激光加工、电火花加工、等离子弧加工、电化学加工等,是利用热能、化学能、电化学能等。这些加工方法与工件的硬度强度等力学性能无关,故可加工各种硬、软、脆、热敏、耐腐蚀、高熔点、高强度、特殊性能的金属和非金属材料。

(2)非接触加工。不一定需要工具,有的虽使用工具,但与工件不接触,因此,工件不承受大的作用力,工具硬度可低于工件硬度,故使刚性极低的元件得以加工。

(3)微细加工。有些特种加工,如超声、电化学、水喷射、磨料流等,加工余量都是微细进行,故不仅可加工尺寸微小的孔或狭缝,还能获得高精度、极小表面粗糙度的加工表面,工件表面质量高。

(4)不存在加工中的机械应变或大面积的热应变,可获得较小的表面粗糙度。其热应力、残余应力、冷作硬化等都比较小,尺寸稳定性好。

(5)两种或两种以上不同类型的能量,可相互组合形成新的复合加工,其综合加工效果明显,而且便于推广使用。

(6)特种加工对简化加工工艺、变革新产品的设计及零件结构工艺性等产生积极的影响。一般地,特种加工按能量来源、作用形式与加工原理可分为表 7-1 所示的形式。

表 7-1　常用特种加工方法分类表

特种加工方法		能源及形式	作用原理	英文缩写
电火花加工	电火花成形加工	电能、热能	熔化、气化	EDM
	电火花线切割加工	电能、热能	熔化、气化	WEDM
电化学加工	电解加工	电化学能	金属离子阳极溶化	ECM(ELM)
	电解磨削	电化学、机械能	阳极溶解、磨削	ECM(ECG)
	电解研磨	电化学、机械能	阳极溶解、研磨	ECH
	电铸	电化学能	金属离子阴极沉积	EFM
	涂镀	电化学能	金属离子阴极沉积	EPM
激光加工	激光切割、打孔	光能、热能	熔化、气化	LBM
	激光打标记	光能、热能	熔化、气化	LBM
	激光处理、表面改性	光能、热能	熔化、相变	LBT
电子束加工	切割、打孔、焊接	电能、热能	熔化、气化	EBM
离子束加工	蚀刻、镀覆、注入	电能、动能	原子撞击	IBM
等离子弧加工	切割(喷镀)	电能、热能	熔化、气化(涂覆)	PAM
超声加工	切割、打孔、雕刻	声能、机械能	磨料高频撞击	USM
化学加工	化学铣削	化学能	腐蚀	CHM
	化学抛光	化学能	腐蚀	CHP
	光刻	光、化学能	光化学腐蚀	PCM
快速成形	液相固化法	光、化学能	增材法加工	SL
	粉末烧结法			SLS
	纸片叠层法	光、机械能		LOM
	熔丝堆积法	电、热、机械能		FDM

7.2.2　快速成形技术

快速成形制造技术(rapid prototyping manufacturing,RPM)是一种基于离散和堆积原理的崭新制造技术,它将零件的 CAD 模型按一定方式离散面、离散线和离散点,而后采用物理或化学手段,将这些离散的面、线段和点堆积而形成零件的整体形状。RPM 技术集材料科学、信息科学、控制技术、能量光电子等技术为一体,是快速产品开发和制造的一种重要技术。其主要技术特征是成形的快捷性,被认为是 20 世纪制造技术领域的一次重大突破,对制造业的影响可与数控技术相比,是目前制造业信息化最直接的体现。各种快速成形技术的过程流,包括 CAD 模型建立、前处理、原型制作和后处理四个步骤,RPM 技术的具体工艺有三十余种,根据采用材料及对材料处理方式的不同,主要方法有:

1. 光固化法（SLA）

光固化法使用液态光敏树脂作为成形材料。计算机控制紫外光束按零件的各分层截面信息在树脂表面进行逐点扫描，被扫描区域的树脂薄层产生光聚合反应而硬化，形成零件的一个薄层。头一层固化完后，工作台下移一个层厚的距离，再在原先固化好的树脂表面涂上一层新的液态树脂，再进行扫描加工，新生成的固化层牢固地黏结在前一层上。重复上述步骤，直到整个原型零件制造完毕。

光固化法的主要特点有：① 制造精度高（±0.1mm）、表面质量好、原材料利用率接近100%；② 能制造形状特别复杂（如腔体等）及特别精细（如首饰、工艺品等）的零件（尤其适合壳体形零件制造）；③ 必须制作支撑，材料固化中伴随一定毒性。

2. 叠层法（LOM）

叠层法在成形过程中首先在基板上铺上一层箔材（如箔材），再用一定功率的CO_2激光器在计算机控制下按分层信息切出轮廓。同时将非零件的多余部分按一定网格形状切成碎片去除掉。加工完上一层后，重新铺上一层箔材，用热辊碾压加热，使新铺上的一层箔材在黏结剂作用下黏结在已成形体上，再用激光器切割该层的形状。重复上述过程，直到加工完毕。最后去除掉切碎的多余部分即可得到完整的原形零件。

叠层法的主要特点有：① 不需要制作支撑，激光只作轮廓扫描，而不需填充扫描，成形效率高，运行成本低；② 成形过程中无相变且残余应力小，适合于加工较大尺寸的零件；③ 材料利用率较低，表面质量较差。

3. 激光选区烧结法（SLS）

采用CO_2激光器作为能源，成形材料常选用粉末材料（如蜡粉、塑料粉、金属和陶瓷粉等）。成形过程中，先将粉末材料预热到稍低于其熔点的温度，再在刮平辊子的作用下将粉末铺平，激光器在计算机控制下按分层截面信息有选择地烧结，上一层完成后再做下一层，零件成形后，去掉多余粉末。

激光选区烧结法的主要特点有：① 不需要制作支撑，成形零件的力学性能好，强度高；② 粉末较松散，烧结后精度不高，Z轴精度难以控制。

4. 熔融沉积法（FDM）

成形过程中喷头出的熔融材料在$X-Y$工作台的带动下，按截面形状铺在底板上，逐层加工，最后制作出所需零件。该方法常用的成形材料包括石蜡、尼龙、热塑材料和ABS等。

熔融沉积法的主要特点有：① 成形零件的力学性能好、强度高，成形材料的来源广、成本低、可采用多个喷头同时工作；② 不用激光器，而是由熔丝喷头喷出加热熔融的材料，因此使用维护简单，成本低，原材料利用率较高，用蜡成形的零件原型，可直接用于失蜡铸造；③ 成形精度不高，不适合制作复杂精细结构的零件，主要用于产品的设计、测试与评价。

7.2.3　超精密加工技术

1. 基本概念

精密与超精密加工是相对于普通精度等级加工而言，其界限随时间的推移会发生变化。目前，普通加工、精密加工、超精密加工可以界定如下：

(1) 普通加工。普通加工为加工精度在 $10\mu m$ 左右、表面粗糙度值在 $0.3\sim0.8\mu m$ 的加工技术，如车、铣、刨、磨、镗、铰等。适用于汽车、拖拉机和机床等产品的制造。

(2) 精密加工。精密加工为加工精度在 $0.1\sim10\mu m$、表面粗糙度值在 $0.01\sim0.3\mu m$ 的加工技术，如金刚车、金刚镗、研磨、珩磨、超精加工、砂带磨削、镜面磨削和冷压加工等。适用于精密机床、精密测量仪器等产品中关键零件的加工，如精密丝杠、精密齿轮、精密蜗轮、精密导轨、精密轴承等。

(3) 超精密加工。超精密加工为加工精度小于 $0.01\mu m$、表面粗糙度值小于 $0.01\mu m$ 的加工技术，如金刚石刀具超精密切削、超精密磨料加工、超精密特种加工和复合加工等。适用于精密元件、计量标准元件、大规模和超大规模集成电路的制造等。目前，超精密加工的精度正处在亚纳米级工艺，正在向纳米级工艺发展。

2. 超精密加工技术所涉及的技术领域

(1) 加工技术。加工技术主要有超精密切削、超精密磨料加工、超精密特种加工及复合加工。超精密加工的关键是在最后一道工序能够从被加工表面微量去除表面层。

(2) 材料技术。如超精密加工刀具材料、刀具磨具制备及刃磨技术。

(3) 加工设备及其基础元部件。主要加工设备有超精密切削机床、各种研磨机、抛光机以及各种特种精密加工、复合加工设备，对于这些加工设备有高精度、高刚度、高稳定性、高度自动化的要求。

(4) 测量及误差补偿技术。超精密加工必须有相应精度级别测量技术和装置。误差预防和补偿技术是提高加工精度的重要策略。从目前发展趋势看，要达到很高精度还需使用在线检测和误差补偿技术。例如，高精度静压空气轴承的径向圆跳动大约 $50nm$ 左右，如用误差补偿可以达 $10nm$ 以下。

(5) 工作环境。超精密加工必须在超稳定的加工环境条件下进行，必须具备各种物理效应恒定的工作环境，如恒温室、净化间、防振和隔振地基等。

7.2.4　超高速加工技术

超高速加工技术是指采用超硬材料刀具、磨具和能可靠地实现高速运动的高精度、高自动化、高柔性的制造设备，以极大地提高切削速度来达到材料切除率、加工精度和加工质量的现代制造加工技术。

对于不同加工方法和不同加工材料,超高速切削的切削速度各不相同。通常认为超高速切削各种材料的切削速度范围为:铸铁为 900～5000m/min;钢为 600～3000m/min;铝合金为 2000～7500m/min。对于加工工种而言,超高速切削的车削速度为 700～7000m/min;铣削速度为 300～600m/min;钻削为 200～1100m/min;磨削为 150m/s 以上。

超高速切削用刀具材料要求强度高、耐热性能好。常用的刀具材料有:带涂层的硬质合金刀具、氮化硅(Si_4N_4)陶瓷材料、超细晶粒硬质合金、立方氮化硼(CBN)或聚晶金刚石(PCD)刀具。试验表明,在同等情况下,其寿命往往比常规速度下的刀具寿命还要长。

超高速机床是实现超高速切削的前提条件,其主要要求如下:

(1) 适应超高速运转的主轴单元。其主轴结构紧凑、重量轻、惯性小、响应特性好,并可避免振动与噪声,是高速主轴单元的理想结构,主轴支撑、轴承选择及轴承设计制造是超高速主轴单元技术中的关键之一。

(2) 适应超高速加工的超高速加工进给单元。超高速加工技术要求进给系统能达到很高的速度、大的加减速以及高的定位精度。滑台驱动系统大多采用无间隙、惯性小、刚度较大而无磨损的直线电动机驱动系统,进给速度可达 60m/mim。

(3) 高压大流量喷射冷却系统,避免产生机床、刀具和工件的热变形。

(4) 要有一个静刚度、动刚度、热刚度特性都很好的机床支承件,如用聚合物混凝土(polymer concrete),即所谓的"人造花岗岩"制成的超高速机床的床身或立柱。

(5) 适应超高速加工的刀具系统。超高速切削目前主要用于大批量生产领域,如汽车工业;加工工件本身刚度不足的领域,如航空航天工业产品或其他某些产品;加工复杂曲面,如模具、工具制造;超精密微细切削加工等领域。

7.2.5　微纳技术

计算机技术、电子技术、航空技术发展对许多装置提出了微型化的要求,使零部件的尺寸日趋微型化,这些需求导致了 20 世纪 70 年代起出现了微细加工和纳米制造技术,目前习惯上统称为微纳技术。

1. 微细加工技术

微细加工最早的出现和发展与大规模集成电路密切相关,微细加工对微电子工业而言就是一种加工尺度,从微米到纳米量级的制造微小尺寸元器件或薄膜图形的先进制造技术。现在微细加工并不仅限于微电子制造技术,更重要的是指微机械构件的加工或微机械与微电子、微光学等的集成结构的制作技术。目前微细加工技术主要有从半导体加工工艺中发展起来的硅工艺技术。20 世纪 80 年代中期以后利用 X 射线光刻、电铸及注塑的 LIGA(lithofraph galvanformung and abrormung)技术诞生,形成了微细加工的另一个体系。

LIGA 技术是由德卡尔斯鲁尔原子能研究中心提出的。该技术是一种由半导体光刻工艺派生出来的,采用光刻方法一次生成三维空间微机械构件的方法。其技术的机理是由深层 X 射线光刻、电铸成形及塑注成形三个工艺组成。它的主要工艺过程由 X 射线光刻掩膜板的制作、X 射线深光刻、光刻胶显影、电铸成形、塑模制作、塑膜脱模成形等组成。

LIGA 技术具有平面内几何图形的任意性、高深宽比、高精度、小表面粗糙度和原材料的多元性等突出优点,适用于多种金属、非金属材料制成大缩比的微型构件。

LIGA 技术在微机械加工领域中完全打破了硅平面工艺的框架,已成为极有前途的三维构件的工艺手段。

目前微细加工工艺主要有半导体加工技术、LIGA 技术、集成电路(IC)技术、特种精密加工技术、微细切削磨削加工技术、快速成形制造技术和键合技术等。

2. 纳米制造技术

纳米技术是科学技术发展的一个新兴领域,它不仅仅将加工和测量精度从微米级提高到纳米级,而且将人类对自然的认识和改造从宏观领域引入物理的微观领域,深入到一个新的层次,即从微米层深入到分子、原子级的纳米层次。纳米级加工的物理实质和传统的切削、磨削加工有很大的不同,一些传统的切削、磨削方法和规律已经不能用在纳米级加工领域。欲得到 1nm 的加工精度,加工的最小单位必然在亚微米级。由于原子间的距离为 0.1～0.3nm,纳米级加工实际上已经到了加工精度的极限。纳米级加工中,试件表面的一个个原子或分子将成为直接加工对象。因此,纳米级加工的物理实质就是要切断原子间的结合,实现原子或分子的去除。

7.2.6　虚拟制造技术

虚拟制造技术(virtual manufacturing technology,VMT)是 20 世纪 80 年代后期提出并得到迅速发展的一个新思想,是企业以信息集成为基础的一种新的制造哲理。虚拟制造又叫做拟实制造,它是以计算机支持的仿真技术为前提,其基本思想是在产品制造过程的设计阶段就利用信息技术、仿真技术、计算机技术对产品的设计、加工和装配、检验使用整个生命周期进行模拟和仿真。将全阶段可能出现的问题解决在这一阶段,通过设计的最优化达到产品的一次性制造成功。它可以发现制造中可能出现的问题,在产品实际生产前就采取预防措施,来达到降低成本、缩短产品开发周期、增强产品竞争力的目的。虚拟制造技术按其功能可分为:

(1) 产品的虚拟设计技术面向产品的原理、结构和性能的设计、分析、模拟和评测,以优化产品本身的性能、成本为目标。

（2）产品的虚拟制造技术面向产品制造过程模拟、检验产品的可制造性、加工方法和工艺的合理性，以优化产品的制造工艺过程、保证产品的制造质量、制造周期和最低的制造成本为目标。

（3）虚拟制造系统着重于生产过程的规划、组织管理、资源调度、物流、信息流等的建模、仿真与优化。如虚拟企业、虚拟研发中心等。

虚拟制造技术是 CAD/CAE/CAM/CAPP 和信息技术的更高阶段。虚拟制造技术的广泛应用将从根本上改变现行的制造模式，对相关行业也将产生巨大影响，可以说虚拟制造技术决定着企业的未来，也决定着制造业在竞争中能否立于不败之地。

7.3　先进生产模式

快速地制造出市场需求的物美价廉产品，不仅决定于产品设计能力、先进制造技术和装备，还决定于企业的营运策略和管理水平。现代市场竞争机制、计算机科学与信息处理技术，也推动了工商管理学科的发展，并使其与先进制造技术融合，创造出了一些先进生产模式。

7.3.1　计算机集成制造系统

1973 年美国的一篇博士论文提出了计算机集成制造（computer integrated manufacturing，CIM）这一新的制造哲理，主张用计算机网络和数据库技术将生产的全过程集成起来，以此有效地协调并提高企业对市场需求的响应能力和劳动生产率，从而获得最大经济效益，使企业的生产不断发展、生存能力不断加强。CIM很快被制造业接受，并演变成一种可以实际操作的先进生产模式——计算机集成制造系统（CIMS）。

1. CIMS 的理想结构

众所周知，一个制造厂不仅有制造产品的车间，有从事产品设计、工艺设计、质量管理的技术部门，还有从事市场营销、物资采购与保管、生产规划与调度、财务管理、人事管理的职能部门。如果车间已经采用了柔性制造系统（FMS），如果技术部门已经采用了计算机辅助设计（CAD）、计算机辅助质量管理（CAQM）等技术，如果各职能部门也将计算机和信息处理技术应用到了每个环节，那么借助局部网络（LAN）和公用数据库将整个工厂连成如图 7-1 所示的整体，工厂就成为一个自动化水平很高的 CIMS。当然，这种 CIMS 需要很大的技术支撑和资金投入，很难有效地实施，只是 CIM 制造哲理的一个理想目标。

2. 管理信息系统（MIS）

CIMS 中"职能部门"的管理工作是由被称作"管理信息系统"（management

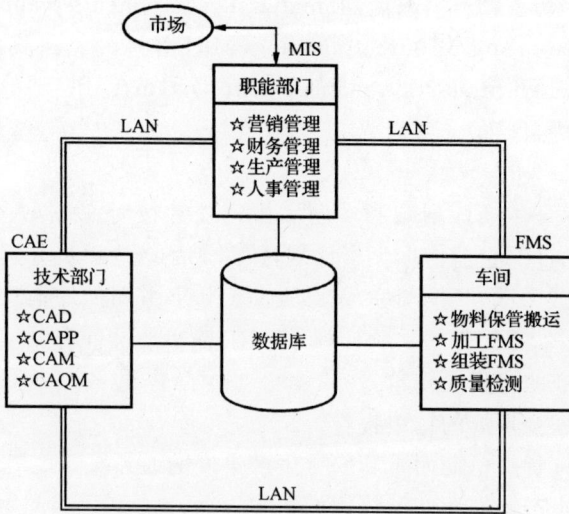

图 7-1　CIMS 理想结构示意图

information system，MIS）的计算机软件系统完成的，其基本功能结构如图 7-2 所示。

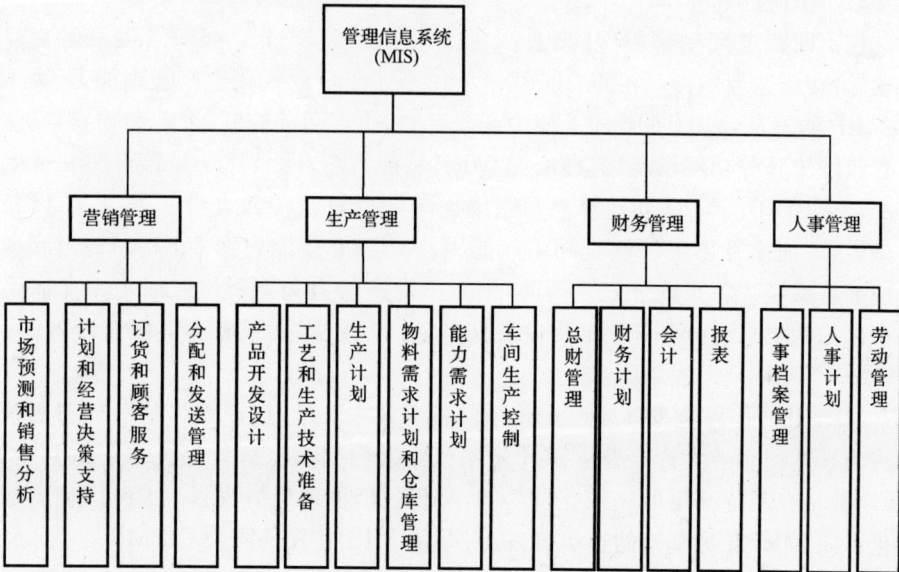

图 7-2　管理信息系统（MIS）结构示意图

MIS 是在采用现代企业管理原理、推广应用计算机技术的过程中，逐步完善形成的,其发展经历了物料需求计划(material requirements planning,MRP)、制造资源计划(manufacturing resource planning,MRP Ⅱ)、计算机集成生产管理系统(computer integrated production management system,CIPMS)等阶段,并以 MRP Ⅱ 或 CIPMS 作为自己的子系统。

1) MRP

早期,为了保证生产计划顺利实施和生产任务按时完成,人们开发出了名为MRP 的计算机软件。它能依据生产计划,按照产品结构逐步分解求得其全部零件的需要量、投料(或采购)日期与完成(或交货)日期,并对照库信息编制出生产进度计划和外购原材料、零配件的采购计划。MRP 输出的文件有:

(1) 计划生产的订货通知单。

(2) 未来计划预发放的订单报告。

(3) 因变更订货交付期而重新安排生产进度的通知。

(4) 因改变生产计划而取消订货的通知。

(5) 库存状态报告。

MRP 虽然从理论上能保证实施最小库存量,能保证生产按时获得足够的物料,但实际运行中,由于没有考虑工厂完成生产计划的现实能力,没有考虑市场提供物料的现实能力,因此使用 MRP 并不能达到理想的效果。

2) MRP Ⅱ

在不断改进完善 MRP 基础上,人们开发出了 MRP Ⅱ。MRP Ⅱ 是一种商品化的软件,在制造业中得到了推广应用。它增强了工厂的现代生产管理能力,为了克服 MRP 的不足,MRP Ⅱ 增加了能力需求计划、生产活动控制、采购和物料管理、成本和经济核算等功能模块,其核心是 MRP 和能力需求计划(capacity requirements planning,CRP)。MRP Ⅱ 计算出为完成生产计划对设备和人力的需求量、设备的负荷量,进而推算出工厂的实际生产能力。MRP Ⅱ 还能根据 MRP 的输出和库存管理策略编制物料采购计划。因此,当工厂生产能力和物料供应能力不能满足主生产计划的要求时,MRP Ⅱ 能及时采取相应的平衡措施,或者调整作业计划。

3) CIPMS

MRP Ⅱ 的作用范围涉及生产管理的各个基本环节,已经是将这些环节的信息集成为一体的企业生产经营管理计划系统。人们把人工智能等技术引进到 MRP Ⅱ,使其具有系统高层的决策支持功能,将现代经济理论引进到 MRP Ⅱ,使其输出优化。以 MRP Ⅱ 为基础的这类开发工作,使 MRP Ⅱ 发展成为 CIPMS。

7.3.2 精良生产

精良生产(lean production,LP)又译为精益生产、精简生产,它是人们在生产实践活动中不断总结、改进、完善而形成的一种先进生产模式。

　1. 福特生产模式与丰田生产模式

　　第二次世界大战后,百废待兴,各种商品奇缺,面对庞大的卖方市场,美国福特汽车公司创造出了大批大量生产方式。汽车由上万个零部件组成,结构十分复杂,只有组织一批不同专业的人员共同工作,才能完成其设计。为了保证整机的设计质量,福特方式将整机分解成一些组件,某个设计人员只需将其精力集中在某组件的设计上,借助标准化和互换性等技术措施,它可以将自己的设计做得尽善尽美而不必关注别人的工作。福特方式注重工序分散、高节奏、等节拍的工艺原则,推崇高效专用机床,并以刚性自动线或生产流水线作为自己的特性。在劳动组织上,该方式采用了专门化分工原则,工人们分散在生产线的各个环节成为生产线的附庸,不停地做着某一简单重复的工作;高级管理人员负责生产线的管理,制造质量由检验部门和专职人员把关,设备维修、清洁等都由专门人员承担。组装汽车需要不少外购零部件,为了保证组装作业不受外购件的影响,福特生产模式采取了大库存缓冲的办法。

　　在质量、产量和效益方面,目前都位居世界前列的日本丰田汽车公司,当初其年产量还不足福特的日产量。在考察福特公司的过程中,丰田公司并没有盲目崇拜其辉煌成就,面对福特模式中存在的大量人力和物力浪费,如产品积压、外购件库存量大、制造过程中废品得不到及时处理、分工过细使人的作用不能充分发挥等,他们结合本国的社会和文化背景以及已经形成的企业精神,提出了一套新的生产管理体制。经过 20 多年的完善,该体制已成为行之有效的丰田生产模式。

　　为了消除生产过程的浪费现象,丰田模式采取了如下对策:

　　(1) 按订单组织生产。丰田模式将零售商和用户也看成生产过程的一个环节,与他们建立起长期、稳定的合作关系。公司不仅按零售商的预售订单在预约期限内生产出用户订购的汽车,还主动派出销售人员上门与顾客直接联系,建立起用户数据库,通过对顾客的跟踪和需求预测,确定新产品的开发方向。

　　(2) 按新产品开发组织工作组。该工作组打破部门界限,变串行方式为并行方式开展工作,在产品设计到投产的全过程中都承担着领导责任。工作组组长被授予了很大权力,一系列举措激励着每个成员协调、努力地工作。

　　(3) 成立生产班组并强化其职能。为了按订单组织生产,丰田模式推广应用了成组技术,生产中尽量采用柔性加工设备。该模式按一定工序段将工作分成一个个班组,要求工人们互相协作做好本段区域内的全部工作。工人不仅是生产者,还是质检员、设备维修员、清洁员,每个工作都赋有控制产品质量的责任,发现重大质量问题有权让生产停顿下来,召集全组商讨解决办法。组长是生产人员,也是生产班组的管理人员,他定期组织讨论会,收集改进生产的合理化建议。

　　(4) 组建准时供货的协作体系。丰田模式以参股、人员相互渗透等方式,组建成了唇齿相依的协作体系,该体系支撑着以日为单位的外购计划,使外购件库存量几乎降到零。

　　(5) 激发职工的主动性。丰田生产模式能否实施,完成取决于具有高度责任心和相当业务水平的人。为了使职工产生主人翁的意识、发挥出最大的主动性,丰田公司采用了终生雇佣制,推行工资与工种脱钩而与工龄同步增长的措施,并不断对职工进行培训以提高其业务水平。

　　2. 精良生产及其特征

　　丰田生产模式不仅使丰田公司一跃成为举世瞩目的汽车王国,还推动了日本经济飞速发展。为了剖析日本经济腾飞的奥秘,1985 年,美国麻省理工学院负责实施了一项关于国际汽车工业的研究计划,上百人走访了世界近百家汽车厂,用了5 年时间收集到大量第一手资料,资料分析结果证实了丰田模式对日本经济的推动作用。1990 年,由三位主要负责人对丰田生产模式进行了全面总结,详尽地论述了这种被他们称为"精良生产"的生产模式。按照他们的观点,一个采用了精良生产模式的企业具有如下特征。

　　(1) 以用户为"上帝"。其表现为:主动与用户保持密切联系,面向用户、通过分析用户的消费需求来开发新产品。产品适销,价格合理,质量优良,供货及时,售后服务到位,等等,是面向用户的基本措施。

　　(2) 以职工为中心。其表现为:大力推行以班组为单位的生产组织形式,班组具有独立自主的工作能力,能发挥出职工在企业一切活动中的主体作用。在职工中开展主人翁精神的教育,培养奋发向上的企业精神,建立制度确保职工与企业的利益同步,赋予职工在自己工作范围内解决生产问题的权利,这些都是确立"以职工为中心"的措施。

　　(3) 以"精简"为手段。其表现为:精简组织机构,减去不直接参加生产活动的工人数量;用准时(just in time,JIT)和广告牌等方法管理物料,减少物料的库存量及其管理人员和场地。

　　(4) 综合工作组和并行设计。综合工作组(team work)是由不同部门的专业人员组成,以并行设计方式开展工作的小组。该小组全面负责同一个型号产品的开发和生产,其中包括产品设计、工艺设计、编写预算、材料购置、生产准备及投产等,还负有根据实际情况调整原有设计和计划的责任。

　　(5) 准时(JIT)供货方式。其表现为:某道工序在其认为必要时才向上道工序提出供货要求,准时供货使外购件的库存量和在制品数达到最小。与供货企业建立稳定的协作关系是保证准时供货能够实施的举措。

　　(6) "零缺陷"工作目标。其表现为:最低成本,最好质量,无废品,零库存,产品多样性。

　　显然,精良生产的工作目标指引着人们永无止境地向生产的深度和广度前进。

7.3.3　敏捷制造

20 世纪 70 年代末,经过深入的调查研究,日本政府确立了 20 世纪 80 年代发展本国经济的战略思想,即以制造为主力军,走技术立国和贸易立国的道路。在正确的战略思想指导下,日本的机床、汽车、家电等行业迅速地走到世界的前列,占领了本来属于美国等先进工业国家的市场。例如,自 1982 年日本机床产值一直居世界首位,1988 年日本生产机床工业总产值已占当年世界机床生产总产值的 1/4;与此相反,1980 年美国 NC 机床自给率为 80%,到了 1985 年其机床进口率达到 50%,其中大部分是日本产品。又如,到了 1989 年美国汽车在世界市场上的占有率从 75% 降到 25%,相反日本抢占了 30% 的国际市场。还有家电,美国是发明电视机的国家,但在 1987 年美国电视机只占有 15% 的国内市场,其余市场份额几乎全被日本电视机享用。

20 世纪 80 年代中后期,美国从巨额贸易赤字和经济空前滑坡中,再次认识到制造业在国民经济中的基础作用,重新将制造技术列为应用重点支持发展的关键技术。为了夺回已经失去的市场,在政府的支持下,大学与工业界走到一起,研究出了一些振兴制造业的策略,敏捷制造(agile manufacturing,AM)是其中最引人关注的一种战略思想。

1. 制造的敏捷性

1991 年美国首次提出了敏捷制造的思想。这项由里海大学牵头、100 多个单位(以美国 13 家大公司为主)参加的研究计划,在广泛调查研究中发现了一个重要而普遍的现象,即企业营运环境的变化速度超过了企业自身的调整速度。面对突然出现的市场机遇,虽然有些企业是因认识迟钝而失利,但有些企业已看到了新机遇的曙光,只是由于不能完成相应调整而痛失良机。为了向企业界描述这种市场竞争新特性,为了向企业指明一种制造策略的本质,在讨论达成共识的基础上,找出了"Agility"(敏捷)这个单词。

敏捷制造又被译为灵捷制造。何谓制造的敏捷性(Agility)? Agility 思想的主要创始人为 Rick Dove,Agility 从字面上讲几乎每个人都可以为自己找到适合个人需要的解释,简单的直译和直观上的感觉都会导致不同的定义和解释。Rick Dove 认为,敏捷性是指企业快速调整自己以适应当今市场持续多变的能力。他还认为,制造的敏捷性可以表现为随动和拖动两种形式,即敏捷性意味着企业以任何方式来高速、低耗地完成它需要的任何调整;同时,敏捷性还意味着高的开拓、创新能力,企业可以依靠其不断开拓创新来引导市场、赢得竞争。

制造的敏捷性不主张借助大规模的技术改造来刚性地扩充企业的生产能力,不主张构造拥有一切生产要素、独霸市场的巨型公司,制造的敏捷性提出了一种在市场竞争中获利的清晰思路。

2. 敏捷企业

　　在市场竞争中企业要回答许多问题,例如,某个新思想变成一种产品的设计周期有多长? 一项新产品的建议需要经过多少批示才能实施? 为了生产新产品,企业能以多快速度完成调整? 能否随时掌握生产进度并控制生产中出现的问题? 企业的职工素质是否与市场竞争相适应? 敏捷制造认为,企业只有将自己改造成敏捷企业(agile enterprise)才能正确回答这些问题,并使企业在难以预测、持续多变的市场竞争中立于不败之地。

　　敏捷企业精简了一切不必要的层次,使组织结构尽可能简化。敏捷企业是一个独立体,能自主确立企业的营运策略,在产品开发、生产组织、营销、经济核算、对外协作等方面能通畅地实施自己的计划。敏捷企业职工有强烈的主人翁责任感和很好的业务知识与技能,能从容不迫地迎接机遇和挑战;企业也把决策权下放到最低层,让每个职工有权对其工作做出正确的决策。敏捷企业的制造设备和生产组织方式具有更加广义的柔性,能敏捷地把获利计划变成事实。

　　将企业设计成敏捷企业,还需要建立敏捷性的评价体系,Rick Dove 等人提出了用列表方式,以成本(cost)、时间(time)、健壮性(robustness)、适应性(scope of change)四项指标来衡量企业敏捷性的评价方法。其中,成本是指完成敏捷化转变的成本;时间是指完成敏捷化变化的时间;健壮性是指敏捷化转变过程的坚固性和稳定性;适应性是指对未知变化的潜在适应能力。

　　美国通用汽车公司所属的一家冲压厂为了更好地组织 700 多种车身的生产,将车身测量夹具(可看成子系统)从专用夹具改成万能夹具。从表 7-2 可以清晰地看到,车身夹具(一个子系统)由专用变为万能后,其敏捷性得到极大提高。

表 7-2　车身夹具敏捷性评价表

项目		专用夹具	万能夹具	敏捷性评价
成本		7 万美元	0.3 万美元	成本低
制造		37 星期	1 星期	时间省
		20% 返工	1% 返工,易于调整	健壮性好
使用		4 件/小时	40 件/小时,调整时间为 3.5 分钟	时间省
		100% 精确	重组、重用,100% 精确	健壮性好
		60% 可预测性	100% 可预测性	适应性好
		有条件使用	允许创新	适应性好
		单一检测过程	多种机遇	适应性好
结构特征	针对一种车型定做、专用		通用底座与可调触头组合而成,可重用	适应性好
			触头组件可重构	适应性好
			触头组件、测量部件可扩充	适应性好

　　敏捷制造认为,在敏捷企业内部,职工教育体系和信息支撑系统有着关键作用。企业在快速多变的竞争环境中要获得生存和发展的机会,面对层出不穷的新事物、新技术,能否迅速认识、接受、掌握它们,职工素质是决定因素之一。企业有了高素质的职工队伍,才能顺利完成各种调整以迎接新的挑战,因此在企业内部对职工进行职业培训和再教育,是保持和提高企业竞争能力的一项重要措施。敏捷企业的人员组成有很大柔性。相对稳定的职工队伍是企业的核心,企业根据工作需要还应在人才市场招聘大量临时职工,企业骨干与临时职工组合成一个个拥有自治权的业务组,一项工作完成后业务组便自行解体,其大部分成员回归人才市场。

　　计算机信息支撑系统已成为企业日常运行的一个有机组成部分,占据核心位置,因此该系统也应该具有很高的敏捷性。

　　3. 动态联盟

　　对制造业来说,某种设想(或某项技术),如果将推出受市场欢迎的新产品,那么它出现之日便是市场竞争开始之时。敏捷制造认为,看到新机遇的敏捷企业,应该尽量利用社会上已有的制造资源,组织动态联盟来迎接挑战。

　　动态联盟是为了赢得一次市场竞争而采取的生产组织模式,因此其结盟过程与竞争的战略、策略、方法密切相关。看到新机遇的敏捷企业,首先从战略的高度规划出整个营运活动的流程,确定相应的作业单元以及各作业单元的资源配置;接着根据企业内和社会上的资源状况,设计作业单元的组织形式(作业组),并确定其动作的基本策略。这些工作完成后,该敏捷企业便采用恰当方法确定结盟的伙伴,在达成共识的基础上,最后结成动态联盟。从敏捷性的立场看,建立动态联盟应遵循"建立联系尽可能迟,解除联系尽可能早"的原则。

　　4. 敏捷化工程的结构框架和支撑技术

　　为了帮助企业实施敏捷化计划,美国敏捷化协会(agility forum)提出了敏捷化工程的结构框架,该结构框架由影响企业敏捷性的关键因素组成。

　　1) 敏捷化工程的结构框架

　　(1) 战略规划:①战略规划的立足点;②战略规划的讨论确定;③战略规划的引进借鉴。

　　(2) 商务政策的确认:①投资规模的确认;②基础支撑框架的研究和确认;③商务目标的研究和确认。

　　(3) 组织关系:①商务伙伴之间的组织关系;②劳资关系;③合作人之间的关系;④和供应商的关系;⑤信息系统不同单元间的关系;⑥不同生产、制造部门间的关系。

　　(4) 创新管理:①产品的创新管理;②生产工艺的创新管理;③加工方法、具体工艺的创新管理;④企业规划、战略研究方面的创新管理。

(5) 知识管理：①有关知识的领域范围；②知识的确认；③知识的获取；④知识的淘汰和更新。

(6) 评价体系：①领先的评价方法；②企业动作的评价体系；③健康和投资等方面的价值评价。

这个结构框架是经过反复讨论后确定的，表达了电子、汽车、航天、国防、化工、计算机、软件等行业的共识。

2) 敏捷化工程的支撑技术

信息技术是实施敏捷化工程的基础，如下技术具有重要的支撑作用：

(1) 计算机网络通信技术。敏捷制造提出了动态联盟这种跨越地域的生产组织模式，只有计算机网络通信才能使异地组织动态联盟成为可能。

(2) 信息集成技术。一个企业要敏捷地应付市场变化，必须借助计算机将企业内生产管理信息、工程设计信息、加工制造的管理控制信息集成起来。这种需求与 CIM 哲理是一致的，CIMS 已经为敏捷制造准备了很好的理论、技术、物质的基础。

(3) 电子数据交换(EDI)标准化。不同企业的信息交换应该有共同准则，EDI标准和其他相关标准为其奠定了基础。

(4) 并行工程技术。业务组是实施敏捷制造的基本组织单元，由不同专业的人员组成，并行地协调工作；敏捷制造是跨地域实施的，常采用异地设计、异地制造、并行生产等方法。因此，并行工程提供的理论和方法，也是敏捷化工程的技术支撑。

(5) 建模与仿真技术。敏捷制造的核心问题是组建动态联盟。为了确保市场竞争的胜利，动态联盟正式运行前必须分析该联盟的组合是否最优，将来的运作是否协调，并对动态联盟的运行效益和风险做出正确评价。计算机支持的建模与仿真技术是完成这种工作的最理想工具，虚拟制造系统(virtual manufacturing system)被认为是虚拟公司(virtual company)，即动态联盟(virtual organization)的模型。

7.3.4　并行工程

1. 基本概念

并行工程(CE)是对产品及其相关过程(包括制造过程及其支持过程)进行并行一体化设计的一种系统化工作模式。其运行机理的要点表现在两方面：一方面突出人的作用，强调团队的协调工作；另一方面，要求一体化、并行地进行相关过程的设计，尤其是强调概念设计阶段的并行协调。

狭义的并行设计是指设计与制造过程的并行；而广义的并行设计是指面向产品生命周期的设计，即在产品设计阶段就要尽可能同时考虑产品生命周期的所有影响,全面考虑市场要求、产品开发、产品使用和服务、产品维修和报废的全过程。
在产品的概念设计阶段,就要同时考虑到产品的制造,即开始了制造过程的设计,
其中涉及生产计划、设备选择、车间布局、工艺规划等活动。在方案设计阶段就开
始了与组织有关的过程,包括产品服务与制造、产品维护、市场销售的准备与布置
等活动。并行设计使得设计前期就反映出设计功能、结构特点、制造工艺、装配特
性、质量成本、作业调度和市场需求等因素对产品设计的影响。在信息集成的基础
上,以通过多次"小循环"的方式来避免传统串行设计"大循环"的弊端,缩短了产品
的开发周期,提高了设计的一次成功率。

　2. 并行工程的主要实现方法

　1) 信息系统方法

　这种方法将及时、相关和准确的信息流作为并行工程的构造单位,它提出创建
数据库、软件和专家系统来促进整个设计过程的各种数据的可利用性和可访问性
是成功实现并行工程的重要部分,它将信息网络作为并行工程环境下各种功能和
部门的连接桥梁。图 7-3 给出了集成制造信息系统设计和开发的系统化方法,图
中内部层表示制造功能,中间层代表商务功能,外层表示性能功能。每项功能需求
都可用扩展层次结构的模式来表达。

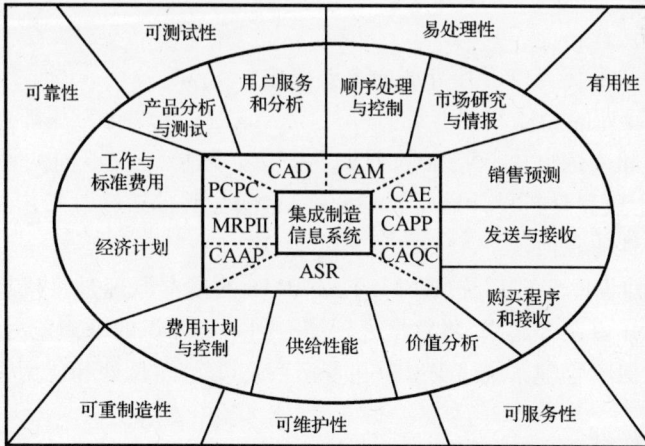

图 7-3　集成信息制造系统概念框架图

　　复杂产品的设计需要大量的数据,这些数据可分为两组:设计数据和性能数
据。设计数据由设计和制造数据、产品管理数据以及设计发布(包含设计文件、文
档)数据构成,它是设计过程的主导。性能数据是在产品投入实际使用后收集的数
据,用作设计反馈来完善和修改设计过程。

　　尽管这种方法尚需进一步探索,但有一些并行工程环境信息需求的软件和技

术已经出现。如 Miller 的计算机辅助工程（MCAE）软件通过概念设计、草图绘制、分析和设计优选，甚至工程文档、通信及修正等的发展来辅助工程师；Talnkdar 等提出了计算机辅助同步工程（CASE）的技术等。

2) CAD/CAM 集成方法

这种方法将并行工程考虑为制造系统中 CAD 和 CAM 工具的集成，其目的是同时设计产品及其工艺以使可制造性问题得到解决。

实现 CAD/CAM 集成的方法很多，其中最有前途的是基于特性设计。图 7-4 给出了以特征为基础的 CAD/CAM 集成的概念框架。

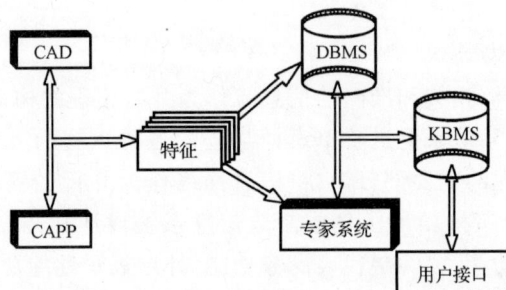

图 7-4　基于特征 CAD/CAM 集成框架示意图

建立这样的系统有以下几方面的重要课题：

（1）确定设计的功能和性能说明，确定制造工艺，并以此为基础决定设计和制造特征的分类和表达方式。特征的分类及表达必须能适应不同的设计和制造应用，既要包含生成和分析设计通常属性的特征，同时要包括针对工艺规划的具有特定几何拓扑属性的表面。

（2）研究知识库管理系统（KBMS）。KBMS 的基本原理是将代表事实的数据和表达抽象的知识融合起来，将数据处理能力同基于知识的处理能力结合起来，从而综合运用数据库管理系统（DBMS）和专家系统（ES）的长处和能力来存取和管理系统的信息。

（3）提供有效友好的用户界面管理机制。

3) 面向制造和装配设计（DFMA）的方法

面向制造设计（design for manufacture）是为了使产品有更好的结构，零件有更好的可加工性，它涉及减少零件数量，使产品有较高的可靠性、较长的寿命和容易维护等。面向装配设计（design for assembly）是指在产品设计阶段应考虑零件间的配合、定位、装配方向和装配角等。原则上要求：组件、零件的模块化；减少零件的数量和类型；减少使用螺母、螺栓等紧固件；减少对装配工具的要求；零件的形状适于装配。

面向制造和装配设计,实现并行工程的方法,是根据 DFMA 的思想建立 CAD 功能接口,利用 DFMA 原则对 CAD 的结果进行评价,CAPP、CAM 的结果对 CAD 进行反馈,修正CAD 的结果,使所设计的零件具有最佳的可制造性和可装配性。CAPP 模块也要按 DFMA思想重新设计,CAM 的结果对 CAM 进行反馈。如图 7-5 所示,这时 DFMA 是一种反馈系统,它以基于制造准则的知识库为核心。

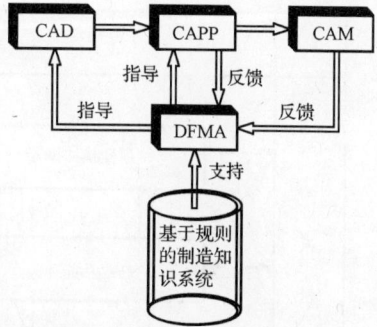

图 7-5　基于 DFMA 的并行
作业方式示意图

DFMA 的基本原则可归纳如下:① 最少零件数;② 最少零件种类;③ 使用标准化、模块化零件,尽量避免新设计零件;④ 设计变功能零件,考虑使用先进的加工工艺;⑤ 可制造性好;⑥ 尽量避免使用非标准的紧固件;⑦ 最少装配方向,最好自上向下装配;⑧ 最少手工装配;⑨ 最少装配夹具;⑩ 最少装配时需调节的环节。

3. 面向并行工程的 CAD 系统框架

面向并行工程的 CAD 系统框架,由产品建模功能(包括功能建模、特性建模和可制造性分析等)和信息管理机制(包括数据库、知识库、DBMS 和 ES 等)组成,如图 7-6 所示。

对系统的主要功能模块介绍如下:

(1) 产品功能建模。根据用户对产品性能的要求,对产品的总功能实现逐级分解;得到描述产品功能的多级递阶结构,建立描述产品各级功能的逻辑信息模型。

(2) 结构建模。根据产品功能模型,按照设计特征的结构定义和技术特征定义,建立包含几何拓扑信息、尺寸公差、表面粗糙度、材料特性和其他非几何技术信息的零件特征模型。

(3) 可制造性分析。根据制造特征要求和定义,从工艺生成角度分层次对所设计零件的工艺性进行分析和评价,指出存在的问题并提供修改建议。可制造性分析过程实质是工艺生成过程。

(4) 特征变换协调。设计过程本质上是特征变换的过程,基于知识的特征变换协调用以控制在不同设计阶段或功能模块中的功能特征、设计特征和制造特征。

(5) 人机接口。显示多功能模块的运行结果,为用户提供编辑、修改和其他响应的手段。

(6) 系统总控。控制并行交互的过程,协调各模块的工作。系统总体采用元控制,利用元知识对各种知识的分类、抽象、整理,形成二叉决策树,控制各种知识的应用过程。

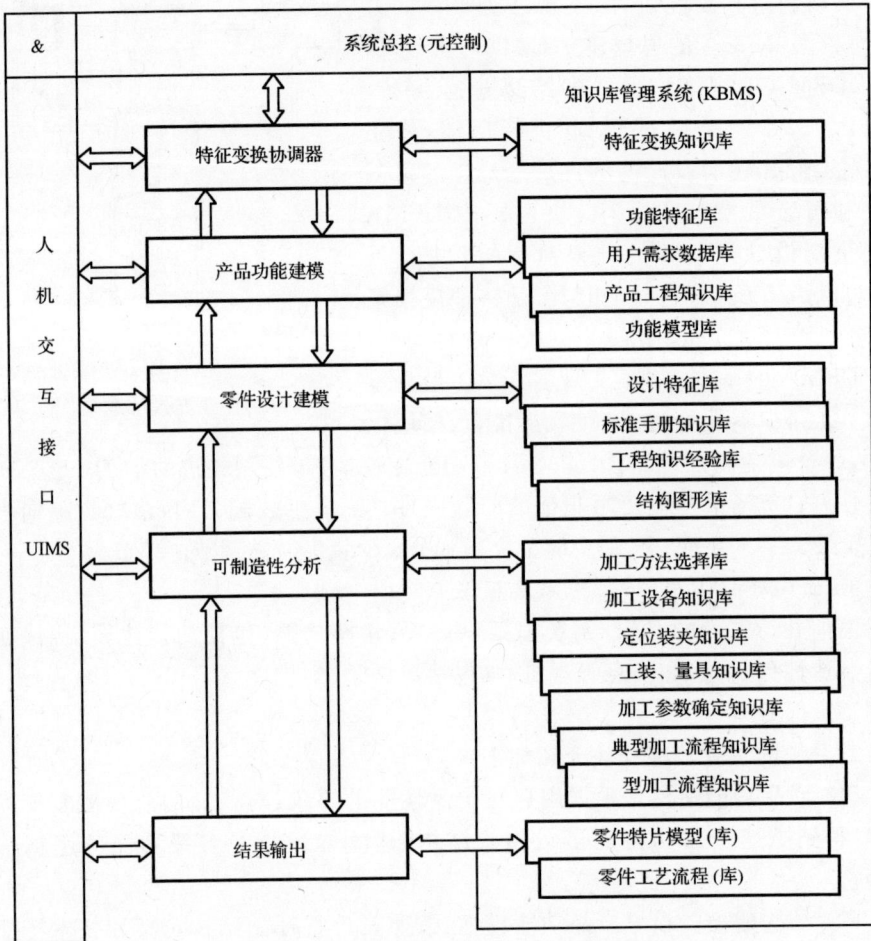

图 7-6　并行工程环境下 CAD 系统框架图

习题与思考题

7-1　简述先进制造技术的特征。它包括哪些种类?

7-2　简述特种加工的含义及特点。

7-3　简述快速成形技术含义及常用的方法。

7-4　微细加工与纳米加工有何区别?

7-5　简述精益生产的特点。

7-6　简述并行工程的含义。

7-7　简述虚拟制造的作用。

参 考 文 献

白彩英.1997.计算机集成制造系统.北京:清华大学出版社

白成轩.1997.机床夹具设计.北京:机械工业出版社

蔡光起.1994.机械制造工艺学.沈阳:东北大学出版社

陈德生.2007.机械制造工艺学.杭州:浙江大学出版社

陈明.2005.机械制造工艺学.北京:机械工业出版社

陈锡渠.2006.现代机械制造工艺.北京:清华大学出版社

范牧昌.1994.人工智能在组合夹具设计中的应用.机电工程,8(4):5~7

房贵如.1995.先进制造技术的总体发展过程和趋势.中国机械工程,20(3):18~22

冯辛安.1998.机械制造装备设计.北京:机械工业出版社

胡永生.1999.机械制造工艺原理.北京:机械工业出版社

黄天铭.1988.机械制造工艺学.重庆:重庆大学出版社

江汉红.1996.并行工程的运行机理与工程实现.机械与电子,29(2):48~60

李旦.1999.机械制造工艺学试题精选与答题技巧.哈尔滨:哈尔滨工业大学出版社

李敏贤.1998.面向21世纪的先进制造技术.机械工业自动化,33(8):23~25

刘晋春.1994.特种加工.第二版.北京:机械工业出版社

刘文剑.1992.密执安大学研制一组合夹具的计算机辅助设计.组合机床与自动化加工技术,(2):44~47

倪森寿.2003.机械制造工艺与装备习题集和课程设计指导书.北京:化学工业出版社

孙丽媛.2003.机械制造工艺及专用夹具设计指导.北京:冶金工业出版社

王启平.1990.精密加工工艺学.北京:国防工业出版社

王启平.1999.机械制造工艺学.哈尔滨:哈尔滨工业大学出版社

王润孝.2001.先进制造系统.西安:西北工业大学出版社

王先逵.2007.机械制造工艺学.北京:机械工业出版社

吴佳常.1992.机械制造工艺学.北京:中国标准出版社

肖继德.1999.机床夹具设计.北京:机械工业出版社

徐发壬.1993.机床夹具设计.重庆:重庆大学出版社

薛源顺.2004.机床夹具设计.北京:机械工业出版社

阎光明,侯忠滨,张云鹏.2007.现代制造工艺基础.西安:西北工业大学出版社

杨峻峰.2005.机床及夹具.北京:清华大学出版社

姚智慧.2000.现代机械制造技术.哈尔滨:哈尔滨工业大学出版社

张福润.1998.机械制造工艺学.武汉:华中理工大学出版社

张根保.1996.先进制造技术.重庆:重庆大学出版社

赵长发.2005.机械制造工艺学.北京:中央广播电视大学出版社

赵家齐.2002.机械制造工艺学课程设计指导书.哈尔滨:哈尔滨工业大学出版社

朱耀祥,融亦鸣,朱剑等.1994.计算机辅助组合夹具设计系统的研究.机械工程学报,30(4):40~46

Rong Y,Bai Y.1991. Automated generation of modular fixture configuration design. Journal of Manufacturing Science and Engineering,19 (9):208~219